21世纪高等教育计算机规划教材

COMPUTER

SQL Server 2012 数据库原理与应用

Principle and Application of SQL Server 2012 Database

鲁宁 寇卫利 林宏 主编
赵友杰 邢丽伟 幸宏 副主编

人民邮电出版社
北京

图书在版编目（CIP）数据

SQL Server 2012数据库原理与应用 / 鲁宁，寇卫利，林宏主编. -- 北京 : 人民邮电出版社，2016.2（2018.6重印）
21世纪高等教育计算机规划教材
ISBN 978-7-115-39576-4

Ⅰ. ①S… Ⅱ. ①鲁… ②寇… ③林… Ⅲ. ①关系数据库系统－高等学校－教材 Ⅳ. ①TP311.138

中国版本图书馆CIP数据核字(2015)第156375号

内 容 提 要

本书将数据库基本原理、方法和应用技术相结合，以培养基础理论扎实、实际动手能力强的数据库技术人才为目标，从数据库基本概念到数据库应用，再到数据库理论，由浅入深，循序渐进地介绍了数据库基础理论和数据库管理系统 SQL Server 2012 的应用。本书特点在于选用学生熟悉的学生成绩管理数据库作为示例数据库，并将案例贯穿本书始终。其主要内容包括：数据库的基本概念、SQL Server 2012 的安装与使用、通用查询语言 SQL、视图、索引、T-SQL 程序设计、函数、存储过程、触发器、游标、事务与锁、数据库的安全性管理、数据的备份与恢复、关系数据库规范化理论、关系数据库设计理论、数据库应用程序开发、数据库综合设计案例。

本书可作为普通高等院校计算机科学与技术专业、信息管理与信息系统、地理信息系统专业以及其他相关专业的教材，也可以作为数据库应用基础的培训教材。

◆ 主　　编　鲁　宁　寇卫利　林　宏
副 主 编　赵友杰　邢丽伟　幸　宏
责任编辑　范博涛
责任印制　杨林杰

◆ 人民邮电出版社出版发行　　北京市丰台区成寿寺路 11 号
邮编　100164　　电子邮件　315@ptpress.com.cn
网址　http://www.ptpress.com.cn
大厂聚鑫印刷有限责任公司印刷

◆ 开本：787×1092　1/16
印张：17.5　　　　2016 年 2 月第 1 版
字数：382 千字　　2018 年 6 月河北第 2 次印刷

定价：42.00 元

读者服务热线：(010)81055256　印装质量热线：(010)81055316
反盗版热线：(010)81055315

前　言

数据库技术是现代信息科学与技术的重要组成部分，是计算机数据处理与信息管理系统的核心。数据库技术主要研究如何存储、使用和管理数据，是计算机技术中发展最快、应用最广泛的技术之一。作为计算机软件的一个重要分支，数据库技术一直是备受信息技术界关注的一个重点，尤其是在信息技术高速发展的今天，数据库技术的应用可以说深入到了社会的各个领域。

本书以 SQL Server 2012 为数据库管理系统平台，以学生熟悉的学生成绩管理数据库为示例贯穿始终，从数据库简单的概念到具体数据库的应用，再到理论提高，由浅入深、循序渐进地介绍了数据库的基础知识、SQL Server 的基本操作、SQL 高级查询技术、视图、索引、T-SQL 程序设计、函数、存储过程、触发器、游标、事务与锁、SQL Server 的数据库安全性管理、数据的备份与恢复、关系数据库规范化理论、关系数据库设计理论、数据库应用程序设计、数据库应用综合案例等内容。

本书由西南林业大学计算机与信息学院的鲁宁、寇卫利、林宏、赵友杰、邢丽伟、幸宏编写，鲁宁负责统稿。全书共 16 章，其中第 1、2、3、4、5、16 章、上机实验指导由鲁宁编写，第 6、8 章由赵友杰和幸宏编写，第 7 章由邢丽伟、幸宏编写，第 9、10、11 章由寇卫利编写，第 12、13、14 章由林宏编写，第 15 章由鲁宁和林宏编写。

在本书的编写过程中，西南林业大学计算机与信息学院院党委书记兼副院长（主持工作）狄光智参与了本书的编写规划，副院长张雁对本书的编写给予了大力支持，许多一线教师也参与了本书的讨论，提供了许多宝贵的意见、建议和教学经验，在此表示衷心的感谢！

本书适合高等院校本科计算机及相关专业教学使用。

由于编者水平有限，书中难免有不妥之处，望广大同仁给予批评指正。

编者

2015 年 10 月

目 录 CONTENTS

第 4 章 SQL 高级查询技术 73

第 5 章 视图 87

第 6 章 索引 94

第 7 章　T-SQL 程序设计　107

第 8 章　函数　119

第 9 章　存储过程、触发器和游标　131

第 10 章　事务与锁　150

第 11 章 SQL Server 的数据库安全性管理 163

第 12 章 数据的备份与恢复 179

第 13 章 关系数据库规范化理论 197

第 14 章 关系数据库设计理论 210

第 15 章 数据库应用程序设计 226

第 16 章 数据库应用综合实例 247

上机实验指导 256

PART 1 第1章 数据库的基础知识

本章介绍了数据库技术的相关概念、数据库技术的发展历程、E-R图的概念及绘制方法、三种常见的数据模型、数据库、数据库管理系统、数据库管理员、关系模型术语、关系运算等内容。通过本章的学习，要求读者理解数据库的相关概念，掌握E-R图的绘制方法、关系术语、关系运算等内容。

1.1 数据库概述

1.1.1 数据和信息

1. 信息

信息（Information）是人们头脑中对现实世界中客观事物以及事物之间联系的抽象反映，它向我们提供了关于现实世界实际存在的事物和联系的有用知识。

2. 数据

数据是人们用各种物理符号，把信息按一定格式记载下来的有意义的符号组合。数据包括数据内容和数据形式。

3. 数据与信息的关系

数据是信息的一种具体表示形式，信息是各种数据所包括的意义。信息可用不同的数据形式来表现，信息不随数据的表现形式而改变。例如：1980年10月1日与1980-10-1。

信息和数据的关系是：数据是信息的载体，它是信息的具体表现形式。

1.1.2 数据处理与数据管理

1. 数据处理

数据处理也称为信息处理（Information Process），它是利用计算机对各种类型的数据进行处理，从而得到有用信息的过程。信息是数据处理的结果。

数据的处理过程包括数据的收集、转换、组织，数据的输入、存储、合并、计算、更新，数据的检索、输出等一系列活动。

2. 数据管理

数据管理是指对数据的组织、分类、编码、存储、检索和维护，是数据处理的中心问题。计算机数据管理是指计算机对数据的管理方法和手段。

1.1.3 数据库技术的发展概况

数据库技术是计算机科学技术中发展最快的重要分支，所研究的问题是如何科学地组织和存储数据，如何高效地获取和处理数据。1963 年，美国 Honeywell 公司的数据库（Integrated Data Store，IDS）投入运行，揭开了数据库技术的序幕。自 20 世纪 60 年代末 70 年代初以来，数据库技术不断发展和完善，在 30 多年中主要经历了四个阶段：人工管理阶段、文件系统阶段、数据库系统阶段和高级数据库系统阶段。

1. 人工管理阶段

20 世纪 50 年代中期以前是计算机用于数据管理的初级阶段，主要用于科学计算，数据不保存在计算机内。计算机只相当于一个计算工具，没有磁盘等直接存取的存储设备，没有操作系统，没有管理数据的软件，数据处理方式是批处理。数据的管理由程序员个人考虑安排，只有程序（Program）的概念，没有文件（File）的概念；迫使用户程序与物理地址直接打交道，效率低，数据管理不安全灵活；数据与程序不具备独立性，数据成为程序的一部分，数据面向程序，即一组数据对应一个程序，导致程序之间大量数据重复。

2. 文件系统阶段

20 世纪 50 年代后期到 60 年代中期，计算机有了磁盘、磁鼓等直接存取的存储设备，操作系统有了专门管理数据的软件——文件系统。文件系统使得计算机数据管理的方法得到极大改善。这个时期的特点是：计算机不仅用于科学计算，而且大量用于管理；处理方式上不仅有了文件批处理，而且能够联机实时处理；所有文件由文件管理系统进行统一管理和维护。但传统的文件管理阶段存在数据冗余性（Data Redundancy）、数据不一致性（Data Inconsistency）、数据联系弱（Data Poor Relationship）、数据安全性差（Data Poor Security）、缺乏灵活性（Lack of Flexibility）等问题。

3. 数据库系统阶段

20 世纪 60 年代后期以来，计算机用于管理的规模更为庞大，以文件系统作为数据管理手段已经不能满足应用的需求，为解决多用户、多应用共享数据的需求，使数据为尽可能多的应用服务，出现了数据库技术和统一管理数据的专门软件系统——数据库管理系统。

（1）标志文件管理数据阶段向现代数据库管理系统阶段转变的三件大事

① 1968 年，国际商用机器公司（International Business Machine，IBM）推出了商品化的基于层次模型的 IMS 系统。

② 1969 年，美国数据系统语言协商会(Conference On Data System Language，CODASYL)组织下属的数据库任务组（DataBase Task Group，DBTG）发布了一系列研究数据库方法的 DBTG 报告，奠定了网状数据模型基础。

③ 1970 年，IBM 公司研究人员 E.F.Codd 提出了关系模型，奠定了关系型数据库管理系统的基础。

（2）现代数据库管理系统阶段的特点

① 使用复杂的数据模型表示结构。

② 具有很高的数据独立性。

③ 为用户提供了方便的接口（SQL）。

④ 提供了完整的数据控制功能。

⑤ 提高了系统的灵活性。

4. 高级数据库系统阶段

20 世纪 80 年代以来，关系数据库理论日趋完善，逐步取代网状和层次数据库占领了市场，并向更高阶段发展。目前数据库技术已成为计算机领域中最重要的技术之一，它是软件科学中的一个独立分支，正在向分布式数据库、知识库系统、多媒体数据库方向发展。特别是现在的数据仓库和数据挖掘技术的发展，大大推动了数据库向智能化和大容量化的发展趋势，充分发挥了数据库的作用。

1.2 数据模型

1.2.1 数据模型的概念

数据模型是表示实体类型及实体间联系的模型，是数据特征的抽象描述，用来表示信息世界中的实体，它描述的是数据的逻辑结构。

逻辑数据模型包含三个部分：

① 数据结构是指对实体类型和实体间联系的表达和实现。

② 数据操作是指对数据库的检索和更新（包括插入、删除和修改）两类操作。

③ 数据完整性约束给出数据及其联系应具有的制约和依赖规则。

1.2.2 实体联系模型

实体联系模型（E-R 模型）反映的是现实世界中的事物及其相互联系。实体联系模型为数据库建模提供了 4 个基本的语义概念：实体（Entity）、实体型、属性（Attributes）、联系（Relationship）。

实体：具有相同属性或特征的客观现实和抽象事物的集合。该集合中的一个元组就是该实体的一个实例（Instance）。

实体型：具有相同属性的实体具有共同的特征和性质，用实体名及其属性名集合来抽象和刻画的同类实体称为实体型。属性值的集合表示一个实体，而属性的集合表示一种实体的类型，称为实体型。

属性：表示一类客观现实或抽象事物的一种特征或性质。

联系：指实体类型之间的联系，它反映了实体类型之间的某种关联。

二元实体间联系的种类可分为一对一、一对多、多对多联系。

1．一对一联系

对于实体集 E1 中的每一个实体，实体集 E2 中至多有一个实体与之联系，反之亦然，则称实体集 E1 与实体集 E2 具有一对一联系，记为 1:1。例如：一名乘客与一个座位之间具有一对一联系，如图 1.1 所示。

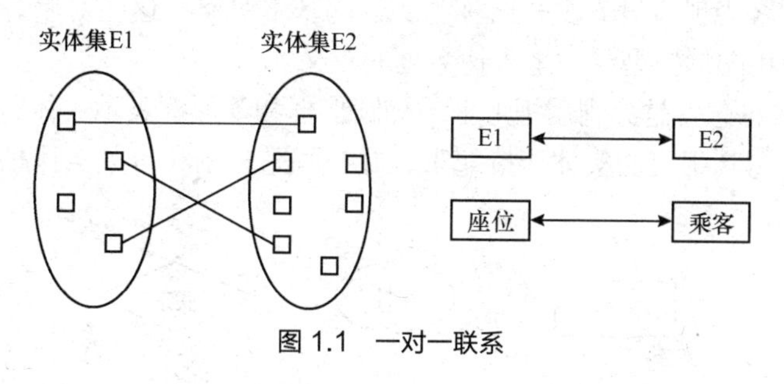

图 1.1　一对一联系

2．一对多联系

对于实体集 E1 中的每一个实体，实体集 E2 中有 N 个实体（$N \geqslant 0$）与之联系；反过来，对于实体集 E2 中的每一个实体，实体集 E1 中至多有一个实体与之联系，则称实体集 E1 与实体集 E2 具有一对多联系，记为 1:N。例如：一个车间有多名工人，一个工人只属于一个车间，车间与工人之间具有一对多联系，如图 1.2 所示。

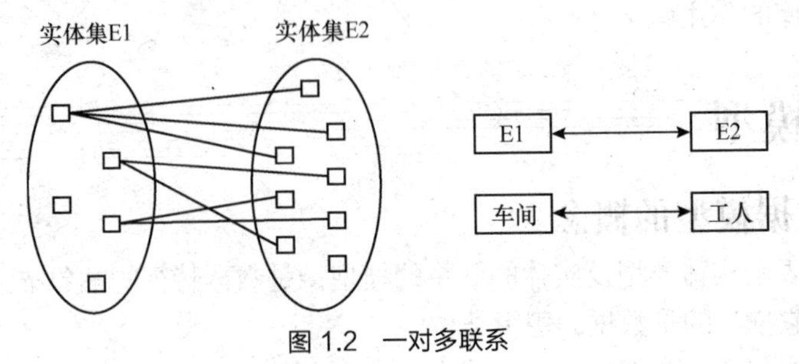

图 1.2　一对多联系

3. **多对多联系**

对于实体集 E1 中的每一个实体，实体集 E2 中有 N 个实体（$N \geqslant 0$）与之联系；反过来，对于实体集 E2 中的每一个实体，实体集 E1 中也有 M 个实体（$M \geqslant 0$）与之联系，则称实体集 E1 与实体集 E2 具有多对多联系，记为 M:N。例如：学生在选课时，一个学生可以选多门课程，一门课程也可以被多名学生选修，则学生与课程之间具有多对多联系，如图 1.3 所示。

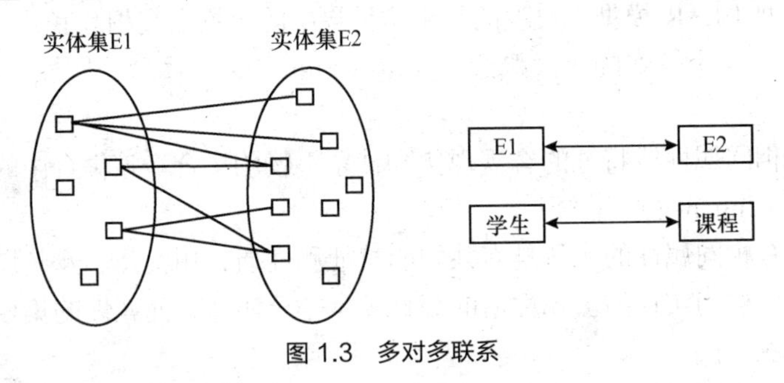

图 1.3　多对多联系

1.2.3　实体联系图

1. **E-R 图简介**

E-R 方法："实体-联系方法"（Entity-Relationship Approach），它是描述现实世界概念结构模型的有效方法，是一种用来在数据库设计过程中表示数据库系统结构的方法。用 E-R 方法建立的概念结构模型称为 E-R 模型，或称为 E-R 图。

E-R 图：实体联系图（Entity Relationship），是一种可视化的图形方法，它基于对现实世界的一种认识，即客观现实世界由一组称为实体的基本对象和这些对象之间的联系组成，是一种语义模型，使用图形模型尽力地表达数据的意义。

E-R 图的基本思想就是分别用矩形框、椭圆形框和菱形框表示实体、属性和联系，使用无方向的线将属性与其相应的实体连接起来，并将联系分别和有关实体相连接，注明联系类型，如图 1.4 所示。

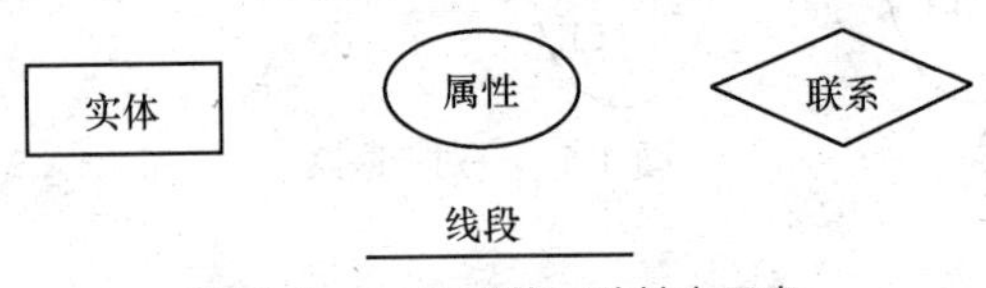

图 1.4　E-R 图的三种基本元素

2. E-R图的绘制步骤

① 首先确定实体类型。

② 确定联系类型（1:1，1:N，M:N）。

③ 把实体类型和联系类型组合成E-R图。

④ 确定实体类型和联系类型的属性。

⑤ 确定实体类型的键，在E-R图中属于键的属性名下画一条横线。

【例1.1】学生与课程联系的E-R图。

二元实体间联系的简易E-R图如图1.5所示。一个学生可以选修多门课程，一门课程可被多个学生选修，学生和课程是多对多的关系，成绩既不是学生实体的属性，也不是课程实体的属性，而是属于学生和课程之间选修关系的属性，如图1.6所示。

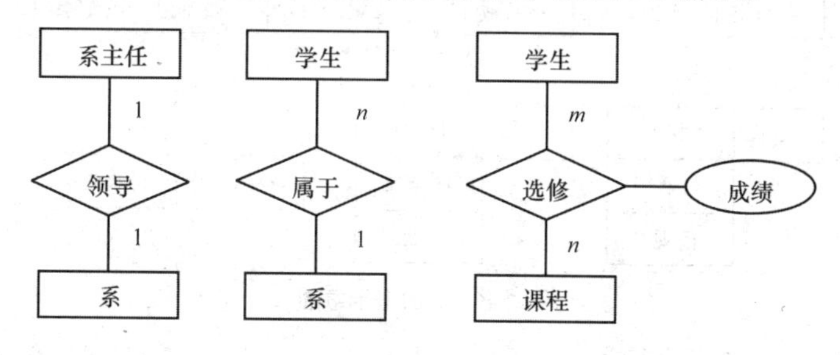

图1.5 二元实体间联系的简易E-R图

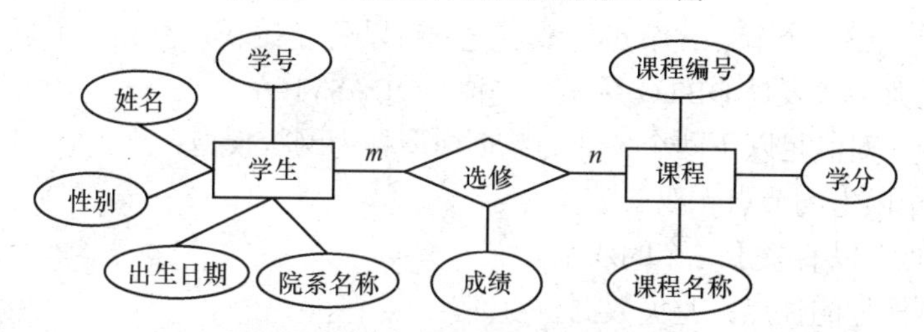

图1.6 学生与课程联系的完整E-R图

【例1.2】图书借阅E-R图。

一个读者可以借阅多本图书，一本图书可以被多个读者借阅，读者和图书之间的关系为多对多的关系；只有当读者和图书之间发生借阅关系后才有借书日期和归还日期，所以借书日期和归还日期属于借阅联系的属性，如图1.7所示。

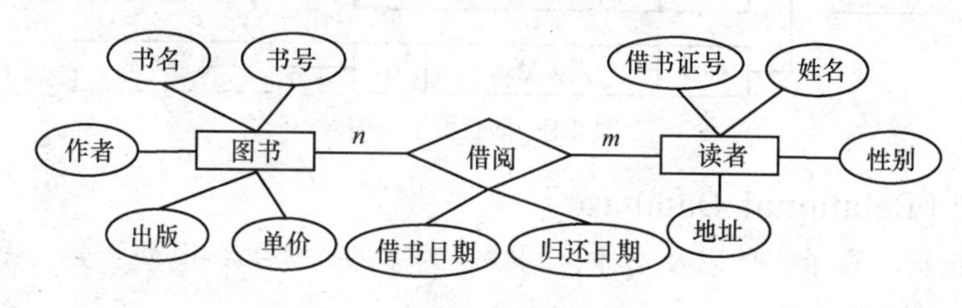

图1.7 图书管理实体联系图

1.2.4 三种常见的数据模型

1. 层次型（Hierarchical Database）

用树形结构表示各类实体以及实体间的联系。层次模型数据库系统的典型代表是IBM公司的数据库管理系统（Information Management System，IMS）。在数据库中，对满足以下两个条件的数据模型称为层次模型：

① 有且仅有一个节点无双亲，这个节点称为“根节点”。

② 其他节点有且仅有一个双亲结点。

层次型数据模型的优点：数据结构类似于金字塔，不同层次间的关联性直接、简单。

层次型数据模型的缺点：数据纵向发展，横向关系难以建立。

层次型数据模型的示例如图 1.8 所示。

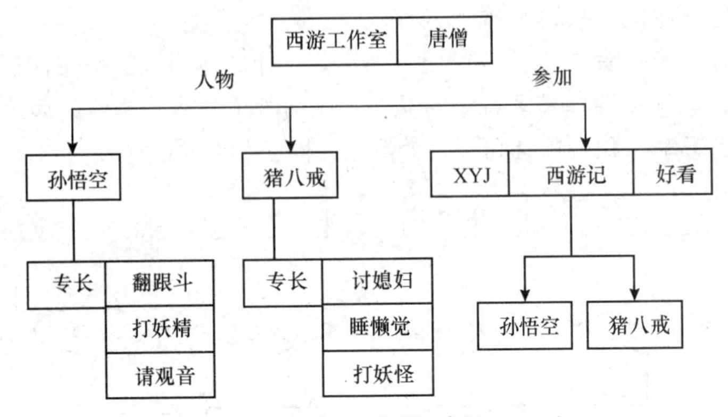

图 1.8　层次型示意图

2. 网状型（Network Database）

将每条记录当成一个节点，节点与节点之间可以建立关联，形成一个复杂的网状结构。网状数据模型的典型代表是 DBTG 系统，也称 CODASYL 系统。

在数据库中，对满足以下两个条件的数据模型称为网状模型：

① 允许一个以上的节点无双亲。

② 一个节点可以有多于一个的双亲。

网状型数据模型的优点：避免数据重复性。

网状型数据模型的缺点：关联性复杂。

网状型数据模型的示例如图 1.9 所示。

图 1.9　网状型示意图

3. 关系型（Relational Database）

用二维表结构来表示实体以及实体之间联系的模型称为关系模型。关系模型中的基本数据逻辑结构是一张二维表。

在关系模型中：

① 通常把二维表称为关系。

② 一个表的结构称为关系模式。

③ 表中的每一行称为一个元组，相当于通常的一个记录（值）。

④ 每一列称为一个属性，相当于记录中的一个数据项。

⑤ 由若干个关系模式（相当于记录型）组成的集合，就是一个关系模型。

关系型示例如表 1.1 和表 1.2 所示。

表 1.1 学生信息表

学号	姓名	性别	出生日期	班级编号
20050319001	任××	女	1984-12-07	20050319
20050319002	刘××	男	1984-06-11	20050319
20050704001	郎××	女	1984-11-28	20050704
99070402	朱××	男	1980-08-19	990704

表 1.2 学生成绩表

学号	课程编号	成绩
20050319001	A020701	79.0
20050319001	B010292	76.0
20050319002	A020701	79.0
20050319002	B010292	65.0
20050319002	C020305	62.0
99070402	A020701	71.0
99070402	B020101	82.0

20 世纪 70 年代是数据库蓬勃发展的年代，网状系统和层次系统占据了整个数据库商用市场，而关系系统仅处于实验阶段。

20 世纪 80 年代，关系系统由于使用简便以及硬件性能的改善，逐步代替网状系统和层次系统占领了市场。

20 世纪 90 年代，关系数据库已成为数据库技术的主流。

1.3 数据库系统

1.3.1 数据库系统的组成

数据库系统（Database System，DBS）是实现有组织地、动态地存储大量关联数据、方便多用户访问的由计算机硬件、软件和数据资源组成的系统，即它是采用数据库技术的计算机系统。

数据库系统是指在计算机系统中引入数据库后构成的系统，狭义的数据库系统由数据库、数据库管理系统组成。广义的数据库系统由数据库、数据库管理系统、应用系统、数据库管理员和用户构成。

1. 数据库

数据库是与应用彼此独立的、以一定的组织方式存储在一起的、彼此相互关联的、具有较少冗余的、能被多个用户共享的数据集合。

2. 数据库管理系统

数据库管理系统（Database Management System，DBMS），是一种负责数据库的定义、建立、操作、管理和维护的系统管理软件。

DBMS 位于用户和操作系统之间，负责处理用户和应用程序存取、操纵数据库的各种请求，包括 DB 的建立、查询、更新及各种数据控制。DBMS 总是基于某种数据模型，可以分为层次型、网状型、关系型和面向对象型等。数据库管理系统具有如下功能。

① 数据定义：定义并管理各种类型的数据项。

② 数据处理：数据库存取能力（增加、删除、修改和查询）。

③ 数据安全：创建用户账号、相应的口令及设置权限。

④ 数据备份：提供准确、方便的备份功能。

常用的大型 DBMS：SQL Server、Oracle、Sybase、Informix、DB2 等。

3. 数据库管理员

数据库管理员（Database Administrator，DBA）是大型数据库系统的一个工作小组，主要负责数据库设计、建立、管理和维护数据库，协调各用户对数据库的要求等。

4. 用户

用户是数据库系统的服务对象，是使用数据库系统者。数据库系统的用户可以有两类：终端用户、应用程序员。

5. 数据库应用系统

应用系统是指在数据库管理系统提供的软件平台上，结合各领域的应用需求开发的软件产品。

1.3.2 数据库系统的特点

① 数据的共享性好，冗余度低，易扩充。数据库中的整体数据可以被多个用户、多种应用共享使用。

② 采用特定的数据模型。数据库中的数据是有结构的，数据库系统不仅可以表示事物内部各数据项之间的联系，而且可以表示事物与事物之间的联系。

③ 具有较高的数据独立性。数据和程序的独立，把数据的定义从程序中分离出来，简化了应用程序的编制，大大减少程序维护的工作量。

④ 有统一的数据控制功能。有效地提供了数据的安全性保护、数据的完整性检查、并发控制和数据库恢复等功能。

1.3.3 数据库系统的三级模式结构

概念模式（Conceptual Schema）是数据库中全部数据的整体逻辑结构的描述。

外模式（External Schema）是用户与数据库系统的接口，是用户用到的那部分数据的描述。

内模式（Internal Schema）是数据库在物理存储方面的描述，定义所有内部记录类型、索引和文件的组织方式，以及数据控制方面的细节。

模式/内模式映射存在于概念级和内部级之间，用于定义概念模式和内模式之间的对应性。

外模式/模式映射存在于外部级和概念级之间，用于定义外模式和概念模式之间的对应性。

数据库系统的三级模式结构如图 1.10 所示。

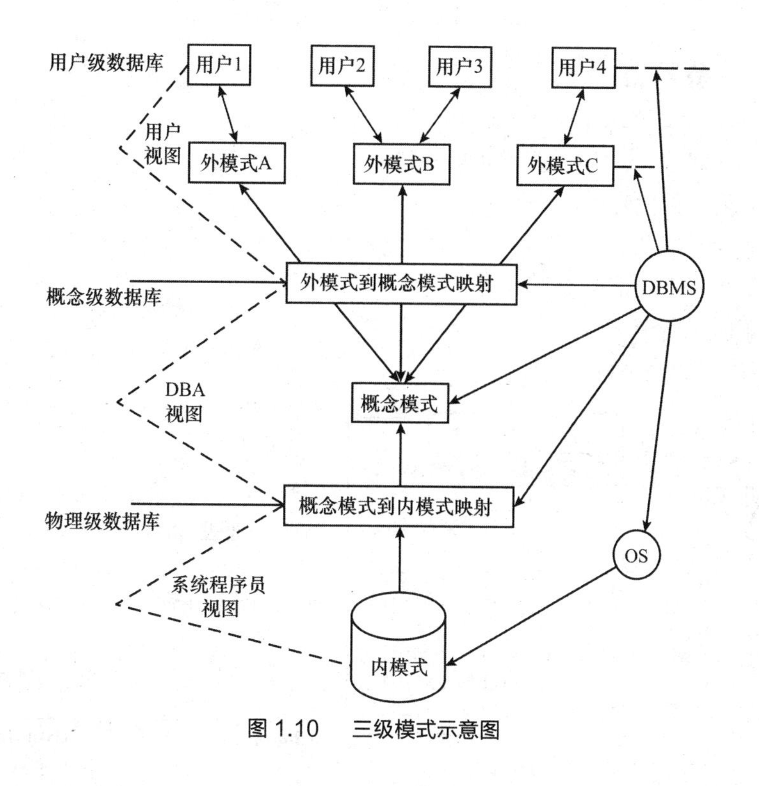

图 1.10　三级模式示意图

1.4　关系模型

1.4.1　关系模型术语

① 关系模式（**Relational Schema**）：它由一个关系名以及它所有的属性名构成。它对应二维表的表头，是二维表的构成框架（逻辑结构）。其格式为：

关系名(属性名 1，属性名 2，…，属性名 *n*)

在 SQL Server 中对应的表结构为：

表名(字段名 1，字段名 2，…，字段名 *n*)

② 关系（Relation）：表示多个实体之间的相互关联，每一张表称为该关系模式的一个具体关系。它包括：关系名、表的结构和表的数据（元组）。

③ 联系集（Relationship Set）：实体集之间的联系。

④ 二元联系集（Dual Entities）：两个实体集之间的联系集。

⑤ 实体集（Entity Set）：性质相同的同类实体的集合。

⑥ 元组（Tuple）：二维表的一行称为关系的一个元组，对应一个实体的数据。

⑦ 属性（Attributes）：二维表中的每一列称为关系的一个属性。

⑧ 域（Domain）：属性所对应的取值变化范围叫属性的域。

⑨ 实体标识符（Identifier）：能唯一标识实体的属性或属性集，称为实体标识符。有时也称为关键码（Key），或简称为键。

⑩ 主键（Primary Key）：能唯一标识关系中不同元组的属性或属性组称为该关系的候选关键字。被选用的候选关键字称为主关键字。

⑪ 外键（Foreign Key）：如果关系 R 的某一（些）属性 A 不是 R 的关键字，而是另一关系 S 的关键字，则称 A 为 R 的外来关键字。

1.4.2 关系特点

一个关系具有如下特点：

① 关系必须规范化，分量必须取原子值。

② 不同的列允许出自同一个域。

③ 列的顺序无所谓。

④ 任意两个元组不能完全相同。

⑤ 行的顺序无所谓。

实际关系模型如图 1.11 所示。

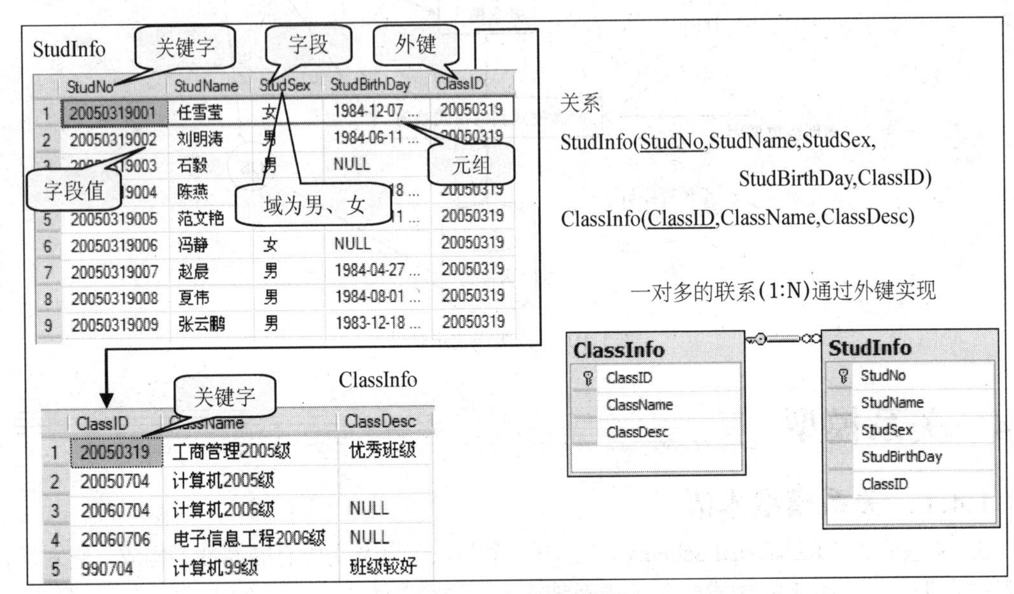

图 1.11 实际关系模型

1.4.3 关系运算

关系的基本运算有两类：一类是传统的集合运算（并、差、交等），另一类是专门的关系运算（选择、投影、连接等），有些查询需要几个基本运算的组合，要经过若干步骤才能完成。

1．传统的集合运算

传统的集合运算举例如图 1.12 所示。

（1）并

设有两个关系 R 和 S，它们具有相同的结构。R 和 S 的并（UNION）是由属于 R 或属于 S 的元组组成的集合，运算符为∪。记为 T＝R∪S。

（2）差

R 和 S 的差（DIFFERENCE）是由属于 R 但不属于 S 的元组组成的集合，运算符为－。记为 T＝R－S。

（3）交

R 和 S 的交（INTERSECTION）是由既属于 R 又属于 S 的元组组成的集合，运算符为∩。记为 T＝R∩S。R∩S＝R－(R－S)。

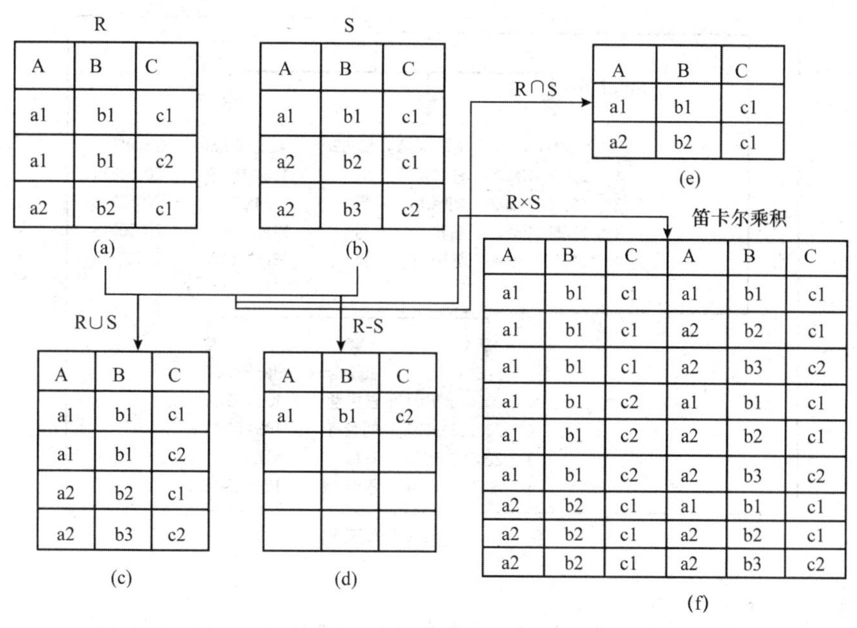

图 1.12 传统的集合运算举例

2. 专门的关系运算

（1）选择

从关系中找出满足给定条件的元组的操作（WHERE）。其中的条件是以逻辑表达式给出的，值为真的元组将被选取。这种运算是从水平方向抽取元组，如图 1.13 所示。

```
SELECT * FROM StudInfo WHERE StudNo IN ('20050319001', '20050319005')
```

图 1.13 选择操作示例

（2）投影

从关系模式中指定若干个属性组成新的关系。这是从列的角度进行的运算，相当于对关系进行垂直分解，如图 1.14 所示。

```
SELECT StudNo,StudName,StudBirthDay FROM StudInfo
```

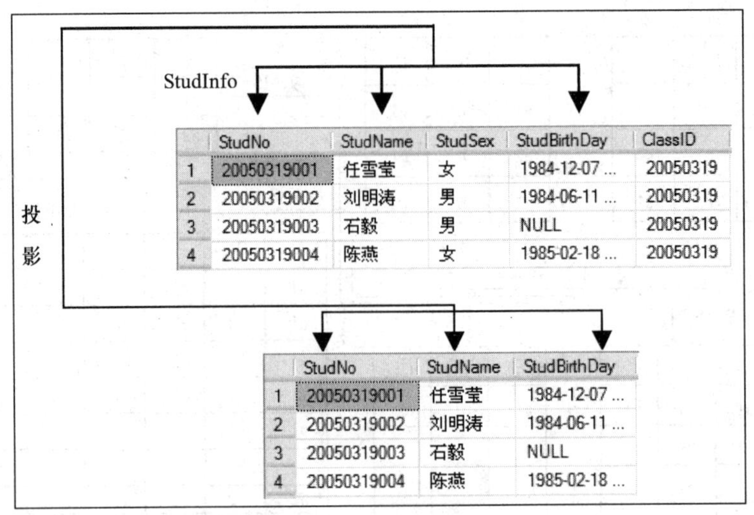

	StudNo	StudName	StudSex	StudBirthDay	ClassID
1	20050319001	任雪莹	女	1984-12-07 ...	20050319
2	20050319002	刘明涛	男	1984-06-11 ...	20050319
3	20050319003	石毅	男	NULL	20050319
4	20050319004	陈燕	女	1985-02-18 ...	20050319

	StudNo	StudName	StudBirthDay
1	20050319001	任雪莹	1984-12-07 ...
2	20050319002	刘明涛	1984-06-11 ...
3	20050319003	石毅	NULL
4	20050319004	陈燕	1985-02-18 ...

图 1.14　投影操作示例

（3）连接

将两个关系模式拼接成一个更宽的关系模式，生成的新关系中包含满足联系条件的组合（INNER JOIN）。运算过程是通过连接条件来控制的，连接条件中将出现两个关系中的公共属性名，或者具有相同语义、可比的属性。连接是对关系的结合，如图 1.15 所示。

```
SELECT StudNo,StudName,StudSex,ClassInfo.ClassID,ClassName
FROM StudInfo INNER JOIN ClassInfo
On StudInfo.ClassID=ClassInfo.ClassID
```

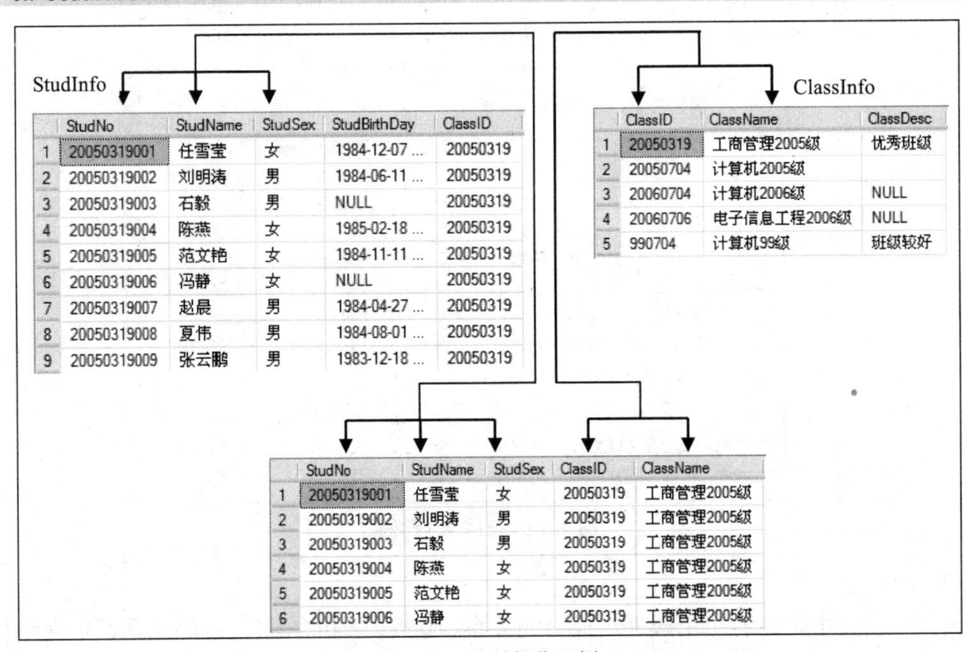

	StudNo	StudName	StudSex	StudBirthDay	ClassID
1	20050319001	任雪莹	女	1984-12-07 ...	20050319
2	20050319002	刘明涛	男	1984-06-11 ...	20050319
3	20050319003	石毅	男	NULL	20050319
4	20050319004	陈燕	女	1985-02-18 ...	20050319
5	20050319005	范文艳	女	1984-11-11 ...	20050319
6	20050319006	冯静	女	NULL	20050319
7	20050319007	赵晨	男	1984-04-27 ...	20050319
8	20050319008	夏伟	男	1984-08-01 ...	20050319
9	20050319009	张云鹏	男	1983-12-18 ...	20050319

	ClassID	ClassName	ClassDesc
1	20050319	工商管理2005级	优秀班级
2	20050704	计算机2005级	
3	20060704	计算机2006级	NULL
4	20060706	电子信息工程2006级	NULL
5	990704	计算机99级	班级较好

	StudNo	StudName	StudSex	ClassID	ClassName
1	20050319001	任雪莹	女	20050319	工商管理2005级
2	20050319002	刘明涛	男	20050319	工商管理2005级
3	20050319003	石毅	男	20050319	工商管理2005级
4	20050319004	陈燕	女	20050319	工商管理2005级
5	20050319005	范文艳	女	20050319	工商管理2005级
6	20050319006	冯静	女	20050319	工商管理2005级

图 1.15　连接操作示例

设关系 R 和 S 分别有 m 和 n 个元组，则 R 与 S 的连接过程要访问 $m \times n$ 个元组。由此可见，涉及连接的查询应当考虑优化，以便提高查询效率。

（4）等值连接

在连接运算中，以字段值对应相等为条件进行的连接操作称为等值连接。

（5）自然连接

自然连接是去掉重复属性的等值连接。它属于连接运算的一个特例，是最常用的连接运算，在关系运算中起着重要作用。

选择和投影运算都属于一目运算，它们的操作对象只是一个关系。连接运算是二目运算，需要两个关系作为操作对象。如果需要两个以上的关系进行连接，应当两两进行。利用关系的这三种专门运算可以方便地构造新的关系。

PART 2

第2章 SQL Server 的基本操作

本章介绍 SQL Server 2012 数据库管理系统的安装、服务器的启动方法、系统内置数据库、服务器的注册、数据库的创建、数据表的建立、表记录的维护、SQL 查询功能的使用以及 SQL Server 导入导出功能等内容。通过本章的介绍，要求读者掌握 SQL Server 2012 的安装与基本操作，使用 SQL Server Management Studio 建立数据库、数据表、记录维护、数据导入导出等操作内容。

2.1 SQL Server 2012 数据库管理系统

2.1.1 SQL Server 2012 概述

SQL Server 是一个关系数据库管理系统，它最初是由 Microsoft、Sybase 和 Ashton-Tate 三家公司共同开发的，于 1988 年推出了第一个 OS/2 版本，随后推出了 SQL Server 7.0、SQL Server 2000、SQL Server 2005、SQL Server 2008、SQL Server 2012、SQL Server 2014。

SQL Server 2012 是 Microsoft 公司 2012 年推出的新一代的数据平台产品。SQL Server 2012 不仅延续现有数据平台的强大能力，全面支持云技术与平台，并且能够快速构建相应的解决方案，实现私有云与公有云之间数据的扩展与应用的迁移。SQL Server 2012 提供对企业基础架构最高级别的支持——专门针对关键业务应用的多种功能与解决方案提供最高级别的可用性及性能。在业界领先的商业智能领域，SQL Server 2012 提供了更多更全面的功能以满足不同人群对数据以及信息的需求，包括支持来自于不同网络环境的数据的交互，全面的自助分析等创新功能。针对大数据以及数据仓库，SQL Server 2012 提供从数 TB 到数百 TB 全面端到端的解决方案。作为微软的信息平台解决方案，SQL Server 2012 的发布，可以帮助数以千计的企业用户突破性地快速实现各种数据体验，完全释放对企业的洞察力。

2.1.2 SQL Server 2012 版本简介

SQL Server 2012 包含企业版（Enterprise）、标准版（Standard）、商业智能版（Business Intelligence）、Web 版、开发者版本以及精简版，其版本功能比较如表 2.1 所示。

表 2.1 SQL Server 2012 版本功能比较

版本 / 功能	企业版	标准版	商业智能版	Web 版	Express with Advanced Services	Express with Tools	Express
单个实例使用的最大计算能力（SQL Server 数据库引擎）	操作系统最大值	4 个插槽或 16 核，二者取小值	4 个插槽或 16 核，二者取小值	4 个插槽或 16 核，二者取小值	1 个插槽或 4 核，二者取小值	1 个插槽或 4 核，二者取小值	1 个插槽或 4 核，二者取小值
单个实例使用的最大计算能力（Analysis Services、Reporting Services）	操作系统支持的最大值	4 个插槽或 16 核，二者取小值	操作系统支持的最大值	4 个插槽或 16 核，二者取小值	1 个插槽或 4 核，二者取小值	1 个插槽或 4 核，二者取小值	1 个插槽或 4 核，二者取小值
利用的最大内存（SQL Server 数据库引擎）	操作系统支持的最大值	64 GB	64 GB	64 GB	1 GB	1 GB	1 GB
利用的最大内存（Analysis Services）	操作系统支持的最大值	64 GB	操作系统支持的最大值	不适用	不适用	不适用	不适用
利用的最大内存（Reporting Services）	操作系统支持的最大值	64 GB	操作系统支持的最大值	64 GB	4 GB	不适用	不适用
最大关系数据库大小	524PB	524 PB	524 PB	524 PB	10 GB	10 GB	10 GB

2.1.3 SQL Server 2012 的安装

1. 安装要求

SQL Server 2012 支持 32 位和 64 位操作系统。

（1）硬件要求

① 计算机。处理器：x86Pentium Ⅲ兼容处理器或更快，最小 1 GHz，x64AMD Opteron、AMD Athlon 64、支持 Intel EM64T 的 Intel Xeon、支持 EM64T 的 Intel Pentium Ⅳ处理器，最小 1.4 GHz。建议：2.0 GHz 或更快。

② 内存。最小值：Express 版本 512 MB，所有其他版本 1 GB。建议：Express 版本 1 GB，所有其他版本至少 4 GB，并且应该随着数据库大小的增加而增加，以便确保最佳的性能。

③ 硬盘。SQL Server 2012 要求最少 6 GB 的可用硬盘空间。磁盘空间要求将随所安装的 SQL Server 2012 组件不同而发生变化。

④ 监视器。VGA 或更高分辨率，SQL Server 图形工具要求 1024×768 像素或更高分辨率。

⑤ 光驱。从磁盘进行安装时需要相应的 DVD 驱动器。

（2）软件要求

① 框架支持：.NET Framework 4.0 是安装 SQL Server 2012 必需的。

② 软件：

➢ Microsoft Windows Installer 4.5 或更高版本。

➢ Microsoft 数据访问组件（MDAC）2.8 SP1 或更高版本。

③ 操作系统：Windows XP Professional SP3 或更高版本。

2．安装步骤

下面以 Window 7 为操作系统平台，详细讲解 SQL Server 2012 企业版的安装过程。

① 将 SQL Server 2012 安装光盘插入光驱后，双击 setup.exe 安装，出现图 2.1 所示的操作界面。

图 2.1　SQL Server 2012 安装初始界面

② SQL Server 2012 安装初始化完成后，安装向导进入“SQL Server 安装中心”，如图 2.2 所示。

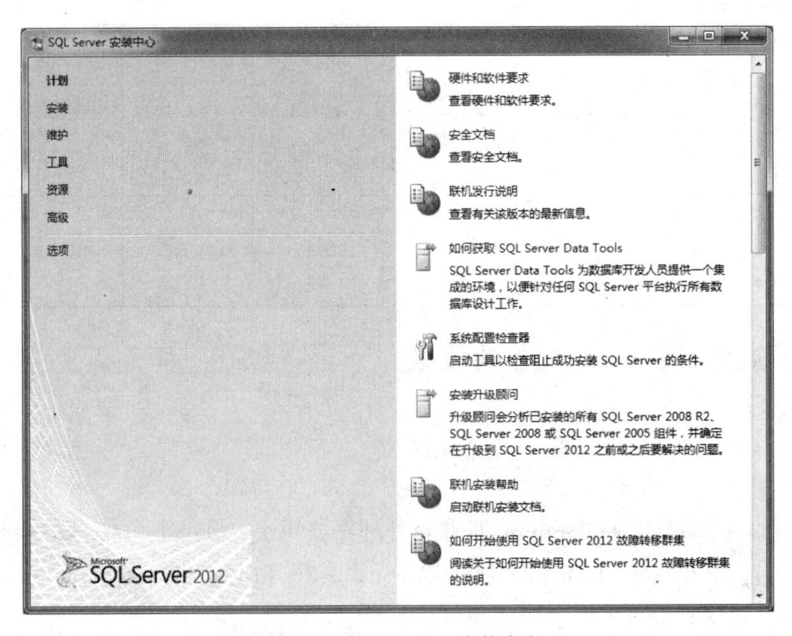

图 2.2　SQL Server 安装中心

③ 在图 2.2 所示的操作界面中单击“安装”选项，出现图 2.3 所示的操作界面。

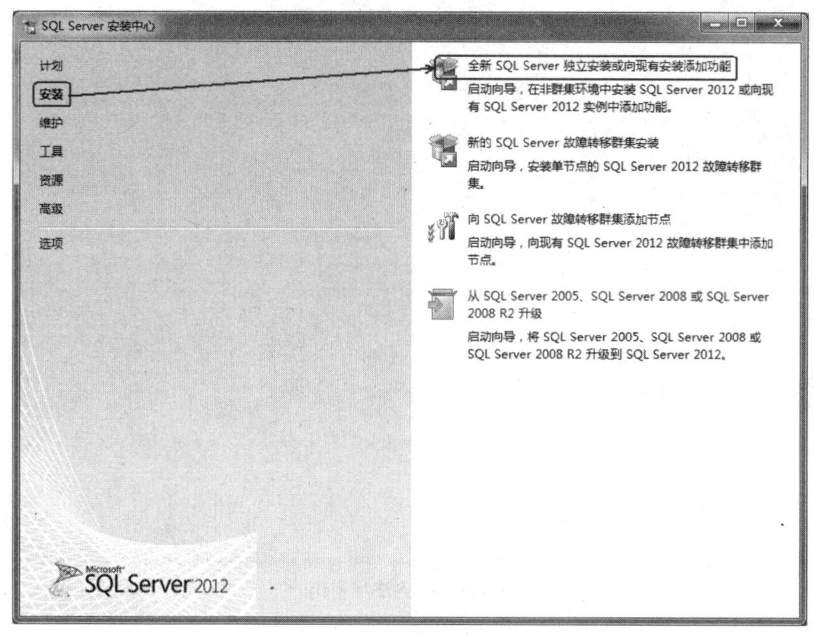

图 2.3　安装选择界面

④ 在图 2.3 所示的操作界面中，单击“全新 SQL Server 独立安装或向现有安装添加功能”，安装向导将进行“安装程序支持规则”检查，如图 2.4 所示。

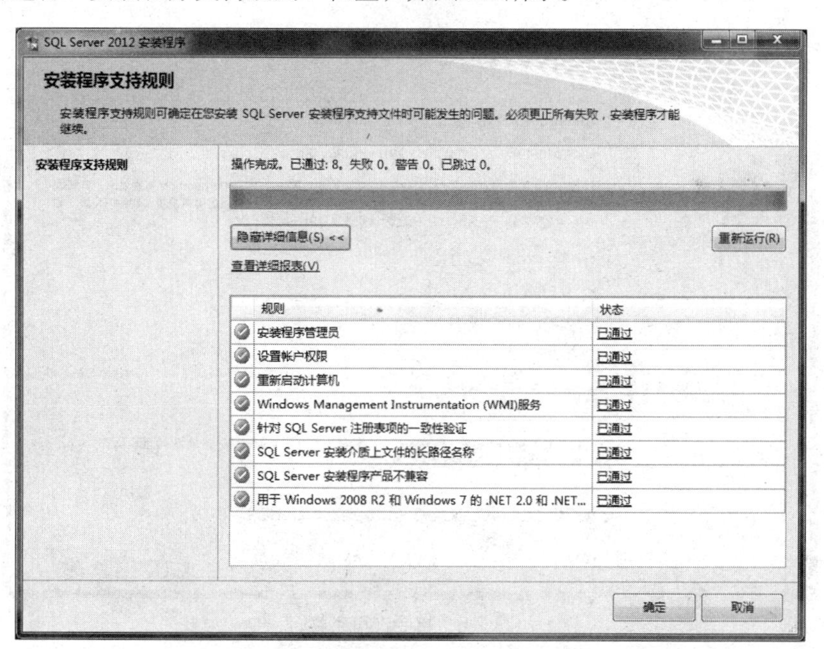

图 2.4　“安装程序支持规则”检查（1）

⑤ 在图 2.4 所示的“安装程序支持规则”检查通过后，单击“确定”按钮，进入图 2.5 所示的“产品密钥”操作界面。单击“输入产品密钥”单选按钮，输入产品密钥。

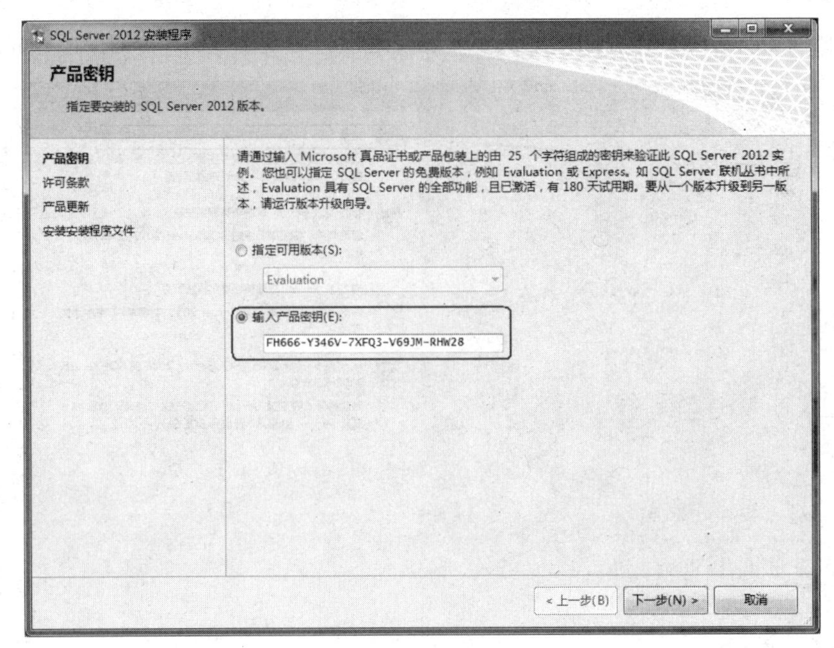

图 2.5　输入产品密钥

⑥ 在图 2.5 所示的操作界面中单击“下一步”按钮，进入图 2.6 所示的“许可条款”操作界面，选中“我接受许可条款”复选框，单击“下一步”按钮。

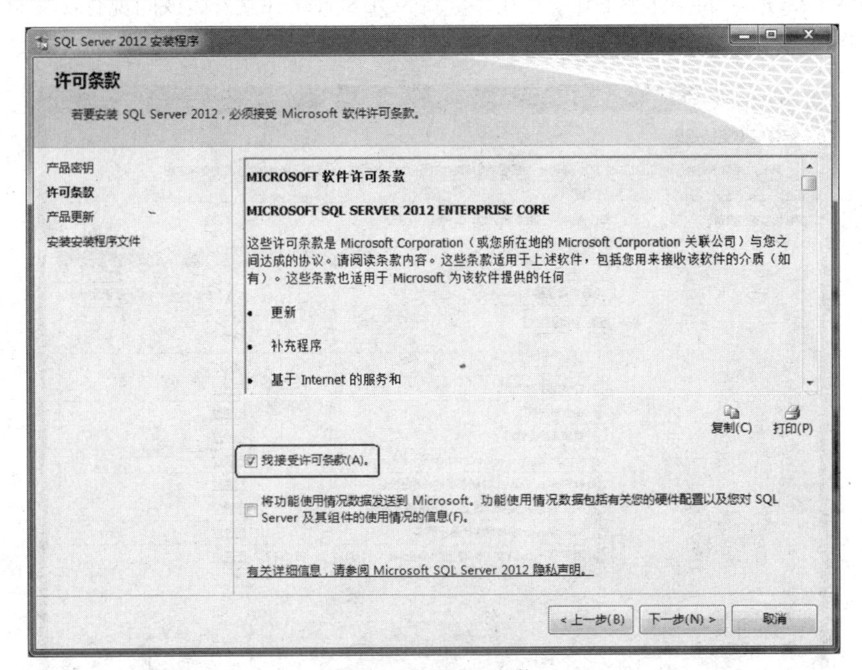

图 2.6　接受许可条款

⑦ 安装向导进入“产品更新”操作界面，如果有新的软件更新包，只需单击“下一步”按钮安装更新即可，如图 2.7 所示。

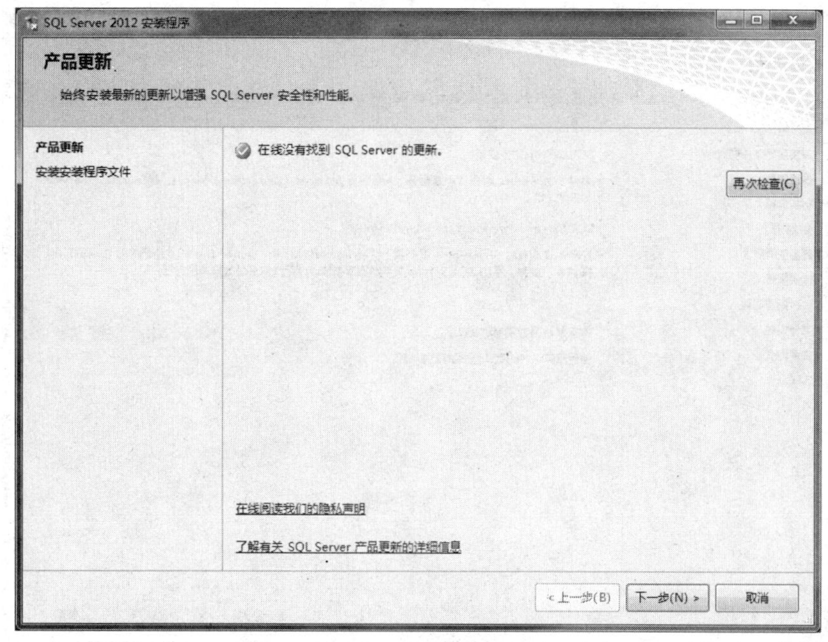

图 2.7　产品更新

⑧ 安装向导进入“安装程序支持规则”操作界面，系统配置检查器将在安装继续之前检验计算机的系统状态。如果计算机上尚未安装 SQL Server 必备组件，则安装向导将安装它们，如图 2.8 所示。

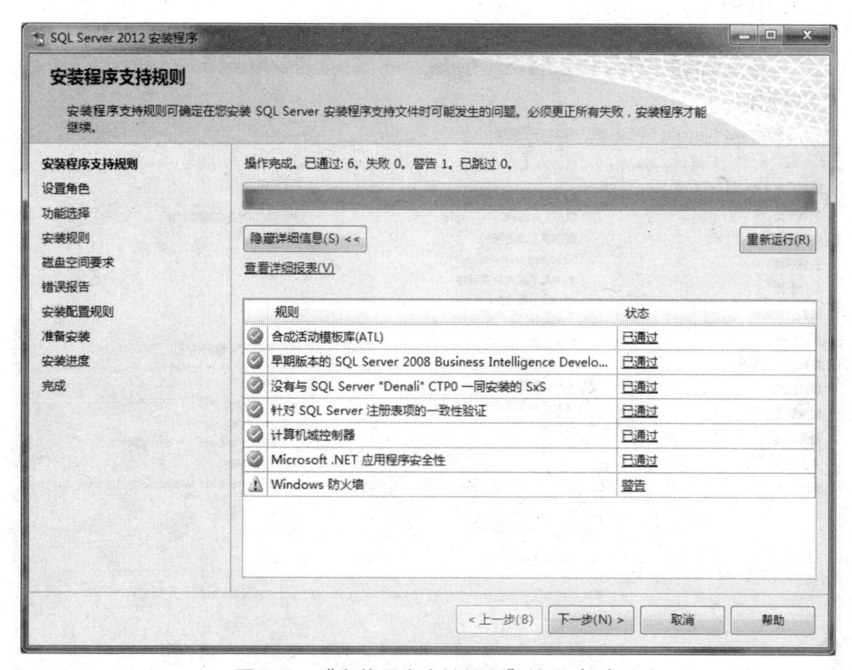

图 2.8　“安装程序支持规则”检查（2）

⑨ 在图 2.8 所示的操作界面中，单击“下一步”按钮，出现“设置角色”操作界面，如图 2.9 所示。

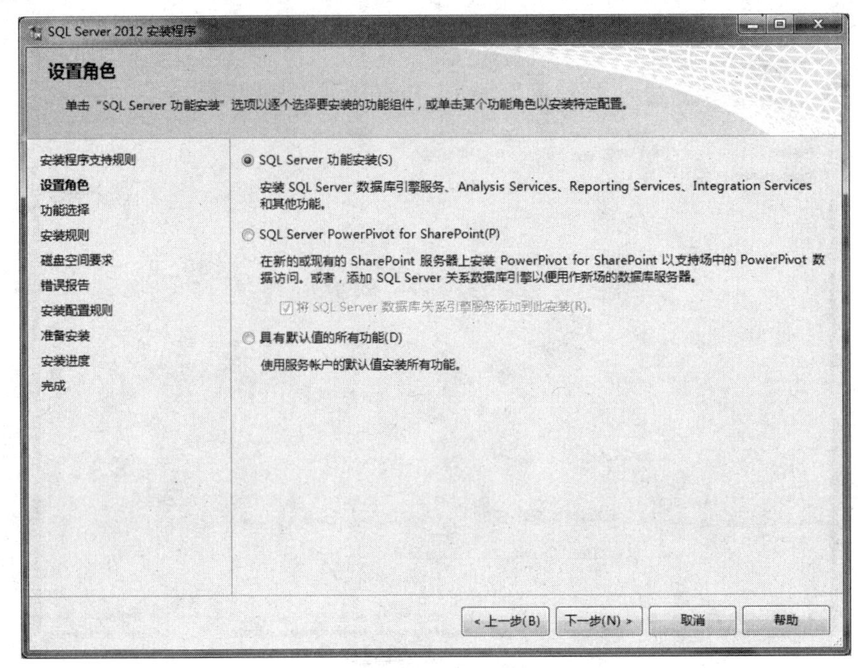

图 2.9　设置角色

⑩ 在“功能选择”操作界面中选择要安装的组件。选择功能名称后，右侧窗格中会显示每个组件组的说明。这里选择安装 SQL Server 2012 基本功能，用户可以单击“全选”安装所有功能，如图 2.10 所示。

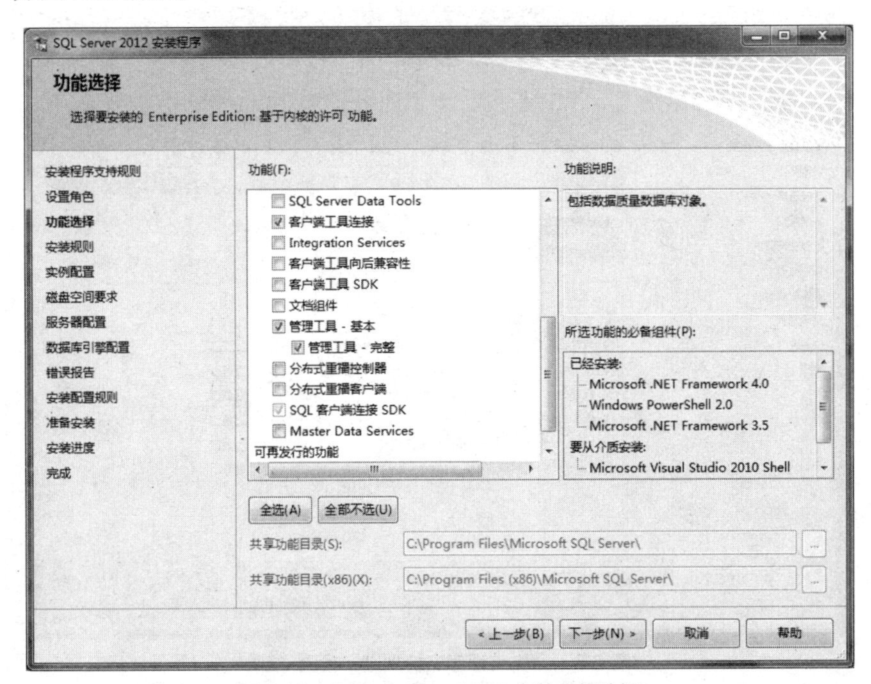

图 2.10　SQL Server 2012 安装功能选择

⑪ 在图 2.10 所示的界面中，单击“下一步”按钮进入“安装规则”操作界面，如图 2.11 所示。

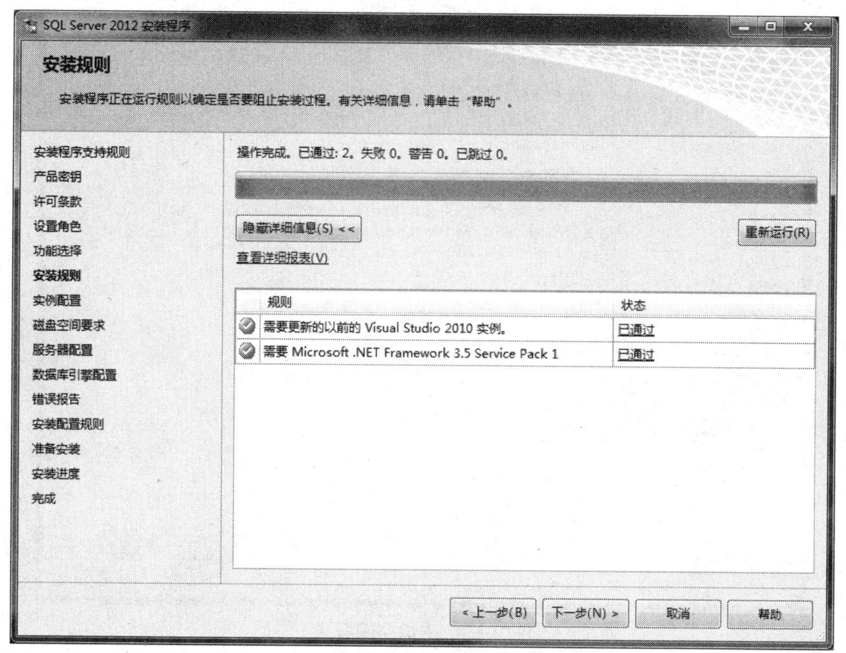

图 2.11 “安装规则”检查

⑫ 在图 2.8 所示的操作界面中单击“下一步”按钮进入“实例配置”操作界面。用户可以使用默认的实例名（MSSQLSERVER），这里选择“命名实例”，输入实例名为“SQLSERVER2012”，默认实例根目录为“C:\Program Files\Microsoft SQL Server\”，这里更改为“D:\Program Files\Microsoft SQL Server\”，如图 2.12 所示。

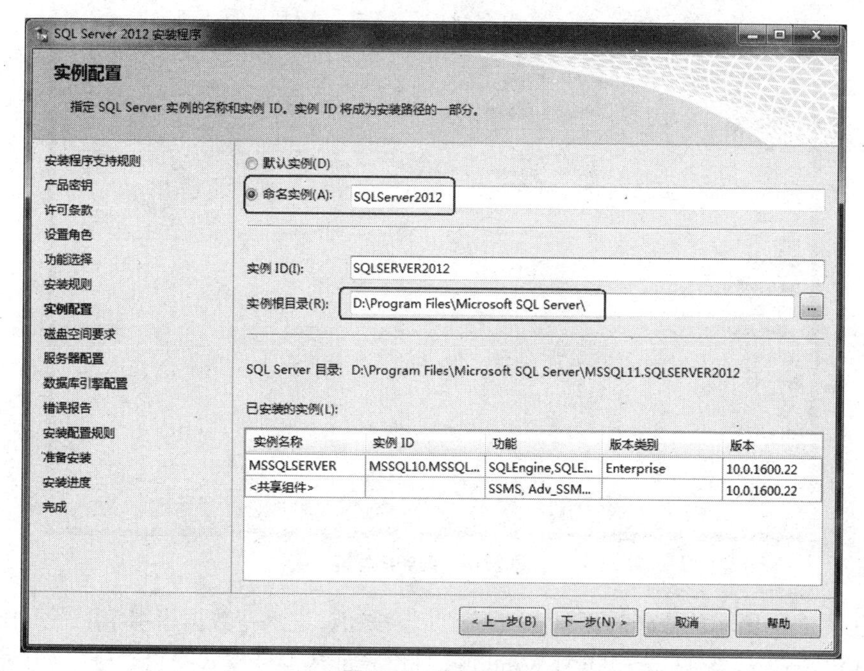

图 2.12 实例配置

⑬ 在图 2.12 所示的操作界面中单击“下一步”按钮，进入“磁盘空间要求”操作界面，计算指定的功能所需的磁盘空间，如图 2.13 所示。

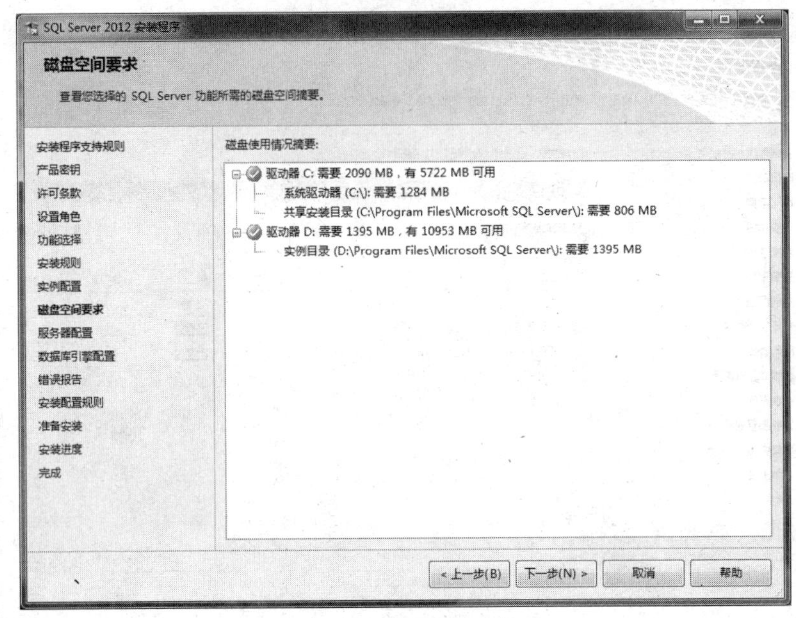

图 2.13　磁盘空间要求

⑭ 在图 2.13 所示的操作界面中单击“下一步”按钮，进入“服务器配置”操作界面，如图 2.14 所示，根据选择的安装功能指定 SQL Server 服务的登录账户。可以为所有 SQL Server 服务分配相同的登录账户，也可以分别配置每个服务账户，还可以指定服务是自动启动、手动启动还是禁用。

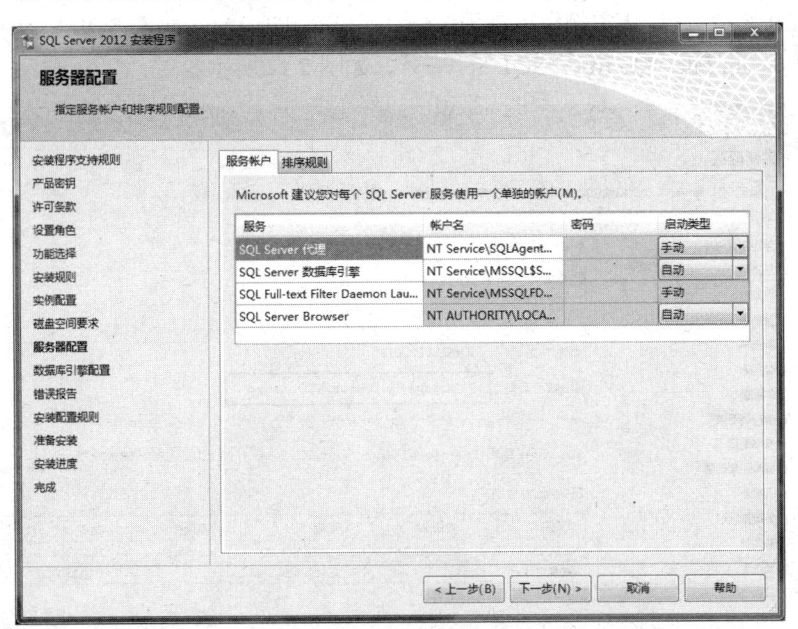

图 2.14　服务器配置

⑮ 在图 2.14 所示的操作界面单击“下一步”按钮，进入“数据库引擎配置”操作界面，可设置 SQL Server 实例安全模式为 Windows 身份验证或混合模式身份验证。如果选择“混合模式身份验证”，则必须为内置 SQL Server 系统管理员账户提供一个密码。在“指定 SQL Server 管理员”一栏必须至少为 SQL Server 实例指定一个系统管理员。若要添加用以运行 SQL Server 安装程序的账户，请单击“添加当前用户”按钮。若要向系统管理员列表中添

加账户或从中删除账户，请单击“添加”或“删除”按钮，然后编辑将拥有 SQL Server 实例的管理员特权的用户、组或计算机的列表，单击“数据目录”选项卡可指定非默认的安装目录，如图 2.15 所示。

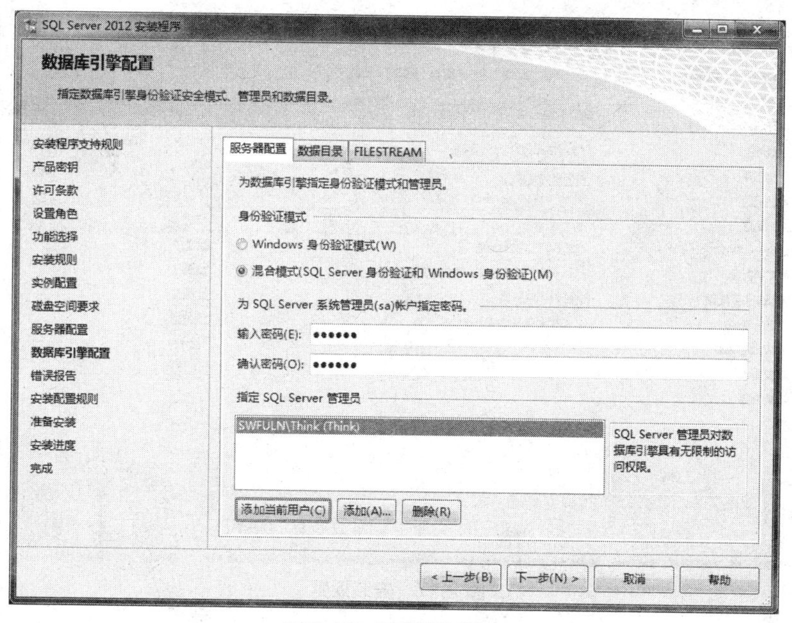

图 2.15 配置服务账户

⑯ 在图 2.15 所示的操作界面中单击“下一步”按钮，进入“错误报告”操作界面，在该界面中指定要发送到 Microsoft 以帮助改善 SQL Server 的信息。默认情况下，用于错误报告和功能使用情况的选项处于启用状态，如图 2.16 所示。

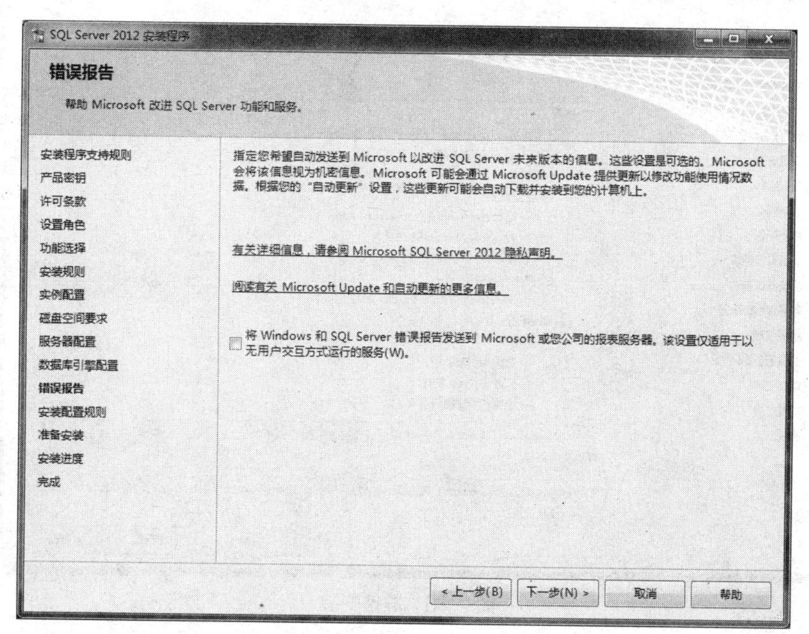

图 2.16 错误报告

⑰ 在图 2.16 所示的操作界面中，单击“下一步”按钮，进入“安装规则”操作界面。系

统配置检查器将再运行一组规则来检查指定的 SQL Server 功能配置，如图 2.17 所示。

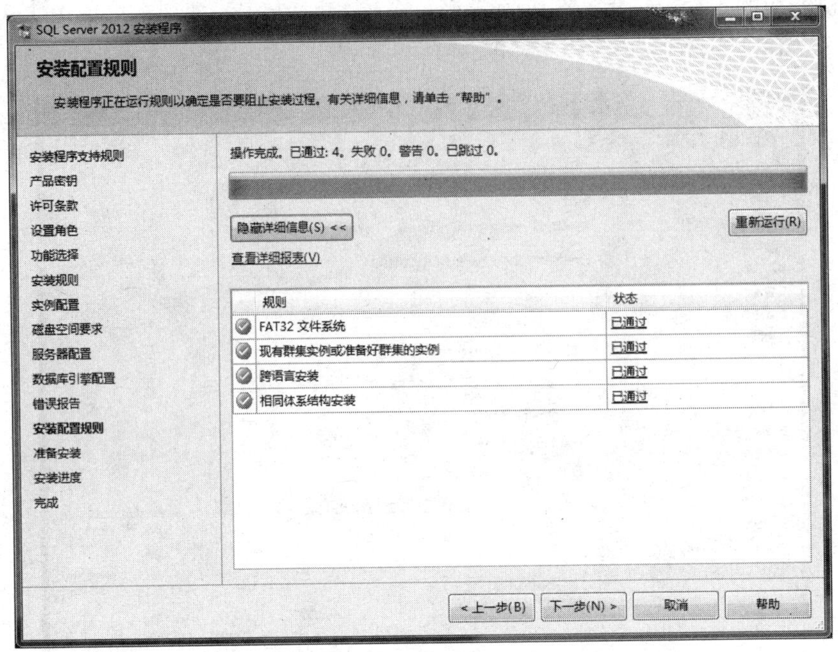

图 2.17　安装规则

⑱ 在图 2.17 所示的操作界面中，单击“下一步”按钮，进入“准备安装”操作界面，显示您在安装过程中指定的安装选项的树视图，如图 2.18 所示。

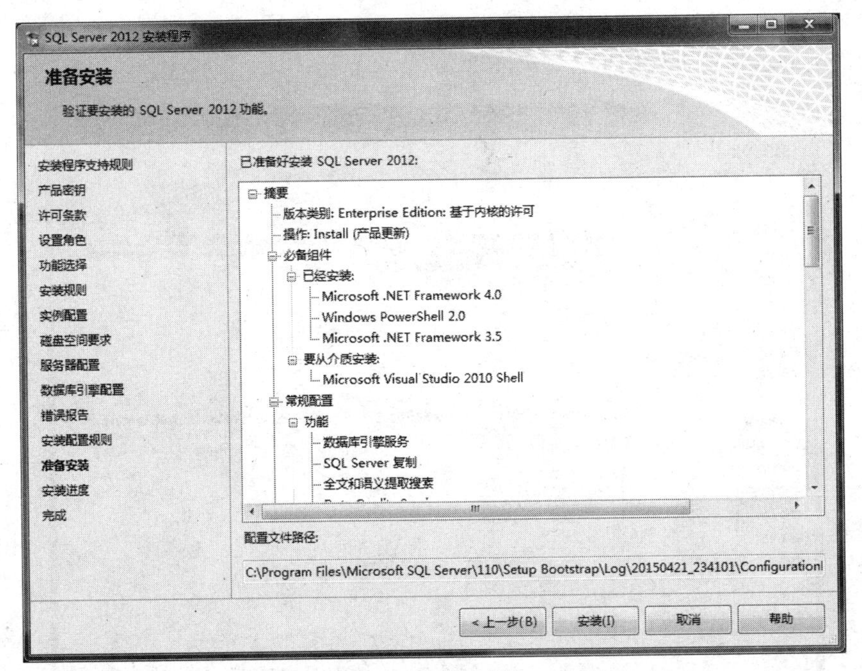

图 2.18　准备安装

⑲ 在图 2.18 所示的操作界面中，单击“安装”按钮，进入“安装进度”操作界面，监视安装进度，如图 2.19 所示。

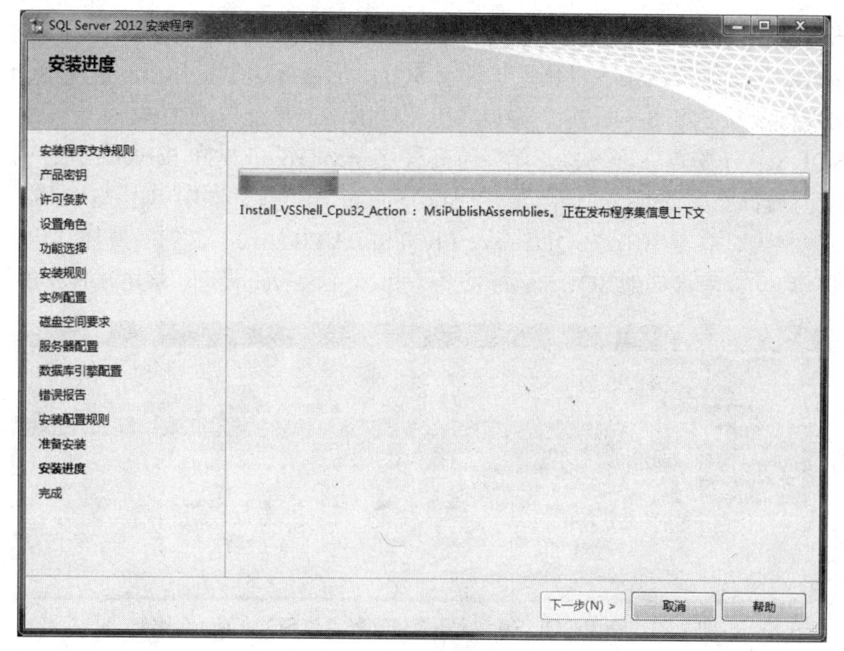

图 2.19 安装进度

⑳ 安装完成后，进入“完成”操作界面。该界面会提供指向安装摘要日志文件以及其他重要说明的链接。若要完成 SQL Server 安装过程，可单击“关闭”按钮，如图 2.20 所示。

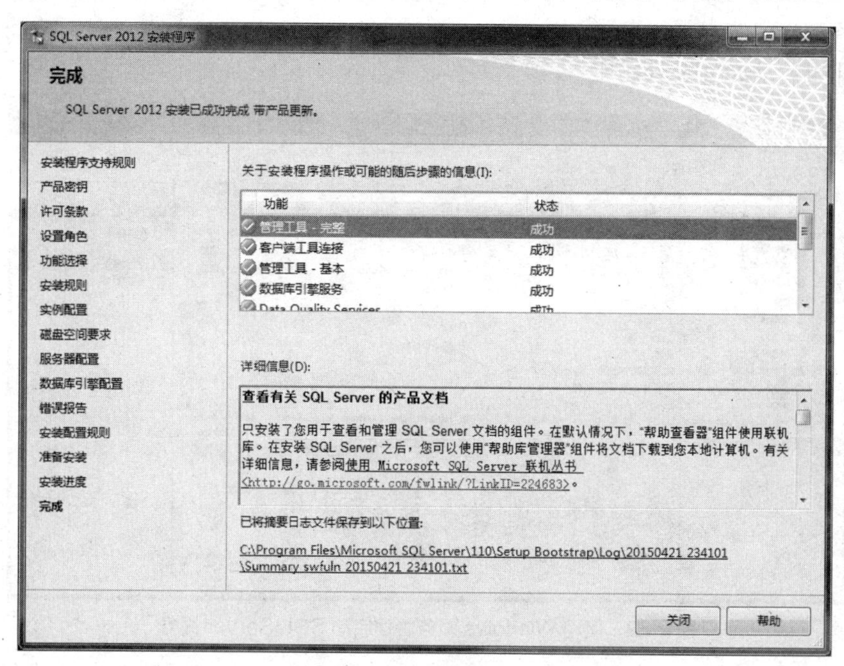

图 2.20 安装完成

2.1.4 SQL Server 2012 服务器启动

在使用 SQL Server 2012 数据库管理系统之前，必须先启动 SQL Server 服务。下面介绍两种启动 SQL Server 服务的方法。

1. 使用 SQL Server 配置管理器启动服务

SQL Server 配置管理器是一种用于管理与 SQL Server 相关联的服务、配置 SQL Server 使用的网络协议以及从 SQL Server 客户端计算机管理网络连接配置的工具。

打开 SQL Server 配置管理器：开始→所有程序→Microsoft SQL Server 2012→配置工具→SQL Server 配置管理器，如图 2.21 所示。在 SQL Server 配置管理器中单击“SQL Server 服务”，在详细信息窗格中，右键单击“SQL Server（SQLSERVER2012）”，然后选择“启动”命令即可。同理可以启动或停止其他 SQL Server 服务（如 SQL Server 代理、SQL Server Browser 等）。

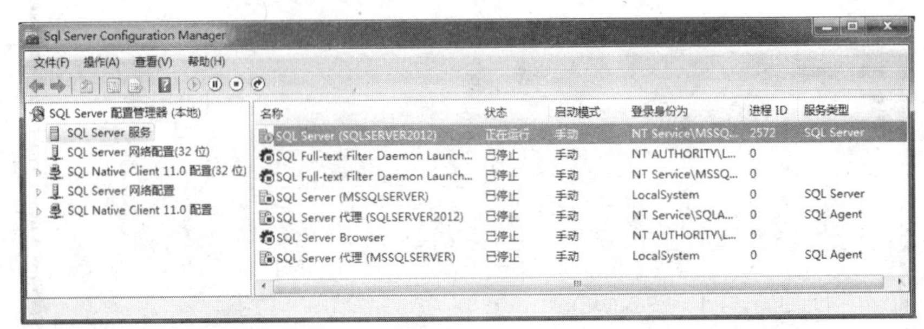

图 2.21　使用 SQL Server 配置管理器启动 SQL Server 服务

2. 使用 Windows 服务管理器启动服务

打开 Windows 服务管理：在桌面上选中“计算机”，单击鼠标右键选择“管理”命令，打开“计算机管理”操作界面，单击“服务和应用程序”→“服务”项，如图 2.22 所示，在右侧的服务窗格中选中服务名称，如 SQL Server（SQLSERVER2012），单击鼠标右键选择“启动”命令即可启动 SQL Server 服务。

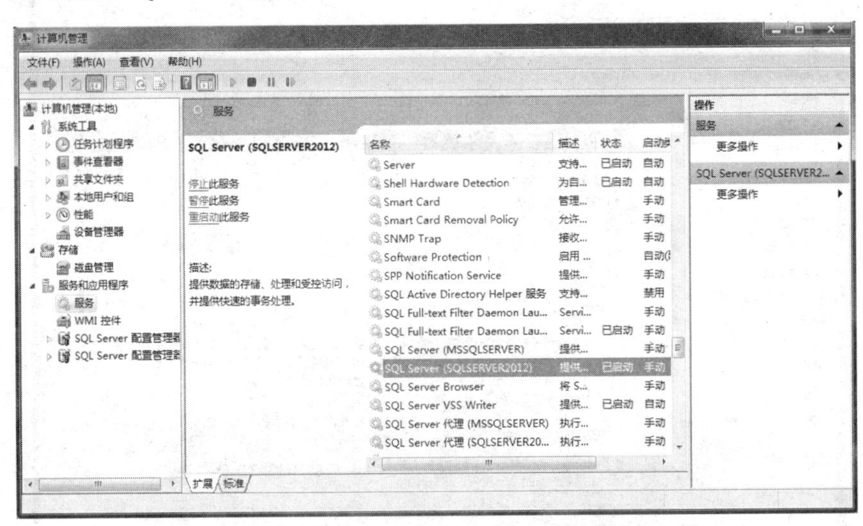

图 2.22　使用 Windows 服务管理启动 SQL Server 服务

2.2　SQL Server Management Studio 的使用

SQL Server Management Studio 是一个用于访问、配置和管理所有 SQL Server 组件（数据库引擎、Analysis Services、Integration Services、Reporting Services 等）的集成环境，它将早期版本的 SQL Server 中包括的企业管理器和查询分析器的各种功能，组合到一个单一环境中，为各种技术水平的开发人员和管理员提供了一个单一的实用工具，通过易用的图形工具和丰富的脚本编辑器使用和管理 SQL Server。

2.2.1 启动 SQL Server Management Studio

单击“开始”→“所有程序”→“Microsoft SQL Server 2012”→“SQL Server Management Studio”，如图 2.23 所示。在“连接到服务器”操作界面中需要指定注册服务器的类型、名称、身份验证类型。

① 服务器的类型：数据库引擎、Analysis Services、Reporting Services、Integration Services。

② 服务器的名称：服务器名称\实例名，如 SWFULN\SQLSERVER2012。

③ 身份验证：可设置 Windows 身份验证和 SQL Server 身份验证。

图 2.23 登录 SQL Server Management Studio

在图 2.24 所示的“连接到服务器”操作界面中设置好连接服务器的类型、名称、身份验证后，单击“连接”按钮进入“Microsoft SQL Server Management Studio”工作界面。SQL Server Management Studio 的界面是一个标准的 Windows 界面，由标题栏、菜单栏、工具条、树窗口组成，如图 2.24 所示。

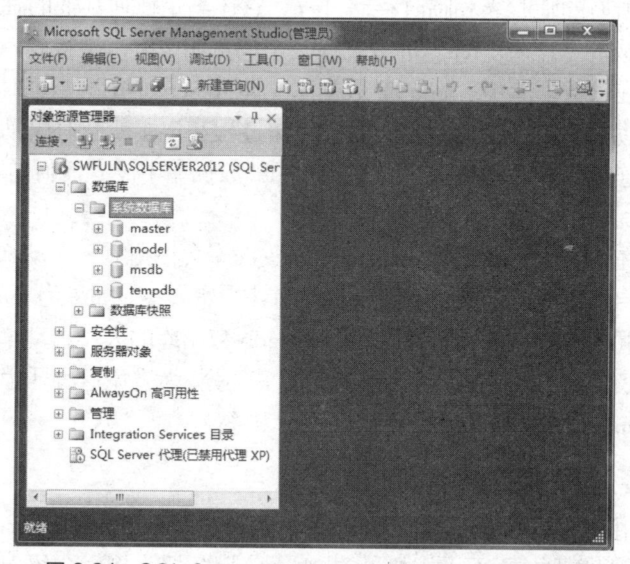

图 2.24 SQL Server Management Studio 的工作界面

2.2.2 SQL Server 内置系统数据库简介

启动 SQL Server Management Studio 连接数据库引擎后，展开“数据库”→“系统数据库”文件夹，可以看到 master、model、msdb、tempdb 系统默认安装的 4 个系统数据库。

master：记录 SQL Server 系统的所有系统级别信息（见图 2.25）。它记录所有的登录账户和系统配置设置。master 记录所有其他数据库，其中包括数据库文件的位置。SQL Server 的初始化信息，它始终有一个可用的最新 master 数据库备份。

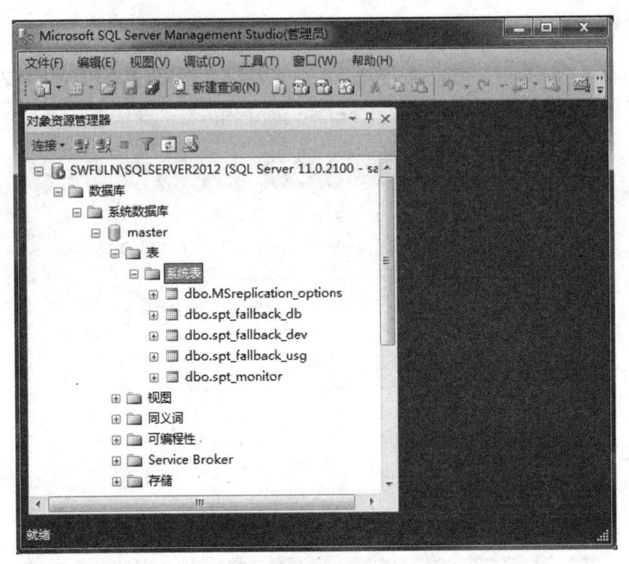

图 2.25 系统数据库 master

model：用作在系统上创建的所有数据库的模板。当发出 CREATE DATABASE 语句时，新数据库的第一部分通过复制 model 数据库中的内容创建，剩余部分由空页填充。由于 SQL Server 每次启动时都要创建 tempdb 数据库，model 数据库必须一直存在于 SQL Server 系统中。

msdb：供 SQL Server 代理程序调度警报和作业以及记录操作员时使用。

tempdb：保存所有的临时表和临时存储过程。它还满足任何其他的临时存储要求，例如存储 SQL Server 生成的工作表。tempdb 数据库是全局资源，所有连接到系统的用户的临时表和存储过程都存储在该数据库中。tempdb 数据库在 SQL Server 每次启动时都重新创建，因此该数据库在系统启动时总是干净的。临时表和存储过程在连接断开时自动除去，而且当系统关闭后将没有任何连接处于活动状态，因此 tempdb 数据库中没有任何内容会从 SQL Server 的一个会话保存到另一个会话。

默认情况下，在 SQL Server 运行时，tempdb 数据库会根据需要自动增长。不过，与其他数据库不同，每次启动数据库引擎时，它会重置为其初始大小。如果为 tempdb 数据库定义的大小较小，则每次重新启动 SQL Server 时，将 tempdb 数据库的大小自动增加到支持工作负荷所需的大小，这一工作可能会成为系统处理负荷的一部分。为避免这种开销，可以使用 ALTER DATABASE 增加 tempdb 数据库的大小。

2.2.3 连接远程数据库服务器

SQL Server 采用 C/S（客户机/服务器）结构进行计算。一台 SQL Server 客户端可以连接到多台 SQL Server 服务器。下面以本机 SQL Server 服务器为例，介绍如何使用 SQL Server

Management Studio 连接和断开远程 SQL Server 数据库服务器。

1．连接多台数据库服务器

SQL Server Management Studio 不仅可以连接本地数据库服务器，还可以连接远程数据库服务器，并可以连接多台数据库服务器显示在同一工作界面中。本例实现将远程的 SQL Server 2008 数据库服务器（192.168.1.3\MSSQLSERVER2008）添加到本地数据库服务器工作界面中。

① 在 SQL Server Management Studio 工作界面中，单击“对象资源管理器”工具栏的“连接”下拉按钮，选择“数据库引擎”选项，如图 2.26 所示。

② 在“连接到服务器”对话框中设置连接的服务器类型为“数据库引擎”，服务器名称为“192.168.1.3\MSSQLSERVER2008”，并设置远程 SQL Server 2008 数据库服务器的登录名和密码，如图 2.27 所示。

图 2.26 SQL Server 对象资源管理器

图 2.27 连接远程数据库服务器

③ 在图 2.27 所示的操作界面中设置好远程数据库服务器连接信息，单击“连接”按钮，如图 2.28 所示，SQL Server Management Studio 同时连接了本地 SQL Server 2012 和远程 SQL Server 2008 两台数据库服务器。

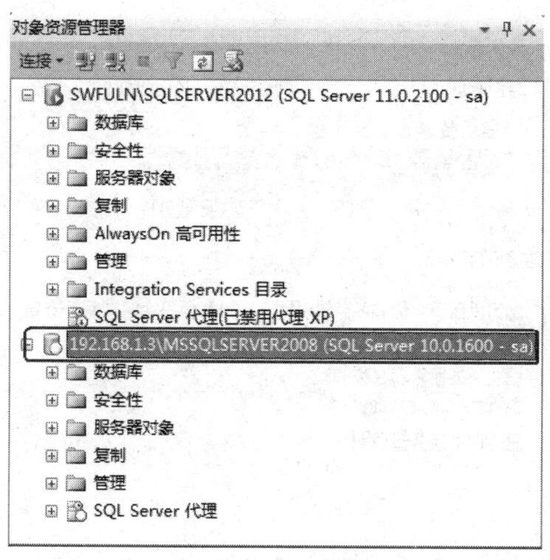

图 2.28 连接多台数据库服务器

2. 更改注册数据库服务器登录

在 SQL Server Management Studio 工作界面中，对于已连接的数据库服务器，若要更改登录信息，可以在"对象资源管理器"中选中连接的数据库服务器(如 SWFULN\SQLSERVER2012)，单击鼠标右键，在弹出的快捷菜单中选择"注册(G)..."命令，如图 2.29 所示。

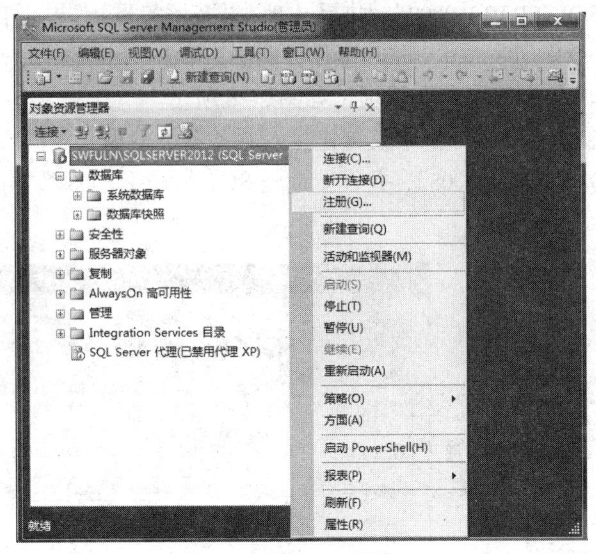

图 2.29　更改注册服务器登录

在打开的"新建服务器注册"对话框中重新设置注册服务器的登录信息即可，如图 2.30 所示。

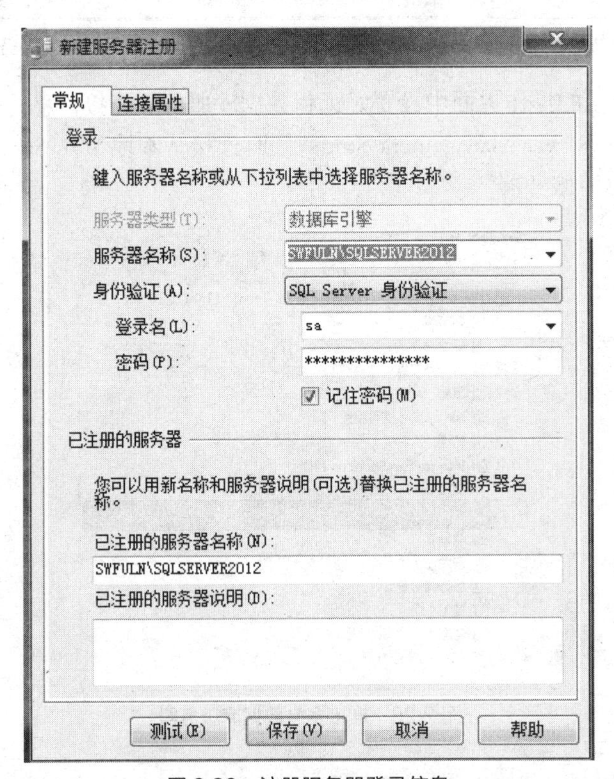

图 2.30　注册服务器登录信息

2.2.4 管理数据库

SQL Server 2012 用文件来存放数据库，数据库是由数据库文件和事务日志文件组成的。一个数据库至少应包含一个数据库文件和一个事务日志文件。数据文件包含数据和对象，例如表、索引、存储过程和视图。日志文件包含恢复数据库中的所有事务所需的信息。为了便于分配和管理，可以将数据文件集合起来，放到文件组中。

1．数据库文件

数据库文件（Database File）是存放数据库数据和数据库对象的文件。一个数据库可以有一个或多个数据库文件，一个数据库文件只属于一个数据库。当有多个数据库文件时，有一个文件被定义为主数据库文件（Primary Database File），扩展名为.mdf，用来存储数据库的启动信息和部分或全部数据，一个数据库只能有一个主数据库文件。其他数据库文件被称为次数据库文件（Secondary Database File），扩展名为.ndf，用来存储主文件没存储的其他数据。

采用多个数据库文件来存储数据的优点体现在以下几方面。

① 数据库文件可以不断扩充，而不受操作系统文件大小的限制；

② 可以将数据库文件存储在不同的硬盘中，这样可以同时对几个硬盘做数据存取，提高了数据处理的效率。对于服务器型的计算机尤为有用。

2．事务日志文件

事务日志文件（Transaction Log File）是记录所有事务以及每个事务对数据库所做的修改的文件，扩展名为.ldf。例如，使用 INSERT、UPDATE、DELETE 等对数据库进行更改的操作都会记录在此文件中，而使用 SELECT 等对数据库内容不会有影响的操作则不会记录。一个数据库可以有一个或多个事务日志文件。

SQL Server 中采用“Write-Ahead（提前写）”方式的事务，即对数据库的修改先写入事务日志中，再写入数据库。其具体操作是：系统先将更改操作写入事务日志中，再更改存储在计算机缓存中的数据，为了提高执行效率，此更改不会立即写到硬盘中的数据库，而是由系统以固定的时间间隔执行 CHECKPOINT 命令，将更改过的数据批量写入硬盘。SQL Server 有一个特点，它在执行数据更改时会设置一个开始点和一个结束点，如果尚未到达结束点就因某种原因使操作中断，则在 SQL Server 重新启动时会自动恢复已修改的数据，使其返回未被修改的状态。由此可见，当数据库破坏时可以用事务日志恢复数据库内容。

3．文件组

文件组（File Group）是将多个数据库文件集合起来形成的一个整体。每个文件组有一个组名。与数据库文件一样，文件组也分为主文件组（Primary File Group）和次文件组（Secondary File Group）。一个文件只能存在于一个文件组中，一个文件组也只能被一个数据库使用。主文件组中包含了所有的系统表。当建立数据库时，主文件组包括主数据库文件和未指定组的其他文件。在次文件组中可以指定一个默认文件组，那么在创建数据库对象时如果没有指定将其放在哪一个文件组中，就会将它放在默认文件组中。如果没有指定默认文件组，则主文件组为默认文件组。

每个数据库有一个主要文件组，如果在数据库中创建对象时没有指定对象所属的文件组，对象将被分配给默认文件组 PRIMARY。此文件组包含主要数据文件和未放入其他文件组的所有次要文件。可以创建用户定义的文件组，用于将数据文件集合起来，以便于管理、数据分配和放置。

4．创建数据库

① 选中将要使用的数据库服务器，用鼠标右键单击数据库，在弹出的快捷菜单中选择“新建数据库”命令，如图 2.31 所示。

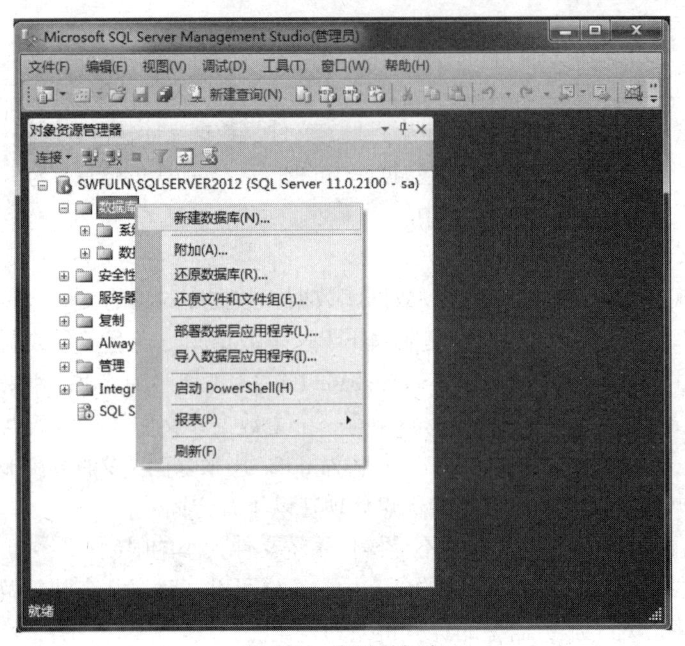

图 2.31　新建数据库

② 打开“新建数据库”对话框的“常规”选择页，在数据库名称栏中输入数据库的名称（如 StudScore_DB），设置数据文件和日志文件的名称、位置、文件大小和增长方式等信息，单击“添加”按钮即可添加次要数据文件，如图 2.32 所示。

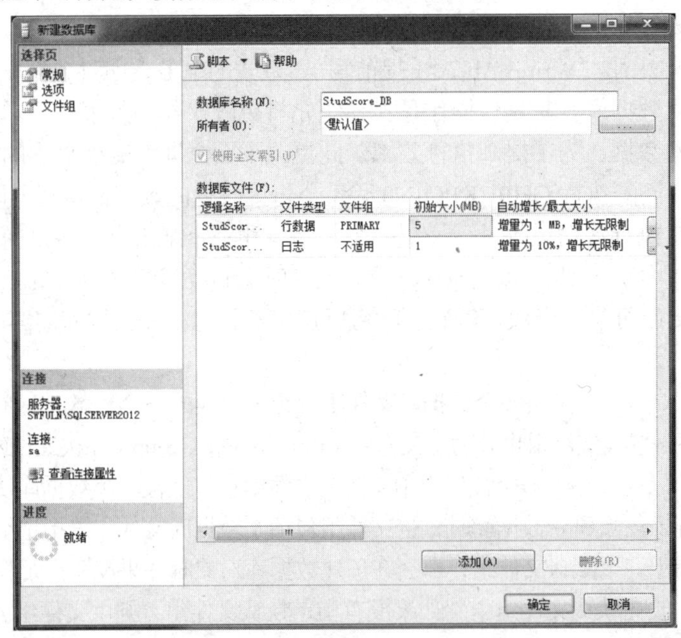

图 2.32　新建数据库设置

③ 在图 2.32 所示的操作界面中单击数据库文件“自动增长”一栏下的三点按钮，设置数据或日志文件的增长方式，如图 2.33 所示。

④ 在图 2.32 所示的操作界面中单击“确定”按钮查看新建的数据库，如图 2.34 所示。

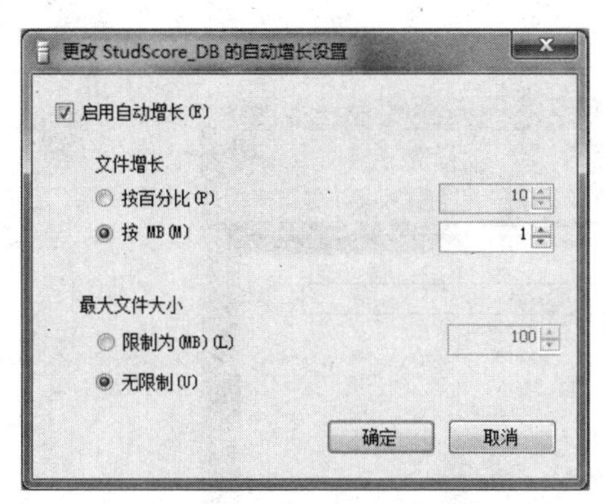

图 2.33　设置数据文件信息

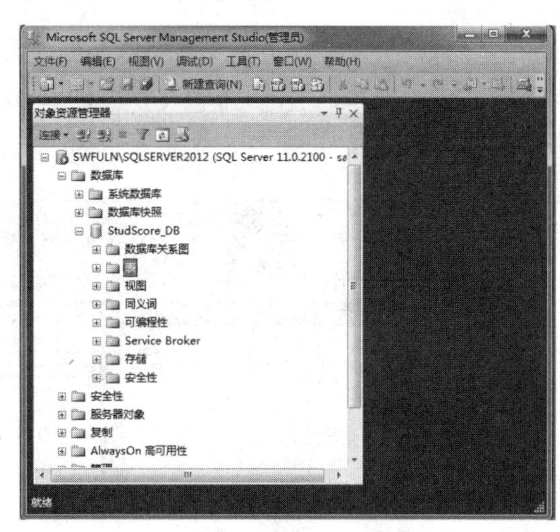

图 2.34　查看新建的数据库

2.2.5　管理数据表

1．创建数据表

① 展开新建的数据库“StudScore_DB”→选中“表”→单击鼠标右键选择“新建表”命令，如图 2.35 所示。

② 在打开的“设计表”操作界面中输入数据表字段信息，这里以学生信息表（StudInfo）为例，其数据表结构如表 2.2 所示。

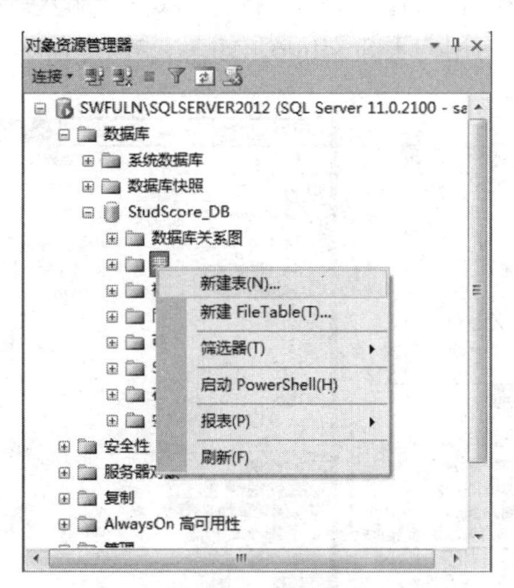

图 2.35　新建表

表 2.2　学生信息表（StudInfo）

字段名称	数据类型	字段长度	空值	PK	字段描述	示例
StudNo	Varchar	15		Y	学生学号	20050319001
StudName	Varchar	20			学生姓名	李明
StudSex	Char	2			学生性别	男
StudBirthDay	Date		Y		出生年月	1980-10-3
ClassID	Varchar	10			班级编号	20050319

在“列名”一栏中输入数据表字段名称，输入或选择数据类型，设置字段长度和字段约束，在列属性“描述”一栏中输入字段的描述信息，选中 StudNo 行，在工具栏中单击主键按钮，设置 StudNo 为主键字段，如图 2.36 所示。

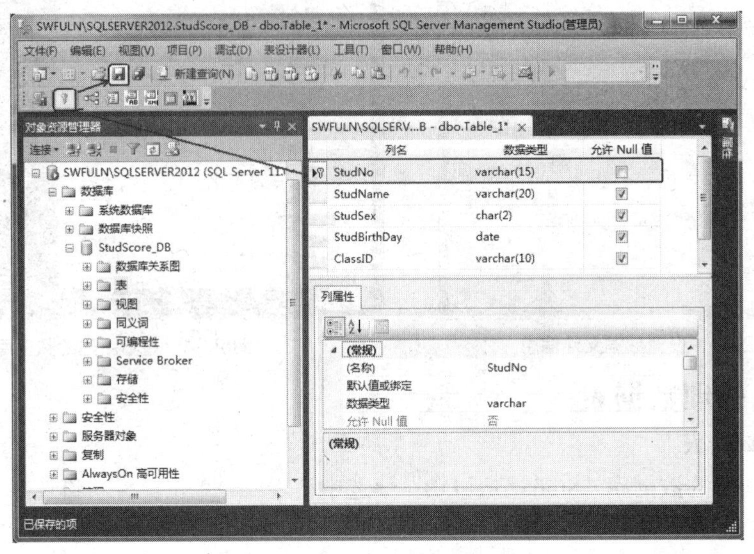

图 2.36　输入学生信息表字段信息

③ 输入完成数据表字段信息后，单击“保存”按钮，输入数据表名称如 StudInfo，展开对象资源管理器可查看新建的用户表 StudInfo，如图 2.37 所示。

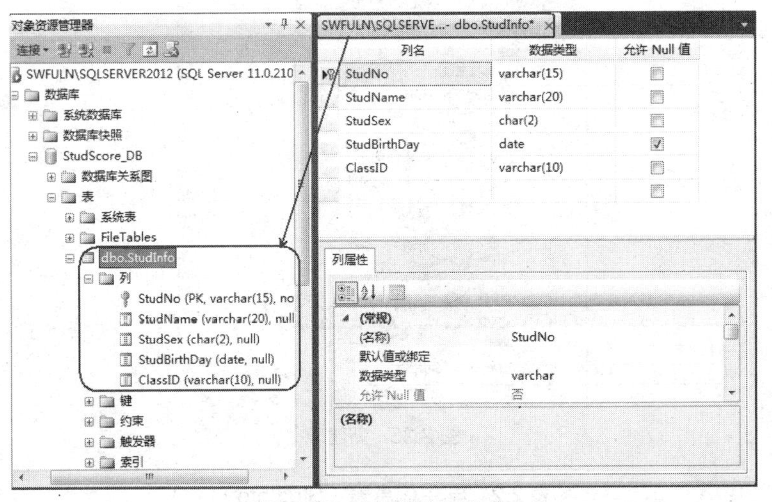

图 2.37　查看学生信息表

2. 修改数据表

对于已创建的数据表，如果表的结构不满足要求，可以选中需要修改的数据表（如 StudInfo），单击鼠标右键，选择“设计”命令（见图 2.38），则打开图 2.37 所示的数据表结构修改界面，修改相应的字段信息，单击“保存”按钮即可完成数据表结构的修改。

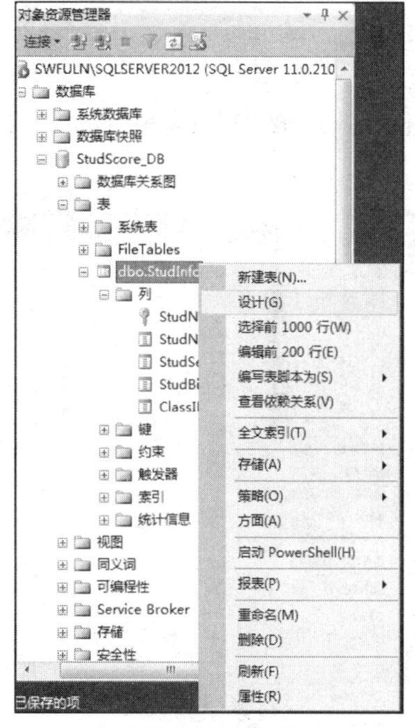

图 2.38 修改数据表

3. 删除数据表

对于不需要的数据表，需要删除以节省磁盘空间。选中需要删除的数据表（如 StudInfo），单击鼠标右键，选择“删除”命令（见图 2.39），打开“删除对象”对话框，单击“确定”按钮即可删除数据表。

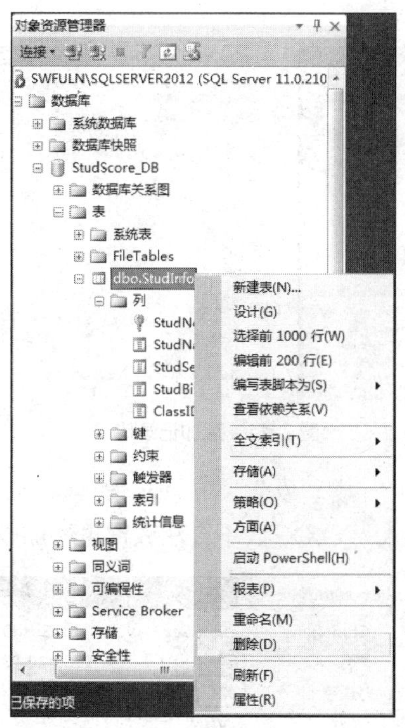

图 2.39 删除数据表

2.2.6 编辑数据表记录

1．添加记录

① 选择新建的数据表（StudInfo），单击鼠标右键，选择“编辑前 200 行”命令，如图 2.40 所示。

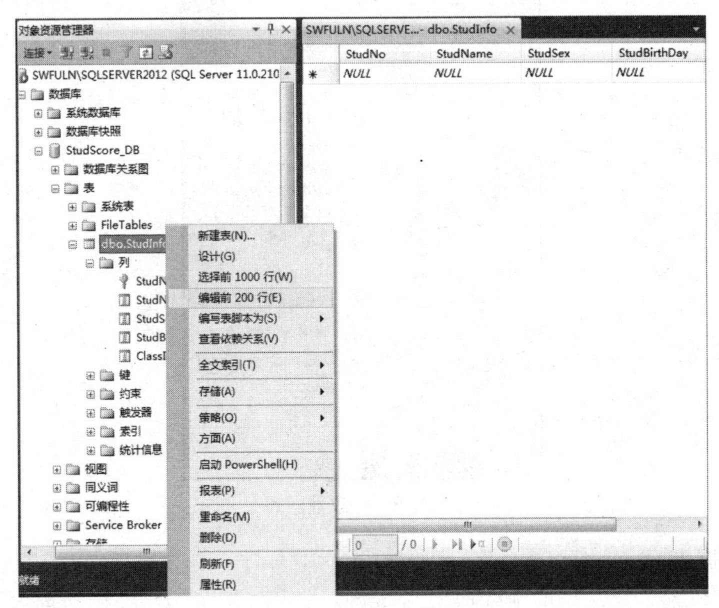

图 2.40 打开学生信息表

② 在打开的学生信息表（StudInfo）中添加记录，输入学生信息表示例数据，如图 2.41 所示。

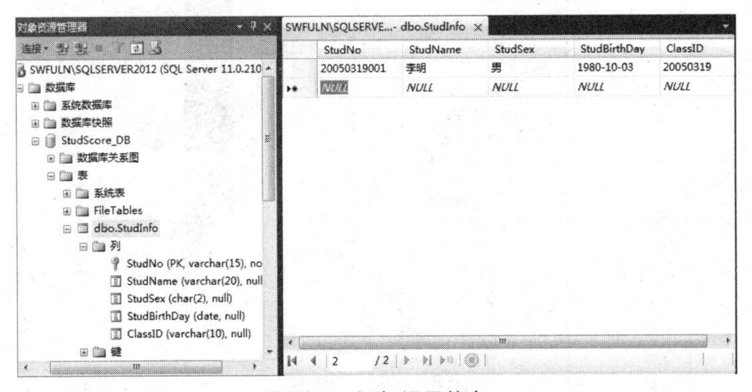

图 2.41 添加记录信息

③ 学生性别只能为“男”或“女”，在输入学生信息时，由于输入错误将学号为“20050319002”的学生性别输入为“XX”，不合法数据也添加成功，如图 2.42 所示。

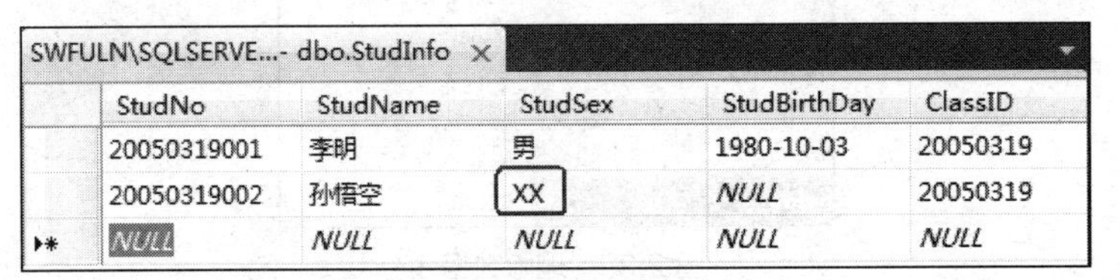

SWFULN\SQLSERVE...- dbo.StudInfo

StudNo	StudName	StudSex	StudBirthDay	ClassID
20050319001	李明	男	1980-10-03	20050319
20050319002	孙悟空	XX	NULL	20050319
NULL	NULL	NULL	NULL	NULL

图 2.42 添加不合法数据

2. 删除记录

单击记录前的小方框，选中学号为“20050319002”的整条记录，单击鼠标右键，选择“删除”命令删除记录即可，如图2.43所示。

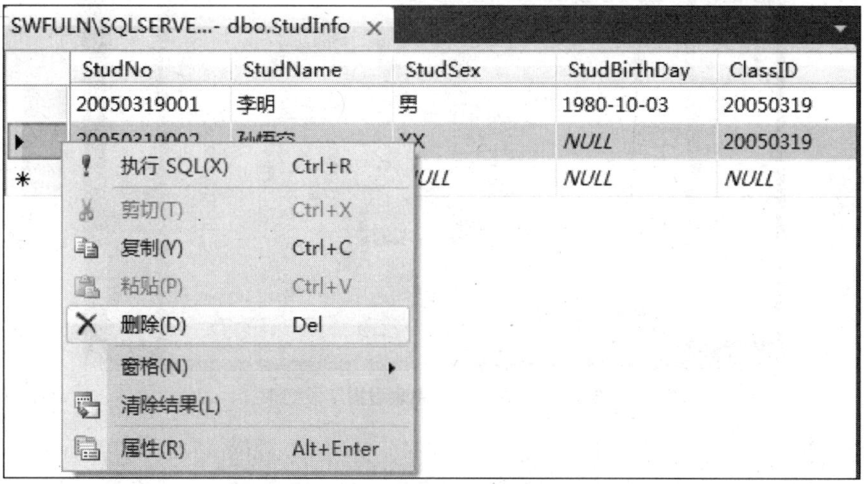

图2.43 删除记录

3. 添加约束

① 修改数据表结构，为学生信息表（StudInfo）添加Check约束。选中学生信息表（StudInfo），单击鼠标右键，选择“设计”命令，如图2.44所示。

图2.44 修改数据表结构

② 在设计表“StudInfo”的操作界面中，单击工具栏上的“Check约束”图标，在“CHECK约束”操作界面约束表达式输入框中输入“StudSex in（'男','女'）”，其含义是学生性别字段只能在男、女中取值，如图2.45所示。

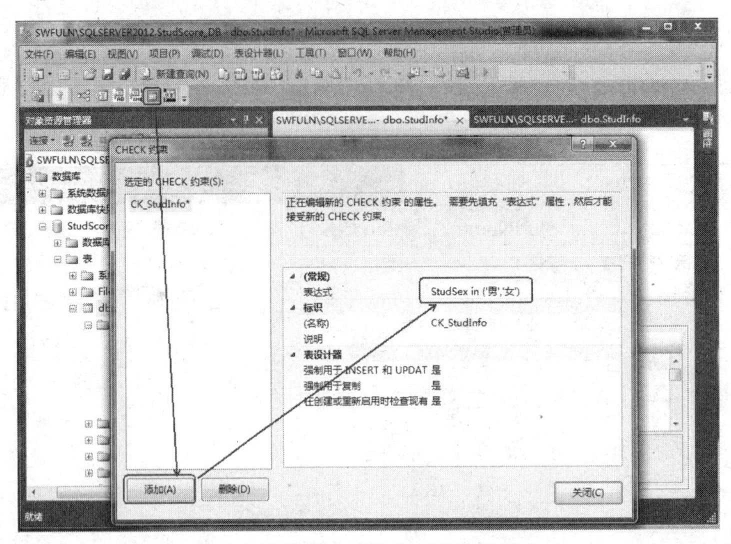

图 2.45　为学生信息表设置字段约束

③ 输入数据，检查主键约束、Check 约束。如果新输入的学号与数据表中存在的学号相同，则出现图 2.46 所示的错误对话框。

④ 因设置了学生性别只能为男或女的 Check 约束信息，所以在输入学生性别不为男或女的数据时会出现图 2.47 所示的错误对话框。

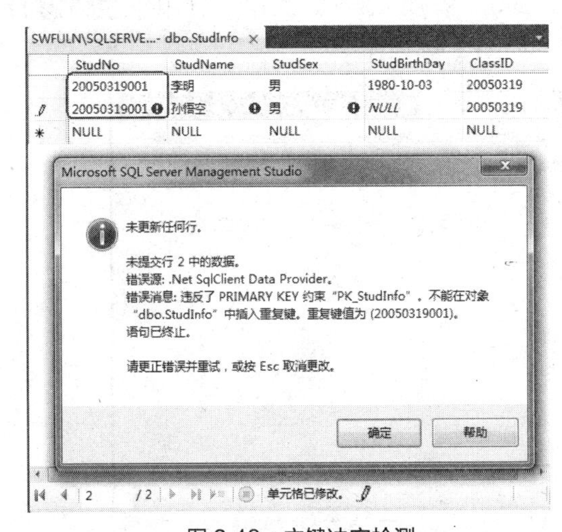

图 2.46　主键冲突检测

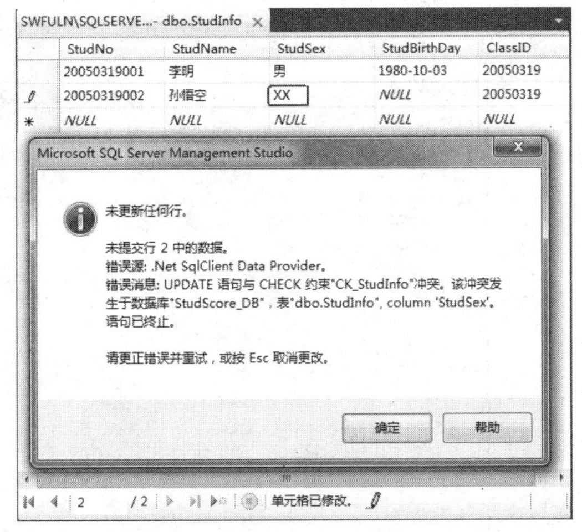

图 2.47　Check 约束检查

2.2.7　查询功能的使用

1. 使用 SQL 语句查询数据表记录

在 SQL Server Management Studio 工作界面中选中自己新建的数据库（StudScore_DB）或数据表（StudInfo），在工具栏中单击"新建查询"按钮，打开查询窗口和查询工具栏，在查询编辑窗口中输入"SELECT * FROM StudInfo"SQL 查询语句，在查询工具栏上单击"√"分析按钮进行语法检查，单击"▶"调试按钮进行 SQL 语句执行调试，单击"！执行"按钮即可查看查询结果，如图 2.48 所示。

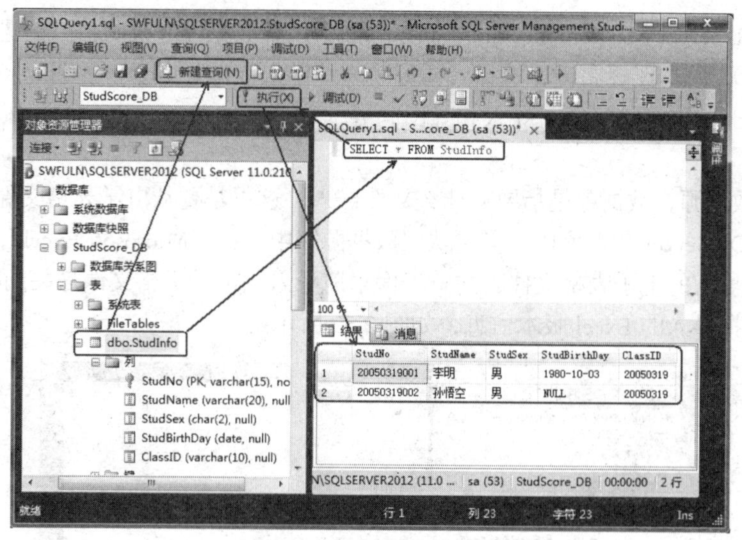

图 2.48　SQL 查询窗口

2．更改查询数据库

在查询工具栏中单击“可用数据库”下拉按钮可进行查询数据库切换，如图 2.49 所示。注意在执行 SQL 语句查询时要确定当前为您查询的数据库。

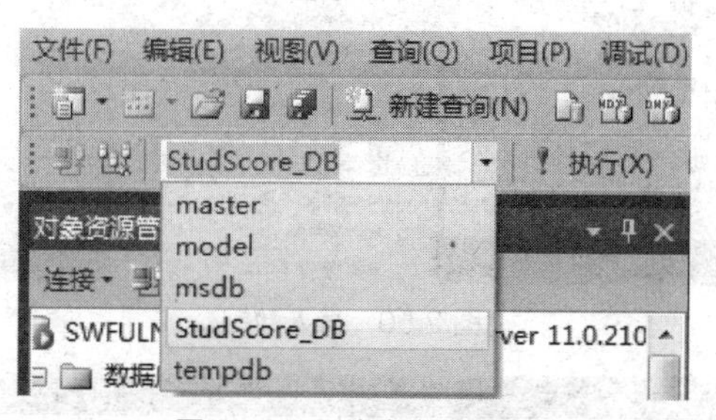

图 2.49　更改查询数据库

3．保存 SQL 查询语句

如果要保存查询的 SQL 语句，单击工具栏的“保存”按钮，在弹出的“保存”对话框中选择保存路径，输入保存的 SQL 文件名即可，注意保存的 SQL 文件扩展名为.sql。

2.3　SQL Server 与外部数据的交互

在建立好一个新数据库后，经常需要将分散在各处的不同类型的 Access 数据库、Excel、文本等数据导入新建的 SQL Server 数据库中进行处理，处理完成后又需要将数据导出到指定的文件或数据库中。SQL Server 提供了强大、丰富的数据导入导出功能，并且在导入导出的同时可以对数据进行灵活的处理。

2.3.1　导入数据

使用 SQL Server 数据导入导出向导可以方便地将外部 Excel、文本文件、Access 等数据导入 SQL Server 目标数据库中。这里以电子表格 Excel 导入数据到 SQL Server 数据库为例，介绍 SQL Server 导入导出向导的使用方法。

① 在 SQL Server Mangement Studio 操作界面中展开数据库，找到自己创建的数据库（如 StudScore_DB），单击鼠标右键，选择“任务”→“导入数据”命令，如图 2.50 所示。

② 在弹出的“SQL Server 导入和导出向导”对话框中单击“下一步”按钮，如图 2.51 所示。

③ 选择数据源，数据源是指要从什么文件导入，这里是要从电子表格文件 Excel 数据源导入数据到 SQL Server 数据库中，需要从“数据源”中选择“Microsoft Excel”，单击“浏览”按钮，选择要导入的电子表格文件，注意确保当前导入的电子表格文件是关闭的，在“Excel 版本”一栏选择导入的 Excel 版本信息，如图 2.52 所示。

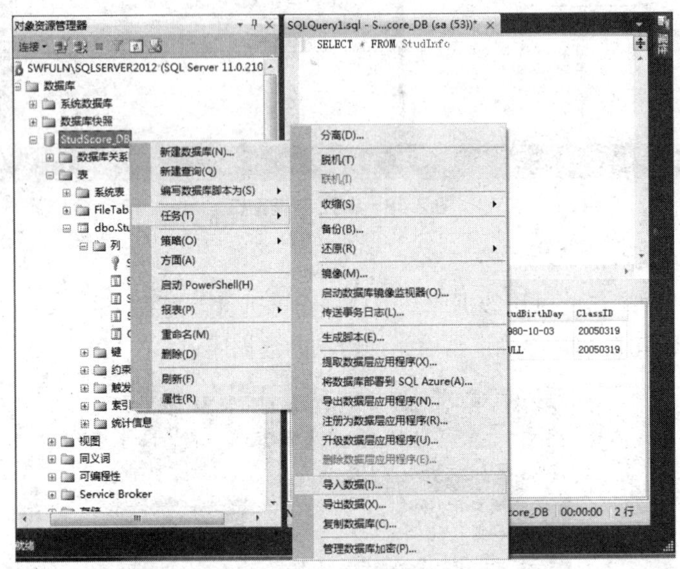

图 2.50　导入数据

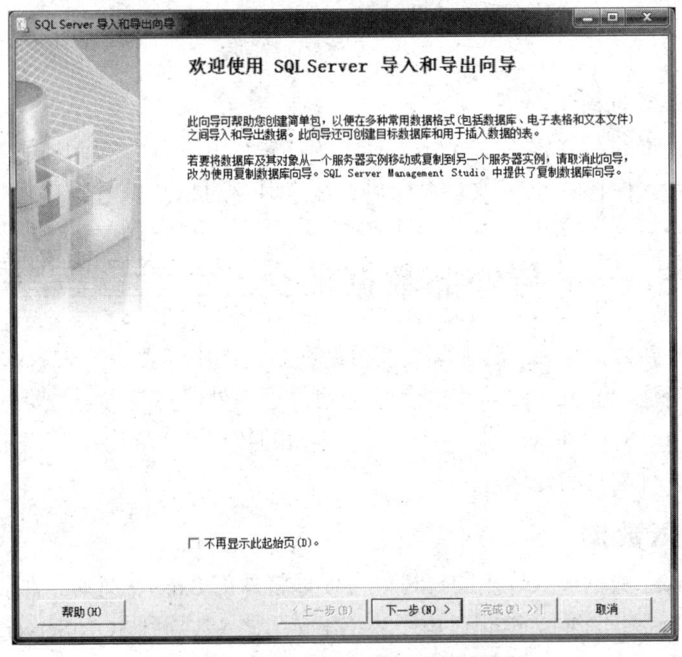

图 2.51　SQL Server 导入和导出向导

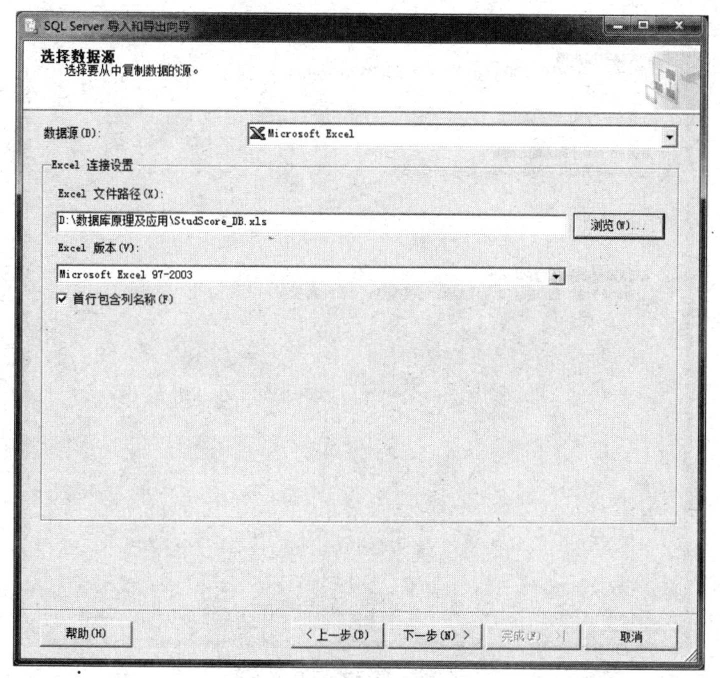

图 2.52　选择数据源

④ 在图 2.52 所示的操作界面中单击“下一步”按钮，出现图 2.53 所示的操作界面。确定要将 Excel 导入到哪台目标数据库服务器上，确保当前数据库为自己创建的数据库，如图 2.53 所示。

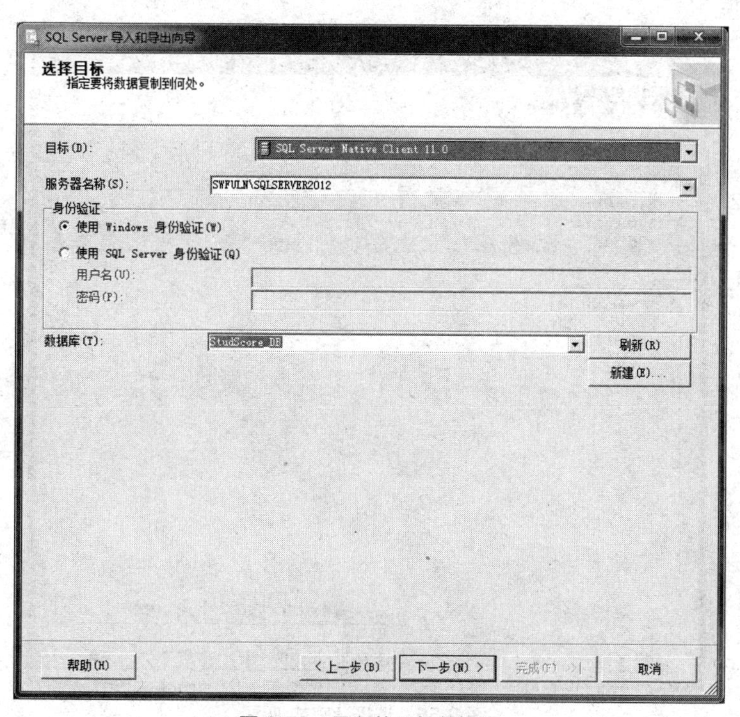

图 2.53　导入的目标数据库

⑤ 在图 2.53 所示的操作界面中单击“下一步”按钮，出现图 2.54 所示的操作界面，确保选定项目为“复制一个或多个表或视图的数据”，单击“下一步”按钮，如图 2.54 所示。

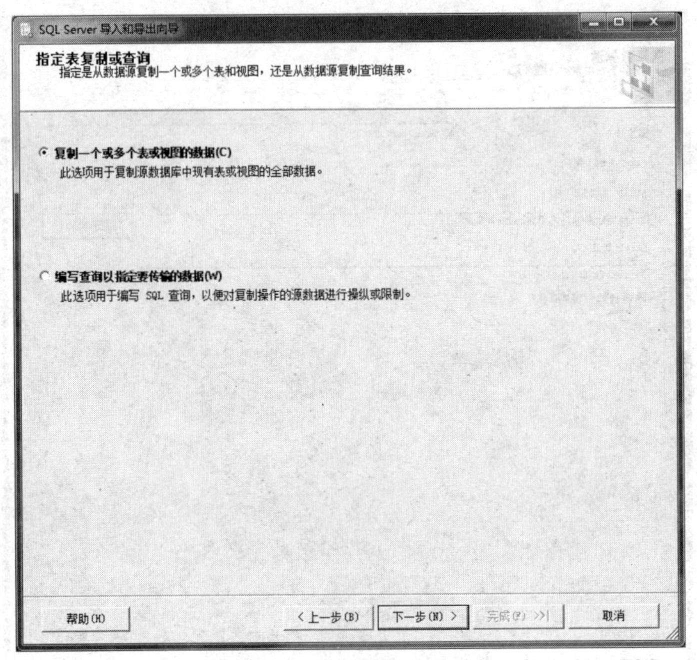

图 2.54　指定表复制或查询

⑥ 选择要导入的表，如图 2.55 所示，注意有$符号结尾的是 Excel 中的表，选中没有$符号结尾的表（如 StudInfo），在"目标"一栏选择目标数据库，单击"预览"按钮即可查看需要导入的源数据。

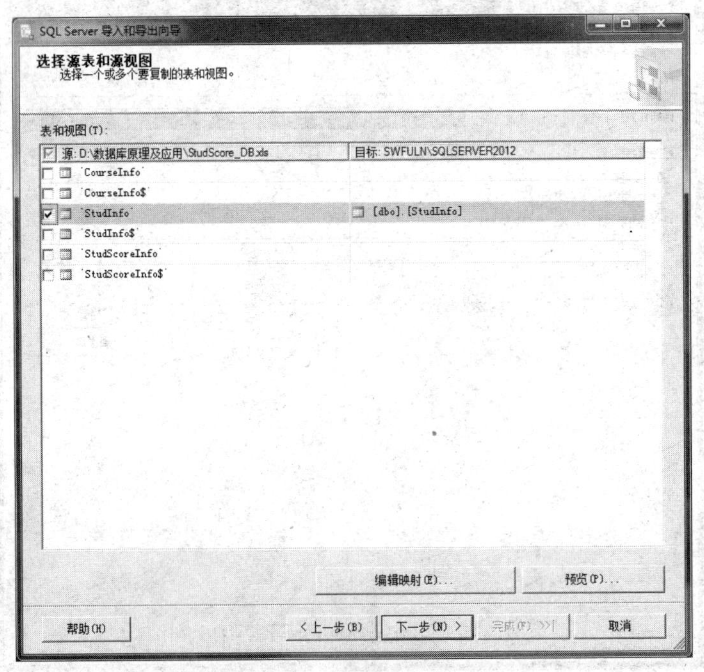

图 2.55　选择源表或视图

⑦ 单击"编辑映射"按钮，可以查看导入的"列映射"，如图 2.56 所示。

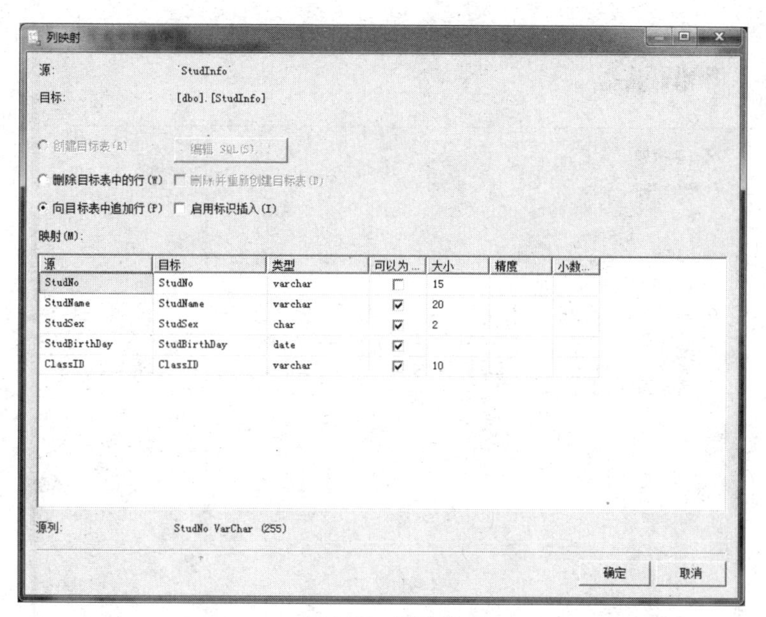

图 2.56 列映射

⑧ 在图 2.55 所示的操作界面中单击“下一步”按钮，出现“查看数据类型映射”操作界面，如图 2.57 所示。

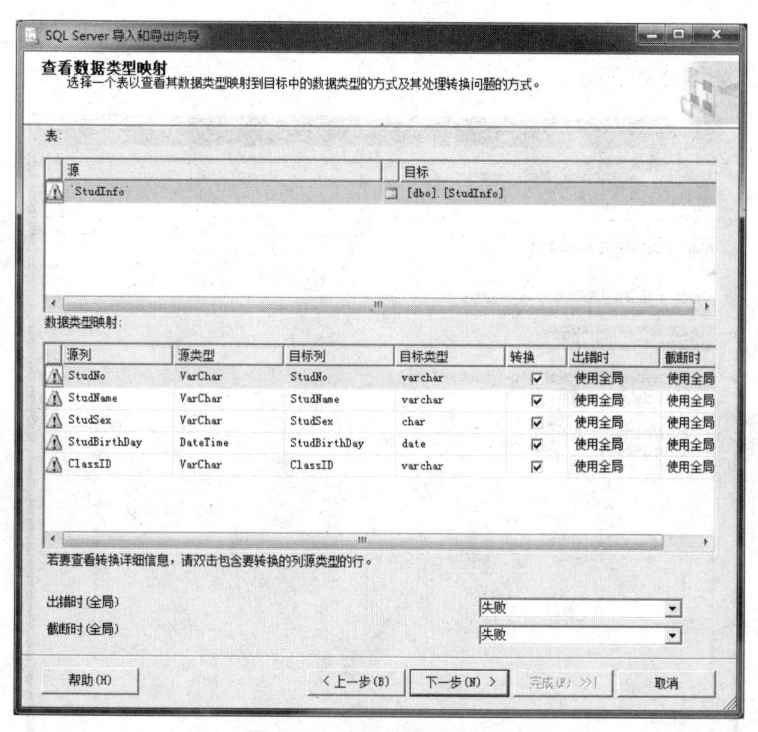

图 2.57 查看数据类型映射

⑨ 在图 2.57 所示的操作界面中单击“完成”按钮，出现“保存并运行包”操作界面，如图 2.58 所示。

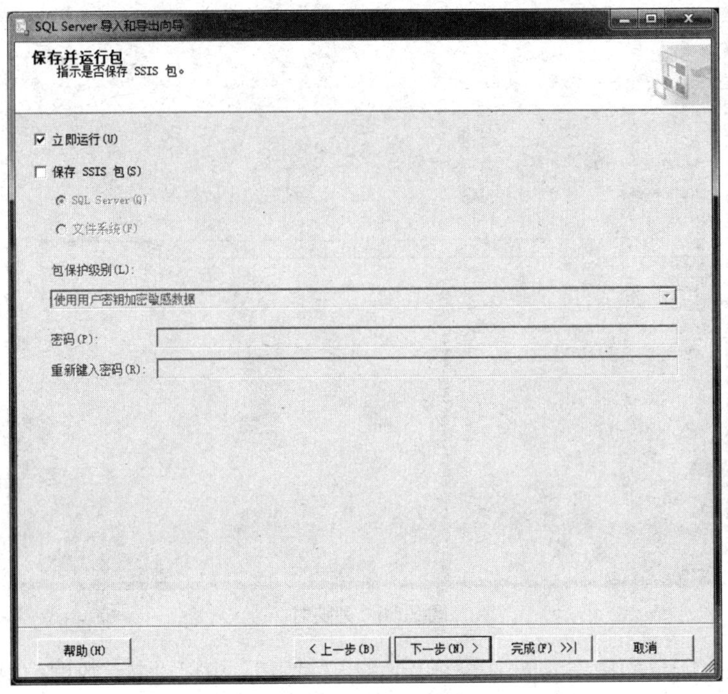

图 2.58　保存并运行包

⑩ 在图 2.58 所示的操作界面中单击“下一步”按钮，出现“完成该向导”操作界面，可查看导入信息，如图 2.59 所示。

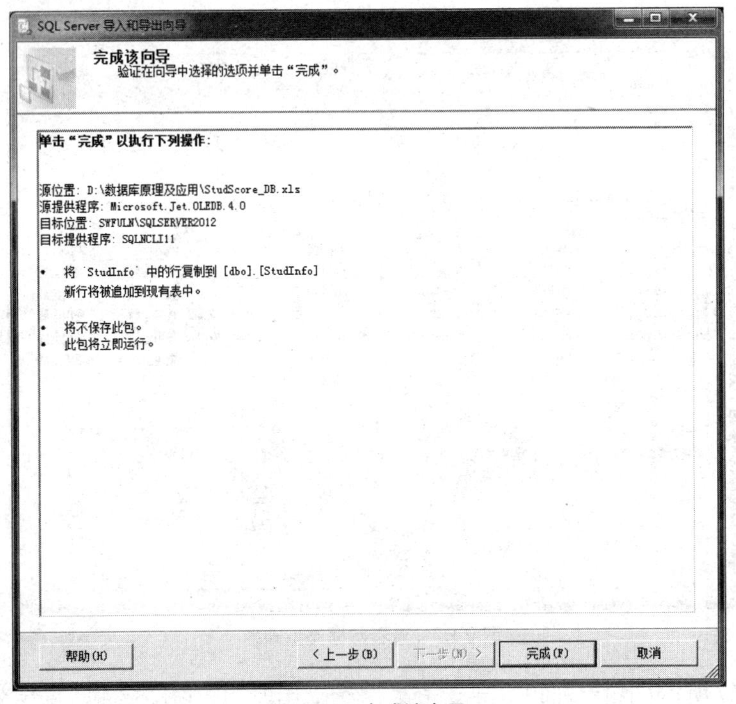

图 2.59　完成该向导

⑪ 单击“下一步”按钮立即运算数据导入功能，数据导入成功，如图 2.60 所示。

图 2.60　Excel 导入数据到 SQL Server 数据库

2.3.2　导出数据

使用 SQL Server 数据导入导出向导可以方便地将 SQL Server 数据库中的数据导出到外部 Excel、文本、Access 等文件中。这里以 SQL Server 数据库导出数据表（StudInfo）到文本文件为例，介绍 SQL Server 数据导出的使用方法。

① 在 SQL Server Management Studio 中找到自己创建的数据库（如 StudScore_DB），选中表，单击鼠标右键，选择“任务”→“导出数据”命令，如图 2.61 所示，出现“SQL Server 导入和导出向导”操作界面。

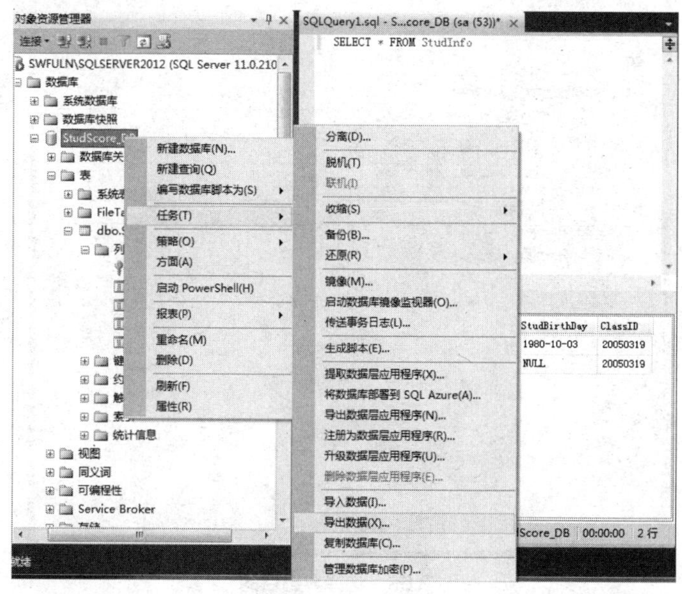

图 2.61　导出数据

② 这里要从 SQL Server 数据库“StudScore_DB”中导出数据，即数据源为 SQL Server 服务器，使用默认的选项设置，单击“下一步”按钮，如图 2.62 所示。

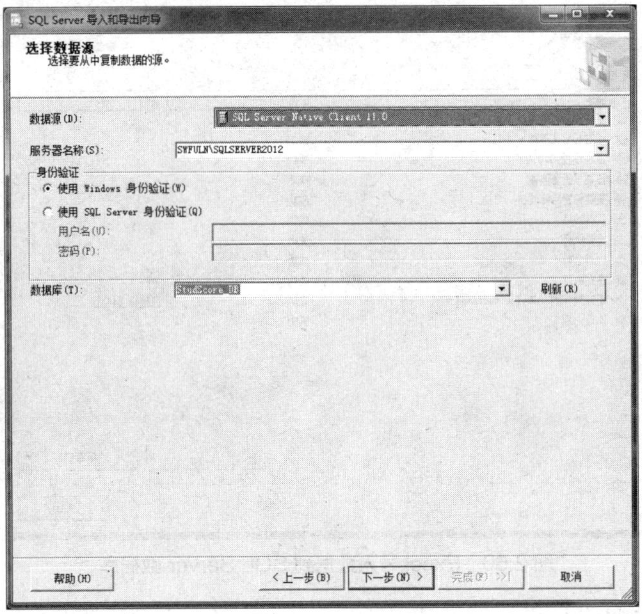

图 2.62　选择数据源

③ 因要将 SQL Server 数据库 StudScore_DB 中的数据表 StudInfo 中的数据导出到文本文件中，则在“选择目标”操作界面中选择“目标”为“平面文件目标”，输入或选择文本文件要保存的路径及文件名，如 D:\数据库原理及应用\StudInfo.txt，注意文本文件的扩展名不能省略，选中“在第一个数据行中显示列名称（A）”，即导出数据表列名称，如图 2.63 所示。

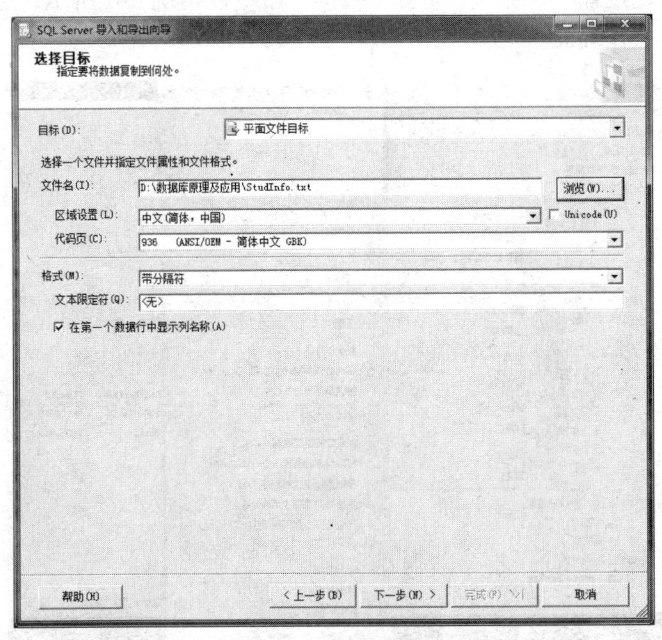

图 2.63　选择导出目的

④ 在图 2.63 所示的操作界面中单击“下一步”按钮进入“指定表复制或查询”操作界面，

确保选定项目为“复制一个或多个表或视图的数据”，如图 2.64 所示。

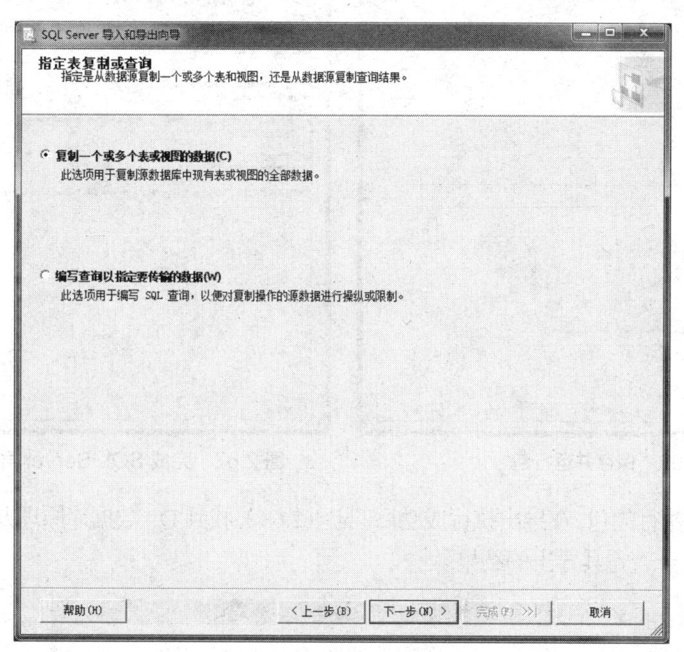

图 2.64　指定表复制或查询

⑤ 在图 2.64 所示的操作界面中单击“下一步”按钮进入“配置平面文件目标”操作界面，在“源表或源视图”选项栏中选择要导出的 SQL Server 中的数据表“StudInfo”，单击“下一步”按钮，如图 2.65 所示。

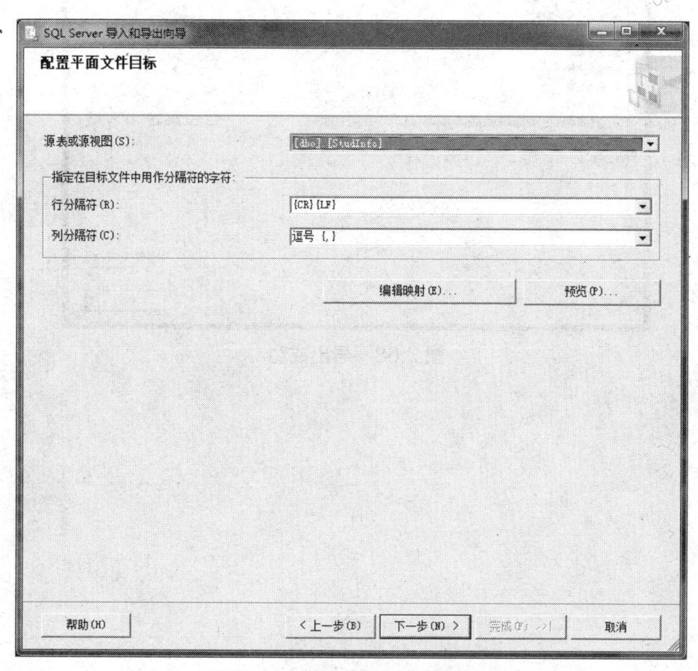

图 2.65　选择要导出的数据表

⑥ 在出现的图 2.66 所示的操作界面中确保“立即运行”被选中，再单击“下一步”按钮至“完成”即可，如图 2.67 所示。

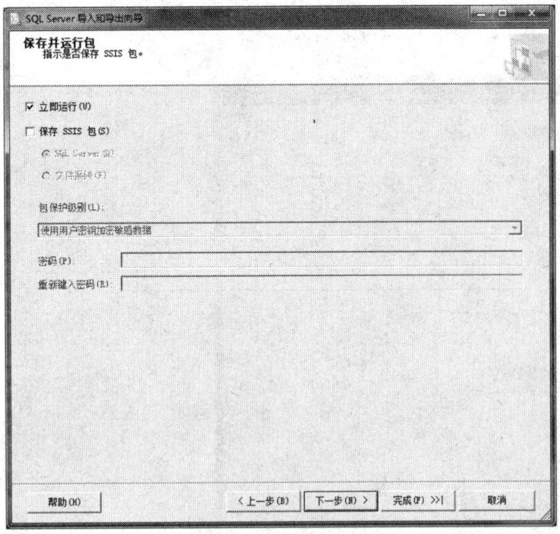

图 2.66　保存并运行包

图 2.67　完成 SQL Server 导入和导出向导

⑦ 查看正在执行的包，在导出执行成功后（见图 2.68），找到 D:\数据库原理及应用\StudInfo.txt 文本文件，双击打开查看其导出的结果。

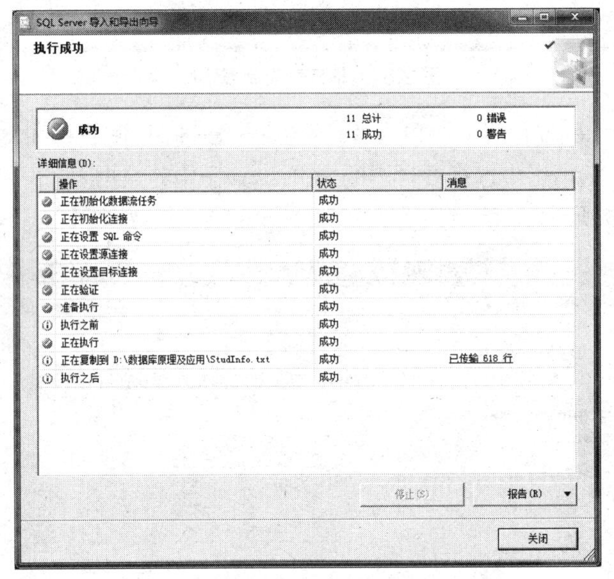

图 2.68　导出成功

PART 3

第3章 SQL的基础知识

本章介绍SQL的数据类型、SQL语句管理数据库、SQL语句管理数据表、SQL语句操作数据表记录和基本SQL查询语句各子句的使用。通过本章介绍，要求读者掌握SQL语句的基本使用方法，能灵活应用SQL查询语句解决实际问题。

3.1 SQL简介

SQL的全称是“结构化查询语言（Structured Query Language）”，是1974年由Boyce和Chamberlin提出的。1975—1979年，最早的是IBM的圣约瑟研究实验室为其关系数据库管理系统SYSTEM R开发的一种查询语言，它的前身是SQUARE语言。经过各公司的不断修改、扩充和完善，1987年，SQL语言最终成为关系数据库的标准语言。1986年，美国颁布了SQL语言的美国标准，1987年，国际标准化组织将其采纳为国际标准。SQL由于其使用方便、功能丰富、语言简洁易学等特点，很快得到推广和应用。

SQL语言结构简洁、功能强大、简单易学，自从IBM公司于1981年推出以来，SQL语言得到了广泛的应用。Oracle、Sybase、Informix、SQL Server等大型数据库管理系统，Visual Foxpro、PowerBuilder等微机上常用的数据库开发系统，都支持SQL语言作为查询语言。

SQL语言集数据定义（Data Definition）、数据操作（Data Manipulation）和数据控制（Data Control）功能于一体，充分体现了关系数据库语言的特点和优点。

SQL语言主要由以下几部分组成。

① 数据定义语言（Data Definition Language，DDL）。数据定义语言用于建立、修改、删除数据库中的各种对象——表、视图、索引等。如CREATE、ALTER、DROP。

② 数据操纵语言（Data Manipulation Language，DML）。数据操纵语言用于改变数据库数据。主要有三条语句：INSERT、UPDATE、DELETE。

③ 数据控制语言（Data Control Language，DCL）。数据控制语言用于授予或回收访问数据库的某种特权，并控制数据库操纵事务发生的时间及效果，对数据库实行监视等。DCL包含两条命令：GRANT、REVOKE。

④ 数据查询语言（Data Query Language，DQL）。数据查询语言用于检索数据库记录，基本结构是由SELECT子句、FROM子句、WHERE子句组成的查询块：

```
SELECT  <字段名表>   FROM  <表或视图名>
WHERE  <查询条件>
```

3.2 SQL 的数据类型

在计算机中，数据有两种特征类型和长度。所谓数据类型，就是以数据的表现方式和存储方式来划分的数据的种类。在 SQL Server 中，每个列、局部变量、表达式和参数都具有一个相关的数据类型。数据类型是一种属性，用来设定某一个具体列保存数据的类型。可分为整数数据、字符数据、货币数据、日期和时间数据、二进制字符串等。

3.2.1 整数数据型

整数数据类型如表 3.1 所示。

表 3.1 整数数据类型

数据类型	数据范围	所占字节	说明
bigint	-2^{63}～（$2^{63}-1$）	8 字节	存储-2^{63}（$-9\ 223\ 372\ 036\ 854\ 775\ 807$）～$2^{63}-$（19 223 372 036 854 775 806）的所有正、负整数
int	-2^{31}～（$2^{31}-1$）	4 字节	-2^{31}（$-2\ 147\ 483\ 648$）～$2^{31}-1$（2 147 483 647）之间的整数
smallint	-2^{15}～（$2^{15}-1$）	2 字节	-2^{15}（$-32\ 768$）～$2^{15}-1$（32 767）的整数
tinyint	0～255	1 字节	tinyint 数据类型能存储 0～255 的整数
bit	0、1、空值	用 1 bit，占 1 字节	用于存储只有两种可能值的数据，如 Yes 或 No、True 或 False、On 或 Off

3.2.2 精确浮点型

精确浮点数据类型如表 3.2 所示。

表 3.2 精确浮点数据类型

数据类型	数据范围	使用的字节数据（长度）	说明
numeric[（p[,s]）]	（$-10^{38}+1$）～（$10^{38}-1$）	1～9 位数使用 5 字节 10～19 位数使用 9 字节 20～28 位数使用 13 字节 29～38 位数使用 17 字节	必须指定范围和精度。范围是小数点左右所能存储的数字的总位数。精度是小数点右边存储的数字的位数
decimal[（p[,s]）]	（$-10^{38}+1$）～（$10^{38}-1$）	与 numeric 相同	decimal 数据类型与 numeric 型相同

3.2.3 近似浮点型

近似浮点数据类型如表 3.3 所示。

表 3.3　近似浮点数据类型

数据类型	数据范围	所占字节	说明
float[（n）]	（-1.79E+308）~（1.79E+308）	n 为 1~24，7 位数，4 字节 n 为 25~53，15 位数，8 字节	近似浮点数在其范围内不是所有的数都能精确表示
real	（-3.50E+38）~（3.50E+38）	4 字节	real 数据类型同 Float(24)

3.2.4　日期时间型

日期时间数据类型如表 3.4 所示。

表 3.4　日期时间数据类型

数据类型	格式	范围	所占字节	精确度
time	hh:mm:ss[.nnnnnnn]	00:00:00.0000000~23:59:59.9999999	3~5	100 ns
date	YYYY-MM-DD	0001-01-01~9999-12-31	3	1 天
smalldatetime	YYYY-MM-DD hh:mm:ss	1900-01-01~2079-06-06	4	1 min
datetime	YYYY-MM-DD hh:mm:ss[.nnn]	1753-01-01~9999-12-31	8	0.003 33 s
datetime2	YYYY-MM-DD hh:mm:ss[.nnnnnnn]	0001-01-01 00:00:00.0000000~9999-12-31 23:59:59.9999999	6~8	100 ns
datetimeoffset	YYYY-MM-DD hh:mm:ss[.nnnnnnn] [+|-]hh:mm	0001-01-01 00:00:00.0000000~9999-12-31 23:59:59.9999999（以 UTC 时间表示）	8~10	100 ns

3.2.5　字符型

字符数据类型如表 3.5 所示。

表 3.5　字符数据类型

数据类型	数据范围	所占字节	说明
char	1~8000 字符	1 个字符 1 字节，为固定长度	存储定长字符数据
varchar	1~8000 字符	1 个字符 1 字节，存多占多，varchar（max）max 指最大 2 GB	存储变长字符数据
text	$1 \sim 2^{31}-1$ 字符	1 个字符 1 字节，最大 2 GB	存储 $2^{31}-1$ 或 20 亿个字符

3.2.6　货币型

货币数据类型如表 3.6 所示。

表 3.6 货币数据类型

数据类型	数据范围	所占字节	说明
money	$-2^{63}\sim2^{63}-1$	8 字节	money 数据类型用来表示钱和货币值。这种数据类型能存储－9220 亿～9220 亿的数据，精确到货币单位的万分之一
smallmoney	$-2^{31}\sim2^{31}-1$	4 字节	smallmoney 数据类型用来表示钱和货币值。这种数据类型能存储－214748.3648～214748.3647 的数据，精确到货币单位的万分之一

3.2.7 Unicode 字符型

Unicode 字符数据类型如表 3.7 所示。

表 3.7 Unicode 字符数据类型

数据类型	数据范围	所占字节	说明
nchar	1～4000 字符	1 个字符 2 字节，为固定长度	用双字节结构来存储定长统一编码字符型数据
nvarchar	1～4000 字符	1 个字符 2 字节，存多占多，nvarchar（max）最大 $2^{30}-1$ 字符	用双字节结构来存储变长的统一编码字符型数据
ntext	1～$2^{30}-1$ 字符	1 个字符 2 字节，最大 2 GB	存储 $2^{30}-1$ 或将近 10 亿个字符

3.2.8 二进制字符型

二进制字符数据类型如表 3.8 所示。

表 3.8 二进制字符数据类型

数据类型	数据范围	所占字节	说明
binary	1～8000 字符	存储时，需另外增加 5 字节，固定	存储定长二进制数据
varbinary	1～8000 字符	存储时，需另外增加 5 字节，变长	存储变长二进制数据
image	1～$2^{31}-1$ 字符	同 varbinary，最大 2 GB	存储变长二进制数据，可达 $2^{31}-1$ 或大约 20 亿字节

3.2.9 特殊数据型

特殊数据类型如表 3.9 所示。

表 3.9 特殊数据类型

数据类型	说明
cursor	cursor 数据类型包含一个对游标的引用。用在存储过程中，而且创建表时不能用
timestamp	用来创建一个数据库范围内的唯一值。一个表中只能有一个 timestamp 列。每次插入或修改一行时，timestamp 列的值都会改变

续表

数据类型	说明
uniqueidentifier	用来存储一个全局唯一标识符，即 GUID。GUID 确实是全局唯一的。可以使用 NEWID 函数或转换一个字符串为唯一标识符来初始化具有唯一标识符的列
sql_variant	用于存储 SQL Server 支持的各种数据类型的值
xml	存储 XML 数据的数据类型。可以在列中或者 xml 类型的变量中存储 xml 实例
table	一种特殊的数据类型，可用于存储结果集以进行后续处理。table 主要用于临时存储一组作为表值函数的结果集返回的行。可将函数和变量声明为 table 类型。table 变量可用于函数、存储过程和批处理中。

3.3 标识符

3.3.1 标识符概述

数据库对象的名称即为标识符，在 SQL Server 中的所有内容都可以有标识符。服务器、数据库和数据库对象（例如表、视图、列、索引、触发器、过程、约束及规则等）都可以有标识符。使用标识符要注意以下几点。

① 标识符必须是统一码（Unicode）2.0 标准中规定的字符，以及其他一些语言字符，如汉字，如表 3.10 所示。

表 3.10　可用作标识符的字符

类型	说明
英文字符	A～Z，a～z，在 SQL 中不区分大小写
数字	0～9，不能作为第一个字符
特殊字符	_、#、@、$，但$不作为第一个字符
特殊语系的合法文字	如中文字

② 标识符不能有空格符或特殊字符_、#、@、$以外的字符。

③ 标识符不允许是 Transact-SQL 的保留字。

④ 标识符长度不得超过 128 个字符。

3.3.2 特殊标识符

在 SQL Server 中，有许多具体有特殊意义的标识符，如表 3.11 所示。

表 3.11　特殊的标识符

开头字符	示例	意义
@	@var	局部变量名称必须以@开头
@@	@@ERROR	内置全局变量以@@开头
#	#table	局部临时数据表（或存储过程）
##	##table	全局临时数据表（或存储过程）

3.4 使用 SQL 语句管理数据库

3.4.1 创建数据库

1. 创建数据库的最简语法

CREATE DATABASE database_name

在这种情况下，所有的数据库设置都是用系统默认值。

【例 3.1】使用 SQL 语句创建学生成绩管理数据库（StudScore_DB1），所有参数均取默认值。

```
CREATE DATABASE StudScore_DB1
```

2. 创建数据库的完整语法

```
CREATE DATABASE database_name
  [ ON [PRIMARY] [ <filespec> [,...n] ] [, <filegroupspec> [,...n] ] ]
  [ LOG ON { <filespec> [,...n]} ]
<filespec> ::= ( [ NAME = logical_file_name, ]
            FILENAME = 'os_file_name'
            [, SIZE = size]
            [, MAXSIZE = { max_size | UNLIMITED } ]
            [, FILEGROWTH = growth_increment] ) [,...n]
<filegroupspec> ::= FILEGROUP filegroup_name <filespec> [,...n]
```

各参数说明如下：

✧ ON——用来存储数据库数据部分的磁盘文件（数据文件）。该关键字后跟以逗号分隔的<filespec>项列表，<filespec>项用以定义主文件组的数据文件。主文件组的文件列表后可跟以逗号分隔的<filegroup>项列表（可选），<filegroup>项用以定义用户文件组及其文件。

✧ n——占位符，表示可以为新数据库指定多个文件。

✧ LOG ON——用来存储数据库日志的磁盘文件（日志文件）。该关键字后跟以逗号分隔的<filespec>项列表，<filespec>项用以定义日志文件。如果没有指定 LOG ON，将自动创建一个日志文件，该文件使用系统生成的名称，大小为数据库中所有数据文件总大小的 25%。

✧ PRIMARY——指定关联的<filespec>列表定义主文件。主文件组包含所有数据库系统表，还包含所有未指派给用户文件组的对象。主文件组的第一个<filespec>条目成为主文件，该文件包含数据库的逻辑起点及其系统表。一个数据库只能有一个主文件。如果没有指定 PRIMARY，那么 CREATE DATABASE 语句中列出的第一个文件将成为主文件。

✧ NAME——为由<filespec>定义的文件指定逻辑名称。

✧ logical_file_name——用来在创建数据库后执行的 Transact-SQL 语句中引用文件的名称。logical_file_name 在数据库中必须唯一，并且符合标识符的规则。该名称可以是字符或 Unicode 常量，也可以是常规标识符或定界标识符。

✧ FILENAME——为<filespec>定义的文件指定操作系统文件名。

✧ 'os_file_name'——操作系统创建<filespec>定义的物理文件时使用的路径名和文件名。os_file_name 中的路径必须指定 SQL Server 实例上的目录。os_file_name 不能指定压缩文件系统中的目录。

✧ SIZE——指定<filespec>中定义的文件的大小。如果主文件的<filespec>中没有提供 SIZE 参数，那么 SQL Server 将使用 model 数据库中的主文件大小。如果次要文件或日志文件的<filespec>中没有指定 SIZE 参数，则 SQL Server 将使文件大小为 1MB。

✧ size——<filespec>中定义的文件的初始大小。可以使用千字节（KB）、兆字节（MB）、千兆字节（GB）或兆兆字节（TB）后缀。默认值为MB。指定一个整数，不要包含小数位。size的最小值为512 KB。如果没有指定size，则默认值为1 MB。为主文件指定的大小至少应与model数据库的主文件大小相同。

✧ MAXSIZE——指定<filespec>中定义的文件可以增长到的最大大小。

✧ max_size——<filespec>中定义的文件可以增长到的最大大小。可以使用千字节（KB）、兆字节（MB）、千兆字节（GB）或兆兆字节（TB）后缀。默认值为MB。指定一个整数，不要包含小数位。如果没有指定max_size，那么文件将增长到磁盘变满为止。

✧ UNLIMITED——指定<filespec>中定义的文件将增长到磁盘变满为止。

✧ FILEGROWTH——指定<filespec>中定义的文件的增长增量。文件的FILEGROWTH设置不能超过MAXSIZE设置。

✧ growth_increment——每次需要新的空间时为文件添加的空间大小。指定一个整数，不要包含小数位。0值表示不增长。该值可以MB、KB、GB、TB或百分比（%）为单位指定。如果未在数量后面指定MB、KB或%，则默认值为MB。如果指定%，则增量大小为发生增长时文件大小的指定百分比。如果没有指定FILEGROWTH，则默认值为10%，最小值为64 KB。指定的大小舍入为最接近的64KB的倍数。

【**例3.2**】创建一个学生成绩管理数据库（StudScore_DB2），该数据库的主文件逻辑名称为"StudScore_DB2_Data1"，物理文件名为"StudScore_DB2_Data1.mdf"，初始大小为10MB，最大尺寸为无限大，增长速度为10%；数据库的日志文件逻辑名称为"StudScore_DB2_log1"，物理文件名为"StudScore_DB2_log1.ldf"，初始大小为5 MB，最大尺寸为25 MB，增长速度为1 MB。

```
CREATE DATABASE StudScore_DB2
  ON
     (NAME = StudScore_DB2_Data1,
FILENAME = 'D:\ StudScore_DB2_Data1.mdf',
SIZE = 10,
MAXSIZE = UNLIMITED,
FILEGROWTH = 10% )
LOG ON
( NAME = 'StudScore_DB2_log1',
FILENAME = 'D:\StudScore_DB2_log1.ldf',
SIZE = 5MB,
MAXSIZE = 25MB,
FILEGROWTH = 1MB )
```

3.4.2 修改数据库

在SQL Server中可以用ALTER DATABASE命令来增加或删除数据库中的文件，修改文件的属性。

只有数据库管理员或具有CREATE DATABASE权限的数据库用户才可以执行此命令。

ALTER DATABASE命令的语法如下：

```
ALTER DATABASE databasename
```

```
{ ADD FILE <filespec> [,...n] [TO FILEGROUP filegroup_name]
   | ADD LOG FILE <filespec> [,...n]
   | REMOVE FILE logical_file_name [WITH DELETE]
   | ADD FILEGROUP filegroup_name
   | REMOVE FILEGROUP filegroup_name
   | MODIFY FILE <filespec>
   | MODIFY NAME = new_dbname
   | MODIFY FILEGROUP filegroup_name
}
<filespec> ::= ( NAME = logical_file_name
              [ , NEWNAME = new_logical_name ]
              [ , FILENAME = 'os_file_name' ]
              [ , SIZE = size ]
              [ , MAXSIZE = { max_size | UNLIMITED } ]
              [ , FILEGROWTH = growth_increment ] )
```

【**例 3.3**】修改学生成绩管理数据库（StudScore_DB2），添加 5 MB 大小的次要数据文件。

```
ALTER DATABASE StudScore_DB2
ADD FILE (
 NAME = StudScore_DB2_Data2,
 FILENAME ='D:\ StudScore_DB2_Data2.ndf',
 SIZE = 5MB,
 MAXSIZE = 100MB,
 FILEGROWTH = 5MB
)
```

【**例 3.4**】修改学生成绩管理数据库（StudScore_DB2），添加两个 5 MB 大小的日志文件。

```
ALTER DATABASE StudScore_DB2
ADD LOG FILE
( NAME = StudScore_DB2_log2,
  FILENAME ='D:\ StudScore_DB2_Log2.ldf',
  SIZE = 5MB,
  MAXSIZE = 100MB,
  FILEGROWTH = 5MB),
( NAME = StudScore_DB2_Log3,
  FILENAME ='D:\ StudScore_DB2_Log3.ldf',
  SIZE = 5MB,
  MAXSIZE = 100MB,
  FILEGROWTH = 5MB)
```

3.4.3 删除数据库

在 SQL Server 中可以用 DROP DATABASE 命令一次删除一个或几个数据库，数据库所有者和数据库管理员 DBA 才有权执行此命令，删除数据库的语法如下：

DROP DATABASE database_name [,...n]

【**例 3.5**】删除学生成绩管理数据库（StudScore_DB2）。

```
DROP DATABASE StudScore_DB2
```

3.5 使用 SQL 语句管理表

3.5.1 创建表

创建数据库后，需要创建数据表。使用 SQL 语句（CREATE TABLE）创建数据表的语法简化形式如下：

```
CREATE TABLE tablename
```

```
(
  column1 datatype [constraint],
  column2 datatype [constraint],
  …
  columnN datatype [constraint]
);
```

使用 CREATE TABLE 语句创建表时，在 CREATE TABLE 后面加上建立数据表的名称，然后输入括号，括号内输入字段信息，字段信息包括字段名称、字段类型、字段长度及字段约束信息，字段与字段之间用逗号分隔。

注意

在建立创建表时必须以英文半角字符输入，数据表名称、字段名称必须以字母开头，后面可以使用字母、数字或下画线，名称的长度不能超过 30 个字符。不要使用 SQL 语言中的保留关键字，如 SELECT、CREATE、INSERT 等作为数据表或字段的名称。

1．创建带主键（PK）约束的数据表

在 SQL Server 中使用主键保证实体完整性，被设为主键字段的列既不能重复也不能为空，每个表必须有一个主键，在 CREATE TABLE 语句中使用 Pimary Key 语句设置主键字段。

【**例 3.6**】创建学生信息表（StudInfo），数据表结构如表 3.12 所示。

表 3.12　学生信息表（StudInfo）

字段名称	数据类型	字段长度	空值	PK	字段描述	举例
StudNo	Varchar	15		Y	学生学号	20050319001
StudName	Varchar	20			学生姓名	李明
StudSex	Char	2			学生性别	男
StudBirthDay	Date		Y		出生年月	1980-10-3
ClassID	Varchar	10			班级编号	990704

```
CREATE TABLE StudInfo
(
    StudNo varchar(15) primary key,  --设置 StudNo 为主键字段
    StudName varchar(20) not null,
    StudSex Char(2) default '男' not null,
    StudBirthDay date null,
    ClassID varchar(10) not null
)
```

注意

Primary key 为主键约束，建立主键可以避免表中存在完全相同的记录，即数据表所有记录唯一且不能为空，主键用于保证实体完整性。Not Null 用来限制数据表中某一列的值不能为空。Unique 限制数据表某一列中不能存在两个值相同的记录，所有记录的值都必须是唯一的。

NULL 值：没有意义或丢失或不知道是否有意义的值。

DEFAULT 值：当数据表设计时，某个字段设有默认值，在数据录入时，该字段若不输入，则以默认值来填充该字段。

【例 3.7】创建班级信息表（ClassInfo），数据表结构如表 3.13 所示。

表 3.13　班级信息表（ClassInfo）

字段名称	数据类型	字段长度	空值	PK	字段描述	举例
ClassID	Varchar	10		Y	班级编号	20000704
ClassName	Varchar	50			班级名称	计算机 2000
ClassDesc	Varchar	100	Y		班级描述	计算机怎样

```
CREATE TABLE ClassInfo
(
    ClassID Varchar(10) primary key, --主键约束
    ClassName varchar(50) not null,
    ClassDesc varchar(100) null
)
```

2. 创建带外键（FK）关系的数据表

在 SQL Server 中使用外键保证参照完整性，学生信息表 StudInfo（外键表）中的 ClassID（外键）参照于班级信息表 ClassInfo（主键表）中的 ClassID（主键）字段。

【例 3.8】创建带外键关系的学生信息表（StudInfo）。

```
--DROP TABLE StudInfo    --删除学生信息表（StudInfo）
CREATE TABLE StudInfo
(
    StudNo varchar(15) primary key ,
    StudName varchar(20) NOT NULL ,
    StudSex char(2) NOT NULL ,
    StudBirthDay date NULL ,
    ClassID varchar(10) Constraint FK_ClassID Foreign key references ClassInfo(ClassID) NOT NULL
--建立外键关系
)
```

3. 创建带 CHECK 约束的数据表

针对用户的需求，不同的字段有不同的取值范围（值域），如学生性别只能为男或女、学生成绩为 0 到 100 之间的数、邮政编码为 6 位数字等。SQL Server 使用 CHECK 约束保存域的完整性。

【例 3.9】创建带约束的学生成绩信息表，数据表结构如表 3.14 所示。

表 3.14　学生成绩信息表（StudScoreInfo）

字段名称	数据类型	字段长度	约束	PK	字段描述	举例
StudNo	Varchar	15		Y	学生学号	20050319001
CourseID	Varchar	15		Y	课程编号	A0101
StudScore	Numeric	4,1	[0,100]		学生成绩	80.5

```
CREATE TABLE StudScoreInfo
(
    StudNo varchar(15),
    CourseID varchar(10),
    StudScore Numeric(4,1) default 0 Check(StudScore>=0 AND StudScore<=100),
    --使用 Check 约束学生成绩在 0 到 100 之间取值
    Constraint PK_S_C Primary Key (StudNo,CourseID)
    --建立复合主键
```

```
)
```

CHECK 约束的主要作用是限制输入到一列或多列中的可能值，从而保证 SQL Server 数据库中数据的域完整性。如本例的学生成绩只能限制在 0 到 100 之间，则使用 Check（StudScore>=0 AND StudScore<=100）语句进行限制。

复合主键即多个字段同时作为主键。在学生选课关系中，一个学生可以选修多门课程，同一门课程可以被多个学生选修，学生与课程之间为多对多的关系。所以在学生成绩信息表中必须将学号和课程编号组合在一起作为主键，使用 Constraint PK_S_C Primary Key（StudNo, CourseID）语句进行复合主键限制。

4. 创建带标识列（IDENTITY）的数据表

在 SQL Server 中，对于每个表，均可创建一个包含系统生成的序号值的标识符列，该序号值以唯一的方式标识表中的每一行。当在表中插入行时，标识符列可自动生成唯一的编号，如学生的报名序号、学生缴费编号等。通过使用 IDENTITY 属性，指定标识列初值和增量以实现标识符列。

语法：

```
IDENTITY [ ( seed , increment ) ]
```

参数：

✧ Seed：初值，装载到表中的第一个行所使用的值。

✧ Increment：步长即增量值，该值被添加到前一个已装载的行的标识值上。

必须同时指定种子和增量，或者二者都不指定。如果二者都未指定，则取默认值 （1,1）。

功能：

在表中创建一个标识列。该属性与 CREATE TABLE 及 ALTER TABLE 语句一起使用。

注意事项：

① 一个表只能有一个标识列，且该列必须是 decimal、int、numeric、smallint、bigint 或 tinyint 数据类型。

② 可指定种子和增量。二者的默认值均为 1。

③ 标识符列不能允许为 Null 值，也不能包含 DEFAULT 定义或对象。

【例 3.10】 创建带标识列（IDENTITY）的学生报到信息表（StudEnrollInfo）。

```
CREATE TABLE StudEnrollInfo
(
    Seq_ID  INT IDENTITY(100001,1),  --报名序号初值为 100001，步长为 1
    StudNo  Varchar(15) Primary Key,
    StudName Varchar(30) not null
)
```

3.5.2 修改表

ALTER TABLE 命令可以添加或删除表的列、约束，也可以禁用或启用已存在的约束或触发器。ALTER TABLE 语法较为复杂，这里讲解修改表较为常用的部分。

1. 添加新列

语法：

```
ALTER TABLE table_name ADD COLUMN column_name datatype
```

参数：

✧ Table_name：要修改的数据表名。

✧ Column_name：要添加的字段名。

✧ Datatype：要添加的字段数据类型。

【例 3.11】修改学生成绩信息表（StudScoreInfo），增加自动编号新列。

```
Alter Table StudScoreInfo Add Seq_ID int Identity (1001,1)
```

注意

该示例中使用了 IDENTITY 属性，指定初值为 1001，步长为 1。

2. 修改约束

语法：

```
ALTER TABLE table_name DROP CONSTRAINT constraint_name
```

功能：

把主键的定义删除。

【例 3.12】修改学生成绩信息表（StudScoreInfo），删除主键（PK_S_C）。

```
ALTER TABLE StudScoreInfo DROP CONSTRAINT PK_S_C
```

语法：

```
ALTER TABLE table_name ADD primary key (column_name)
ALTER TABLE table_name ADD CONSTRAINST constraint_name primary key (column_name)
```

功能：

更改表的定义，把某列设为主键。主键名称由系统生成或用户自定义。

【例 3.13】修改学生成绩信息表（StudScoreInfo），将（StudNo、CourseID）设置为复合主键（PK_S_C）。

```
ALTER TABLE StudScoreInfo ADD Constraint PK_T_C primary key (StudNo,CourseID)
```

3. 删除列

语法：

```
ALTER TABLE table_name DROP COLUMN column_name
```

参数：

✧ Table_name：要删除的数据表名。

✧ Column_name：要删除的字段名。

【例 3.14】修改学生成绩信息表（StudScoreInfo），删除自动编号列。

```
ALTER TABLE StudScoreInfo DROP COLUMN Seq_ID
```

3.5.3 删除表

语法：

```
DROP TABLE table_name
```

功能：

删除数据表。

【例 3.15】删除学生成绩信息表（StudScoreInfo）。

```
DROP TABLE StudScoreInfo
```

3.6 使用 SQL 语句维护数据

3.6.1 数据插入

SQL 语言使用 INSERT 语句为数据表添加记录。INSERT 语句通常有两种形式：一种是插入一条记录，另一种是一次插入多条记录，即使用子查询批量插入。先看看 INSERT 语句的简化形式：

```
INSERT [INTO] tablename
    [(column { ,column})]
VALUES
    (columnvalue [{,columnvalue}]);
```

插入的多个值与字段名具有一一对应关系。

【例 3.16】使用 INSERT 语句为班级信息表（ClassInfo）添加新记录。

```
INSERT INTO ClassInfo
    (ClassID,ClassName,ClassDesc)
VALUES
    ('20000704', '计算机 2000','计算机怎样')
```

【例 3.17】使用 INSERT 语句为班级信息表（ClassInfo）添加新记录。

```
INSERT INTO ClassInfo
    (ClassName,ClassID)
VALUES
    ('20000704', '计算机 2000')
```

因 ClassDesc 字段允许为空，所以本例中没有添加班级描述值。

【例 3.18】使用 INSERT 语句为学生成绩信息表（StudScoreInfo）添加新记录。

```
INSERT INTO StudScoreInfo
     (StudNo,CourseID,StudScore)
VALUES
     ('20000704001','A0101',80.5)
```

在插入新记录时，如果字段为字符型、日期型，则插入的值需要加上单引号“'”作为定界符，如果为数据型，则不需要加上单引号“'”。

3.6.2 数据更新

SQL 语言使用 UPDATE 语句更新或修改满足规定条件的现有记录。UPDATE 语句的格式为：

```
UPDATE tablename
SET columnname = newvalue [, nextcolumn = newvalue2...]
WHERE columnname OPERATOR value [and|or column OPERATOR value];
```

【例 3.19】更新班级编号为“20000704”的班级名称为“计科 2000 级”，班级描述为空值。

```
UPDATE ClassInfo
SET ClassName='计科 2000 级',ClassDesc=NULL
WHERE ClassID='20000704'
```

用 UPDATE 语句时，关键一点就是要设定好用于进行判断的 WHERE 条件从句。省略

WHERE 条件，则执行全表更新。

3.6.3 数据删除

SQL 语言使用 DELETE 语句删除数据库表格中的行或记录。DELETE 语句的格式为：

```
DELETE FROM tablename
WHERE columnname OPERATOR value [AND|OR column OPERATOR value];
```

【例 3.20】删除班级编号为“20000704”的班级信息。

```
DELETE FROM ClassInfo
WHERE ClassID='20000704'
```

在 WHERE 从句中设定删除记录的判断条件，在使用 DELETE 语句时不设定 WHERE 从句，则表格中的所有记录将全部被删除。

3.6.4 TRUNCATE TABLE 命令

如果要删除表中的所有数据，使用 TRUNCATE TABLE 命令比用 DELETE 命令快得多，因为 DELETE 命令除了删除数据外，还会对所删除的数据在事务处理日志中做记录，以防止删除失败时可以使用事务处理日志来恢复数据，而 TRUNCATE TABLE 则只做删除与表有关的所有数据页的操作。TRUNCATE TABLE 命令功能上相当于使用不带 WHERE 子句的 DELETE 命令，但是 TRUNCATE TABLE 命令不能用于被别的表的外关键字依赖的表。由于 TRUNCATE TABLE 命令不会对事务处理日志进行数据删除记录操作，因此不能激发触发器。

```
TRUNCATE TABLE 命令语法如下：
TRUNCATE TABLE table_name
```

【例 3.21】删除学生成绩表（StudScoreInfo）所有记录。

```
TRUNCATE TABLE StudScoreInfo
```

3.6.5 记录操作语句简化形式

1．添加新记录（INSERT）

```
INSERT [INTO] TableName (FieldsList) VALUES (ValuesList)
```

2．更新记录（UPDATE）

```
UPDATE TableName
SET FieldName1=Value1,FieldName2=Value2,…
WHERE <search_condition>
```

3．删除记录（DELETE）

```
DELETE [FROM] tablename
WHERE <search_condition>
```

3.7 SQL 简单查询语句

SQL 语言使用 SELECT 语句来实现数据的查询，并按用户要求检索数据，将查询结果以表格的形式返回。

3.7.1 SELECT 查询语句结构

1．SELECT 语句精简结构

SELECT 查询语句功能强大，语法较为复杂，下面介绍 SELECT 语句的精简结构。

语法：

```
SELECT select_list
[INTO new_table_name]
FROM table_list
[WHERE search_conditions]
[GROUP BY group_by_list]
[HAVING search_conditions]
[ORDER BY order_list [ASC | DESC]]
```

参数：

✧ select_list：表示需要检索的字段的列表，字段名称之间使用逗号分隔。在这个列表中不但可以包含数据源表或视图中的字段名称，还可以包含其他表达式，例如常量或Transact-SQL函数。如果使用*来代替字段的列表，那么系统将返回数据表中的所有字段。

✧ INTO new_table_name：该子句将指定使用检索出来的结果集创建一个新的数据表。New_table_name为这个新数据表的名称。

✧ FROM table_list：使用这个句子指定检索数据的数据表的列表。

✧ GROUP BY group_by_list：GROUP BY 子句根据参数group_by_list提供的字段将结果集分成组。

✧ HAVING search_conditions：HAVING子句是应用于结果集的附加筛选，search_conditions将用来定义筛选条件。从逻辑上讲，HAVING子句将从中间结果集对记录进行筛选，这些中间结果集是用SELECT语句中的FROM、WHERE或GROUP BY子句创建的。

✧ ORDER BY order_list [ASC | DESC]：ORDER BY 子句用来定义结果集中的记录排列的顺序。Order_list 将指定排序时需要依据的字段的列表，字段之间使用逗号分隔。ASC和DESC关键字分别指定记录是按升序还是按降序排序。

2．SELECT语句的执行过程

① 读取FROM子句中基本表、视图的数据，执行笛卡尔积操作。

② 选取满足WHERE子句中给出的条件表达式的元组。

③ 按GROUP子句中指定列的值分组，同时提取满足HAVING子句中组条件表达式的那些组。

④ 按SELECT子句中给出的列名或列表达式求值输出。

⑤ ORDER子句对输出的目标表进行排序，按附加说明ASC升序排列，或按DESC降序排列。

3．使用SELECT语句的注意事项

在使用SELECT语句时，如果对引用的数据库对象不加以限制，有可能产生歧义。使用SELECT语句需要注意以下三方面的问题。

① 在数据库系统中，可能存在对象名称重复的现象。例如，两个用户同时定义了一个名为StudInfo的表，因此，在引用用户ID为“Stud”的用户定义的StudInfo数据表时，需要使用用户ID限定数据表的名称。

```
SELECT * FROM Stud.StudInfo
```

② 在使用SELECT语句进行查询时，需要引用的对象所在的数据库不一定总是当前的数据库。在引用数据表时需要使用数据库来限定数据表名称。

```
SELECT * FROM StudScore_DB.dbo.StudInfo
SELECT * FROM StudScore_DB..StudInfo
```

③ 在FROM子句中指定的数据表和视图可能包含相同的字段名称，外键字段名称很可

能与相应的主键字段名称相同。因此，为了避免字段引用时的歧义，必须使用数据表或视图名称来限定字段名称。

```
SELECT StudInfo.StudNo,StudName,ClassInfo.ClassID,ClassName
FROM StudInfo,ClassInfo
WHERE StudInfo.ClassID=ClassInfo.ClassID
```

3.7.2 SELECT 子句

SELECT 子句指定需要通过查询返回的表的列。

语法：

```
SELECT [ ALL | DISTINCT ]
   [ TOP n [PERCENT] [ WITH TIES] ]
   <select_list>
   <select_list> ::=
   { *
   | { table_name | view_name | table_alias }.*
   | { column_name | expression | IDENTITYCOL | ROWGUIDCOL }
    [ [AS] column_alias ]
   | column_alias = expression
} [,...n]
```

参数：

✧ ALL：指明查询结果中可以显示值相同的列，ALL 是系统默认的。

✧ select_list：是所要查询的表的列的集合，多个列之间用逗号分开。

✧ *：通配符返回所有对象的所有列。

✧ table_name | view_name | table_alias.*：限制通配符*的作用范围，凡是带*的项均返回其中所有的列。

✧ column_name：指定返回的列名。

✧ expression：表达式可以为列名常量函数或它们的组合。

✧ IDENTITYCOL：返回 IDENTITY 列，如果 FROM 子句中有多个表含有 IDENTITY 列，则在 IDENTTYCOL 选项前必须加上表名，如 Table.IDENTITYCOL。

✧ ROWGUIDCOL：返回表的 ROWGUIDCOL 列同 IDENTITYCOL 选项相同，当要指定多个 ROWGUIDCOL 列时，选项前必须加上表名，如 Table.ROWGUIDCOL。

✧ column_alias：在返回的查询结果中用此别名替代列的原名 column_alias，可用于 ORDER BY 子句。但不能用于 WHERE、GROUP BY、HAVING 子句。

1. 简单查询

【例 3.22】查询学生信息表（StudInfo）所有记录。

```
SELECT StudNo,StudName,StudSex,StudBirthDay,ClassID FROM StudInfo
```

注意

可以使用符号*来选取表的全部列。

```
SELECT * FROM StudInfo
```

【例 3.23】查询学生信息表（StudInfo）部分列记录。

```
SELECT StudNo,StudName,ClassID FROM StudInfo
```

【例 3.24】在查询学生信息表（StudInfo）中使用连接列。

```
SELECT StudNo+StudName,StudName,StudSex, StudName, ClassID FROM StudInfo
```

【例 3.25】在查询学生信息表（StudScoreInfo）中使用计算列。

```
SELECT StudNo,CourseID,StudScore+5,StudScore*0.8 FROM StudScoreInfo
```

2. DISTINCT

使用 DISTINCT 关键字去除重复的记录。如果 DISTINCT 后有多个字段名，则是多个字段的组合不重复的记录。对于 Null 值被认为是相同的值。

【例 3.26】查询学生信息表（StudInfo）中不重复的性别记录。

```
SELECT DISTINCT StudSex FROM StudInfo
```

【例 3.27】查询学生信息表（StudInfo）中姓名和性别不重复的记录。

```
SELECT DISTINCT StudName,StudSex FROM StudInfo
```

3. TOP

在数据查询时，经常需要查询最好的、最差的、最前的、最后的几条记录，这时需要使用 TOP 关键字进行数据查询。

✧ TOP n [PERCENT]：指定返回查询结果的前 n 行数据，如果 PERCENT 关键字指定的话，则返回查询结果的前百分之 n 行数据。

✧ WITH TIES：此选项只能在使用了 ORDER BY 子句后才能使用，当指定此项时除了返回由 TOP n PERCENT 指定的数据行外，还要返回与 TOP n PERCENT 返回的最后一行记录中由 ORDER BY 子句指定的列的列值相同的数据行。

【例 3.28】查询学生信息表（StudInfo）中前 10 条的记录。

```
SELECT TOP 10 * FROM StudInfo
```

【例 3.29】查询学号为 20050319001 成绩中最高的 10 门成绩。

```
SELECT TOP 10 * FROM StudScoreInfo
WHERE StudNo='20050319001' ORDER BY StudScore DESC
```

【例 3.30】查询学号为 20050319001 成绩中的 20%条记录。

```
SELECT TOP 20 PERCENT * FROM StudScoreInfo WHERE StudNo='20050319001'
```

4. 别名运算

前面示例查询结果的表头以英文字段名显示，SQL 语言使用 AS 关键字进行别名运算（AS 可省略，但空格不能省略），可灵活指定查询结果各字段显示的名称。

【例 3.31】查询学生信息表（StudInfo）学号、姓名、班级编号信息，并以中文字段名显示。

```
SELECT StudNo As 学号,姓名=StudName,ClassID 班级编号 FROM StudInfo
```

【例 3.32】为字符串连接取别名。

```
SELECT StudNo+StudName As 学号姓名,性别='学生性别:'+StudSex FROM StudInfo
```

5. 使用 INTO 子句

INTO new_table_name 子句将查询的结果集创建一个新的数据表。参数 new_table_name 指定了新建的表的名称，新表的列由 SELECT 子句中指定的列构成，且查询结果各列必须具有唯一的名称，新表中的数据行是由 WHERE 子句指定的。但如果 SELECT 子句中指定了计算列，在新表中对应的列则不是计算列，而是一个实际存储在表中的列其中的数据，由执行 SELECT...INTO 语句时计算得出。

【例 3.33】将学生信息表（StudInfo）中查询的部分字段结果存储新表。

```
SELECT StudNo AS 学号,StudName 姓名,出生日期=StudBirthDay
INTO StudInfoBack
FROM StudInfo
```

【例 3.34】选择学生信息表（StudInfo）前 10 条记录插入新表中。

```
SELECT TOP 10 StudNo AS 学号,StudName 姓名,StudSex AS 性别
    INTO ChineseStudInfo
```

```
FROM StudInfo
```

3.7.3 FROM 子句

FROM 子句主要用来指定检索数据的来源，指定数据来源的数据表和视图的列表，该列表中的数据表名和视图名之间使用逗号分隔。只要 SELECT 子句中有要查询的列，就必须使用 FROM 子句。

语法：

```
[ FROM { < table_source > } [ ,...n ] ]
```

【例 3.35】使用表别名查询学生信息表（StudInfo）记录。

```
SELECT StudInfo.StudNo,StudInfo.StudName FROM StudInfo
SELECT S.StudNo,S.StudName FROM StudInfo AS S
SELECT S.StudNo 学号,S.StudName AS 姓名,'班级编号'=ClassID FROM StudInfo S
```

3.7.4 WHERE 子句

WHERE 子句指定用于限制返回的行的搜索条件。

语法：

```
WHERE < search_condition >
```

功能：

通过使用谓词限制结果集内返回的行。对搜索条件中可以包含的谓词数量没有限制。

查询或限定条件可以是：

✧ 比较运算符（如=、<>、<和>）。

✧ 范围说明（BETWEEN 和 NOT BETWEEN）。

✧ 可选值列表（IN、NOT IN）。

✧ 模式匹配（LIKE 和 NOT LIKE）。

✧ 是否为空值（IS NULL 和 IS NOT NULL）。

✧ 上述条件的逻辑组合（AND、OR、NOT）。

1．比较查询条件

比较查询条件由表达式的双方和比较运算符（见表 3.15）组成，系统将根据该查询条件的真假来决定某一条记录是否满足该查询条件，只有满足该查询条件的记录才会出现在最终结果集中。

text、ntext 和 image 数据类型不可以与比较运算符组合成查询条件。

表 3.15 比较运算符

运算符	含义	运算符	含义
=	等于	<>	不等于
>	大于	!>	不大于
<	小于	!<	不小于
>=	大于等于	!=	不等于
<=	小于等于		

【例 3.36】查询成绩大于 70 的学生成绩信息。

```
SELECT * FROM StudScoreInfo WHERE StudScore>70
```

【例 3.37】查询成绩 90 以上的学生成绩信息。

```
SELECT * FROM StudScoreInfo WHERE StudScore>=90
```

【例 3.38】查询学号为“20050319001”的学生信息。

```
SELECT * FROM StudInfo WHERE StudNo='20050319001'
```

【例 3.39】查询学号大于“20050319001”的学生信息。

```
SELECT * FROM StudInfo WHERE StudNo>'20050319001'
```

【例 3.40】查询 1985 年 1 月 1 日以后出生的学生信息。

```
SELECT * FROM StudInfo WHERE StudBirthDay>='1985/01/01'
```

【例 3.41】查询性别不为“男”的学生信息。

```
SELECT * FROM StudInfo WHERE StudSex<>'男'
```

2．逻辑运算符

（1）逻辑与（AND）

连接两个布尔型表达式并当两个表达式都为 TRUE 时返回 TRUE。当语句中有多个逻辑运算符时，AND 运算符将首先计算。可以通过使用括号更改计算次序。

【例 3.42】查询学生成绩 60 到 70 分的所有记录。

```
SELECT * FROM StudScoreInfo WHERE StudScore>=60 AND StudScore<=70
```

（2）逻辑或（OR）

将两个条件结合起来。当在一个语句中使用多个逻辑运算符时，在 AND 运算符之后求 OR 运算符的值。但是，通过使用括号可以更改求值的顺序。

【例 3.43】查询学号为 20050319002 或 99070405 的学生信息。

```
SELECT * FROM StudInfo WHERE StudNo='20050319002' OR StudNo='99070405'
```

（3）逻辑非（NOT）

用于反转查询条件的结果，即对指定的条件取反。

【例 3.44】查询性别为“女”的学生信息。

```
SELECT * FROM StudInfo WHERE NOT StudSex='男'
```

括号优先，逻辑运算符的优先级为 NOT>AND>OR。

【例 3.45】查询学号为 20050319001，成绩 80 分以上的所有成绩记录。

```
SELECT * FROM StudScoreInfo
WHERE StudNo='20050319001' AND StudScore>=80
```

【例 3.46】查询学号为 20050319001，成绩在 90 到 100 分的学生成绩记录。

```
SELECT * FROM StudScoreInfo
WHERE StudNo='20050319001' AND StudScore>=90 AND StudScore<=100
```

【例 3.47】使用 NOT 和 AND 运算符查询学生成绩小于等于 80 分的所有记录。

```
SELECT * FROM StudScoreInfo
WHERE NOT StudScore>80 AND StudScore<=90
```

【例 3.48】使用 NOT 和 OR 运算符查询学生成绩表小于等于 90 分的记录。

```
SELECT * FROM StudScoreInfo
WHERE NOT StudScore>80 OR StudScore<=90
```

【例 3.49】括号优先，查询结果为空集。

```
SELECT * FROM StudScoreInfo
WHERE NOT (StudScore>80 OR StudScore<=90)
```

3．范围查询条件

内含范围条件（BETWEEN…AND…）：要求返回记录某个字段的值在两个指定值范围内，同时包括这两个指定的值。

排除范围条件（NOT BETWEEN…AND…）：要求返回记录某个字段的值在两个指定值范围以外，并不包括这两个指定的值。

【例 3.50】查询学生成绩在 70 到 80 分之间的学生成绩记录。

方法 1：使用 BETWEEN…AND…

```
SELECT * FROM StudScoreInfo
WHERE StudScore BETWEEN 70 AND 80
```

方法 2：使用逻辑运算符 AND

```
SELECT * FROM StudScoreInfo
WHERE StudScore>=70 AND StudScore<=80
```

【例 3.51】查询学生成绩不在 70 到 80 分之间的学生成绩记录。

方法 1：使用 NOT BETWEEN…AND…

```
SELECT * FROM StudScoreInfo
WHERE StudScore NOT BETWEEN 70 AND 80
```

方法 2：使用逻辑运算符 OR

```
SELECT * FROM StudScoreInfo
WHERE StudScore<70 OR StudScore>80
```

【例 3.52】查询学号为 20050319001，成绩在[90,100]之间的所有记录。

方法 1：使用 BETWEEN…AND…

```
SELECT * FROM StudScoreInfo
WHERE StudNo='20050319001' AND StudScore BETWEEN 90 AND 100
```

方法 2：使用逻辑运算符 AND

```
SELECT * FROM StudScoreInfo
WHERE StudScore>=90 AND StudScore<=100 AND StudNo= '20050319001'
```

【例 3.53】查询学生成绩在[60,70]或者成绩在[80,90]的记录。

方法 1：使用 BETWEEN…AND…和逻辑运算符 OR

```
SELECT * FROM StudScoreInfo
WHERE StudScore BETWEEN 60 AND 70 OR StudScore BETWEEN 80 AND 90
```

方法 2：使用逻辑运算符 AND 和 OR

```
SELECT * FROM StudScoreInfo
WHERE StudScore>=60 AND StudScore<=70 OR StudScore>=80 AND StudScore<=90
```

4．列表查询条件

包含列表查询条件的查询将返回所有与列表中的任意一个值匹配的记录，通常使用 IN 关键字来指定列表查询条件。

IN 关键字的格式为：

IN（列表值 1，列表值 2，…）

列表中的项目之间必须使用逗号分隔，并且括在括号中。

【例 3.54】查询学号为 20050319001 或学号为 99070405 的学生基本信息。

方法 1：使用 IN 关键字

```
SELECT * FROM StudInfo
WHERE StudNo IN ('20050319001', '99070405')
```

方法 2：使用逻辑运算符 OR

```
SELECT * FROM StudInfo
WHERE StudNo='20050319001' OR StudNo='99070405'
```

【例 3.55】查询学号不为 20050319001 和 99070405 的学生基本信息。

```
SELECT * FROM StudInfo
WHERE StudNo NOT IN('20050319001','99070405')
```

5. **模式查询条件**

模式查询条件常用来返回符合某种格式的所有记录，通常使用 LIKE 或 NOT LIKE 关键字来指定模式查询条件。

LIKE 关键字使用通配符来表示字符串需要匹配的模式，如表 3.16 和表 3.17 所示。

表 3.16 LIKE 通配符一览表

通配符	描述	示例
%	包含零个或更多字符的任意字符串	WHERE StudName LIKE '%丽%' 查询学生姓名中含有“丽”的学生信息
_	下画线代表任何单个字符	WHERE StudName LIKE '_丽' 查询学生姓名为两个字且以“丽”字结尾的学生信息
[ ]	指定范围（[a-f]）或集合（[abcdef]）中的任何单个字符	WHERE CourseID LIKE '[A-C]%' 查询课程编号以 A～C 之间开头的学生成绩信息
[^]	不属于指定范围（[a-f]）或集合（[abcdef]）的任何单个字符	WHERE StudName LIKE '[李^敏]%' 查询学生姓名以李字开头且第二个字不为敏的学生信息

表 3.17 通配符作为文字和[ ]通配符一览表

符号	含义
LIKE '5[%]'	5%
LIKE '[_]n'	_n
LIKE '[a-cdf]'	a、b、c、d 或 f
LIKE '[-acdf]'	-、a、c、d 或 f
LIKE '[[ ]'	[
LIKE ']'	]
LIKE 'abc[_]d%'	abc_d 和 abc_de
LIKE 'abc[def]'	abcd、abce 和 abcf

【例 3.56】查询姓名以“胡”字开头的学生基本信息。

```
SELECT * FROM StudInfo
WHERE StudName LIKE '胡%'
```

【例 3.57】查询姓名中包含“文”字的学生基本信息。

```
SELECT * FROM StudInfo
WHERE StudName LIKE '%文%'
```

【例 3.58】查询姓名第二个字为“丽”字的学生基本信息。

```
SELECT * FROM StudInfo
WHERE StudName LIKE '_丽%'
```

6. **空值判断查询条件**

空值判断查询条件常用来查询某一字段值为空值的记录，可以使用 IS NULL 或 IS NOT NULL 关键字来指定这种查询条件。

NULL 值表示字段的数据值未知或不可用，它并不表示零（数字值或二进制值）、零长度的字符串或空白（字符值）。

【例 3.59】查询班级描述为空的班级信息。

```
SELECT * FROM ClassInfo
WHERE ClassDesc IS NULL
```

【例 3.60】查询班级描述不为空的班级信息。

```
SELECT * FROM ClassInfo
WHERE ClassDesc IS NOT NULL
```

3.7.5 GROUP BY 子句

按指定的条件进行分类汇总，并且如果 SELECT 子句<SELECT list>中包含聚合函数，则计算每组的汇总值。

语法：

```
[GROUP BY [ ALL ] group_by_expression [ ,...n ]]
```

参数：

✧ ALL：包含所有组和结果集，如果访问远程表的查询中有 WHERE 子句，则不支持 GROUP BY ALL 操作。

✧ group_by_expression：是对其执行分组的表达式，group_by_expression 也称为分组列。在选择列表内定义的列的别名不能用于指定分组列。注意：在使用 GROUP BY 子句，只有聚合函数和 GROUP BY 分组的字段才能出现在 SELECT 子句中。

1．聚合函数

聚合函数（例如 SUM、AVG、COUNT、COUNT（*）、MAX 和 MIN）在查询结果集中生成汇总值。聚合函数（除 COUNT（*）以外）处理单个列中的全部所选的值以生成一个结果值。聚合函数可以应用于表中的所有行、WHERE 子句指定的表的子集或表的中的一组或多组行。应用聚合函数后，每组行都将生成一个值，如表 3.18 所示。

表 3.18 应用聚合函数

聚合函数	结果
SUM（[ALL | DISTINCT] expression）	数字表达式中所有值的和
AVG（[ALL | DISTINCT] expression）	数字表达式中所有值的平均值
COUNT（[ALL | DISTINCT] expression）	表达式中值的个数
COUNT（*）	选定的行数
MAX（expression）	表达式中的最高值
MIN（expression）	表达式中的最低值

【例 3.61】统计所有成绩平均分。

```
SELECT AVG (StudScore) FROM StudScoreInfo
```

【例 3.62】统计学号为“20050319001”的学生成绩平均分。

```
SELECT AVG (StudScore) FROM StudScoreInfo
WHERE StudNo='20050319001'
```

【例 3.63】统计学号为“20050319001”的学生成绩记录条数（即课程门数）。

```
SELECT COUNT (*) FROM StudScoreInfo
WHERE StudNo='20050319001'
```

【例3.64】统计学号为“20050319001”的学生成绩平均分、课程门数，并指定别名。

```
SELECT AVG (StudScore) AS AvgScore,CourseCount=COUNT (*)
FROM StudScoreInfo
WHERE StudNo='20050319001'
```

【例3.65】统计学号为“20050319001”的学生成绩总分、最高分、最低分、平均分、课程门数。

```
SELECT SUM (StudScore), MAX (StudScore), MIN (StudScore),
AVG (StudScore) AS AvgScore,CourseCount=COUNT (*)
FROM StudScoreInfo
WHERE StudNo='20050319001'
```

【例3.66】统计学号为“20050319001”的学生成绩总分、最高分、最低分、平均分、课程门数及计算平均分。

```
SELECT SUM (StudScore), MAX (StudScore), MIN(StudScore),
   AVG (StudScore), COUNT (*),SUM (StudScore)/COUNT (*) AvgScore
FROM StudScoreInfo
WHERE StudNo='20050319001'
```

2. GROUP BY和聚合函数

聚合函数通常与GROUP BY子句一起使用，对给定字段分组之后的结果进行分类汇总。

【例3.67】统计各学生的平均分。

```
SELECT StudNo,AVG (StudScore) AvgScore
FROM StudScoreInfo
GROUP BY StudNo
```

【例3.68】统计各学生的平均分，使用CAST函数保留小数位数。

```
SELECT StudNo,CAST (AVG (StudScore) AS Numeric (4,1) ) AvgScore
FROM StudScoreInfo
GROUP BY StudNo
```

【例3.69】统计各学生所上的课程门数。

```
SELECT StudNo,Count (*) CourseCount
FROM StudScoreInfo
GROUP BY StudNo
```

【例3.70】统计各学生的平均分和所上的课程门数。

```
SELECT StudNo,COUNT (*) CourseCount,CAST (AVG(StudScore) AS Numeric(4,1) ) AvgScore
FROM StudScoreInfo
GROUP BY StudNo
```

【例3.71】统计各学生的总分、课程门数、平均分和计算平均分。

```
SELECT StudNo, SUM (StudScore) AS SumScore,COUNT (*) CourseCount,
CAST (AVG(StudScore) AS Numeric(4,1) ) AvgScore1,
SUM (StudScore)/COUNT(*) AS AvgScore2
FROM StudScoreInfo
GROUP BY StudNo
```

3.7.6 HAVING子句

HAVING子句指定分组搜索条件，是对分组之后的结果再次筛选。HAVING子句必须与GROUP BY子句一起使用，有HAVING子句必须有GROUP BY子句，但有GROUP BY子句可以没有HAVING子句。

HAVING语法与WHERE语法类似，其区别在于WHERE子句在进行分组操作之前对查询结果进行筛选；而HAVING子句搜索条件对分组操作之后的结果再次筛选。同时作用的对象也不同，WHERE子句作用于表和视图，HAVING子句作用于组。

但HAVING子句可以包含聚合函数，且可以引用选择列表中出现的任意项。

【例 3.72】查询平均分 80 分以上的学生记录，使用 HAVING 子句。

```
SELECT StudNo,SUM(StudScore) AS SumScore,COUNT(*) CourseCount,
    CAST(AVG(StudScore) AS Numeric(4,1) ) AvgScore
FROM StudScoreInfo
GROUP BY StudNo
HAVING AVG(StudScore)>=80
```

【例 3.73】统计学生课程成绩为 80 分以上的学生平均分，使用 WHERE 子句。

```
SELECT StudNo,SUM(StudScore) AS SumScore,COUNT(*) CourseCount,
    CAST (AVG(StudScore) AS Numeric (4,1) ) AvgScore
FROM StudScoreInfo
WHERE StudScore>=80
GROUP BY StudNo
```

【例 3.74】统计重修 10 门以上的学生平均分信息，同时使用 WHERE 和 HAVING 子句。

```
SELECT StudNo,AVG (StudScore) AS AvgScore
FROM StudScoreInfo
WHERE StudScore<60
GROUP BY StudNo
HAVING COUNT (*)>=10
```

3.7.7 ORDER BY 子句

ORDER BY 子句指定查询结果的排序方式。

语法：

```
ORDER BY {order_by_expression [ ASC | DESC ] } [,...n]
```

参数：

✧ order_by_expression：指定排序的规则 order_by_expression 可以是表或视图的列的名称或别名。如果 SELECT 语句中没有使用 DISTINCT 选项或 UNION 操作符，那么 ORDER BY 子句中可以包含 Select_list 中没有出现的列名或别名。ORDER BY 子句中也不能使用 TEXT、NTEXT 和 IMAGE 数据类型。

✧ ASC：指明查询结果按升序排列，这是系统默认值。

✧ DESC：指明查询结果按降序排列。

将根据查询结果中的一个字段或多个字段对查询结果进行排序，升序为 ASC，降序为 DESC。

【例 3.75】查询学号为“20050319001”的学生成绩记录，并按成绩高低排序。

```
SELECT * FROM StudScoreInfo WHERE StudNo='20050319001'
ORDER BY StudScore DESC
```

【例 3.76】查询学号为“20050319001”的学生成绩记录，并按成绩高低排序，成绩相同的按课程编号升序排序。

```
SELECT * FROM StudScoreInfo WHERE StudNo='20050319001'
ORDER BY StudScore DESC,CourseID ASC
```

【例 3.77】统计各学生平均分，并按平均分高低排序。

```
SELECT StudNo , AVG (StudScore) AS 平均分
FROM StudScoreInfo
GROUP BY StudNo
ORDER BY 平均分 DESC
```

PART 4 第4章 SQL高级查询技术

本章介绍多个表之间的关联查询、UNION子句的使用、子查询概念及使用、左连接、右连接、全连接查询及实用SQL语句的使用等内容。通过本章介绍，要求读者掌握SQL高级查询技术，灵活应用关联表查询、UNION子句、子查询、左连接、右连接、全连接解决实际问题。

4.1 关联表查询

前面介绍的SQL简单查询和统计都是基于单个数据表来实现的。因数据库中的各个表中存放着不同的数据，往往需要用多个表中的数据来组合查询出所需要的信息。所谓多表查询是相对单表而言的，指从多个数据表中查询数据。等值多表查询将按照等值的条件查询多个数据表中关联的数据。要求关联的多个数据表的某些字段具有相同的属性，即具有相同的数据类型、宽度和取值范围。这里介绍使用WHERE子句关联表实现等值多表查询。

4.1.1 双表关联查询

表之间的连接是通过相等的字段值连接起来的查询称为等值连接查询。

【例4.1】查询学生的基本信息和成绩信息。

```
SELECT *
FROM StudInfo,StudScoreInfo
WHERE StudInfo.StudNo=StudScoreInfo.StudNo
```

【例4.2】查询两个表中的需要的字段信息。

```
SELECT StudInfo.StudNo,StudInfo.StudName,StudInfo.StudSex,
    StudScoreInfo.CourseID,StudScoreInfo.StudScore
FROM StudInfo,StudScoreInfo
WHERE StudInfo.StudNo=StudScoreInfo.StudNo
```

【例4.3】使用表别名进行双表关联查询。

```
SELECT S.StudNo,S.StudName,S.StudSex,SS.CourseID,SS.StudScore
FROM StudInfo S,StudScoreInfo AS SS
WHERE S.StudNo=SS.StudNo
```

【例4.4】使用表别名、字段别名、逻辑运算符AND查询满足条件记录。

```
SELECT S.StudNo 学号,S.StudName AS 姓名,性别=S.StudSex,
    SS.CourseID AS '课程编号','成绩'=SS.StudScore
FROM StudInfo S,StudScoreInfo AS SS
WHERE S.StudNo=SS.StudNo AND S.StudNo='20050319001'
```

4.1.2 多表关联查询

在实际应用中，需要将多个数据表进行关联查询。超过两个数据表的关联查询称为多表关联查询。

【例 4.5】查询学生的基本信息、班级信息和成绩信息。

```
SELECT StudInfo.StudNo,StudName,StudSex,StudBirthDay,
    ClassInfo.ClassID,ClassName,
    CourseID,StudScore
FROM ClassInfo,StudInfo,StudScoreInfo
WHERE ClassInfo.ClassID=StudInfo.ClassID AND StudInfo.StudNo=StudScoreInfo.StudNo
```

【例 4.6】查询学生的基本信息、班级信息、课程信息和成绩信息。

```
SELECT S.StudNo,StudName,StudSex,StudBirthDay,
    C.ClassID,ClassName,
    CI.CourseID,CourseName,CourseType,CourseCredit,
    StudScore
FROM ClassInfo C,StudInfo S,CourseInfo CI,StudScoreInfo SI
WHERE C.ClassID=S.ClassID AND S.StudNo=SI.StudNo AND CI.CourseID=SI.CourseID
```

4.1.3 关联表统计

在前面的单表学生成绩统计中，可以统计各学生的总分、平均分、最高分、最低分、课程门数信息，但统计结果没有包含学生姓名信息。因学生成绩信息表（StudScoreInfo）中并不包含学生姓名字段，而学生姓名字段属于学生信息表（StudInfo），所以必须先将两表通过学号字段进行关联查询，然后进行关联表统计。

【例 4.7】统计各学生平均分，结果包含学号、姓名、平均分字段信息。

```
SELECT S.StudNo,StudName,AVG (StudScore) AS AvgScore
FROM StudInfo S,StudScoreInfo SI
WHERE S.StudNo=SI.StudNo
GROUP BY S.StudNo,StudName
```

从上面的语句可以看出，首先将学生信息表和学生成绩表通过学号进行关联，因两表中同时存在学号（StudNo）字段，所以这里为表指定了别名，然后以别名对学号字段进行限制。因使用了 GROUP BY 子句，所以只有 GROUP BY 后面的字段和聚合函数统计字段才能放在 SELECT 子句后面。查询结果要求显示学号、姓名字段，所以必须将学号和姓名字段放在 GROUP BY 子句后面。

【例 4.8】统计各学生的平均分，结果包含学号、姓名、性别、班级名称、最高分、最低分、课程门数、平均分的字段信息。

```
SELECT S.StudNo,StudName,StudSex,ClassName,
MAX (StudScore) MaxScore,MIN (StudScore) MinScore,COUNT (*)CourseCount,
AVG (StudScore) AS AvgScore
FROM ClassInfo C,StudInfo S,StudScoreInfo SI
WHERE C.ClassID=S.ClassID AND S.StudNo=SI.StudNo
GROUP BY S.StudNo,StudName,StudSex,ClassName
```

4.2 使用 UNION 子句

UNION 运算符将两个或多个 SELECT 语句的结果组合成一个结果集。使用 UNION 组合的结果集都必须满足下列条件：

① 具有相同的结构。

② 字段数目相同。

③ 结果集中相应字段的数据类型必须兼容。

注意：

① UNION 中的每一个查询所涉及的列必须具有相同的列数、相同的数据类型，并以相同的顺序出现。

② 最后结果集中的列名来自第一个 SELECT 语句。

③ 若 UNION 中包含 ORDER BY 子句，则将对最后的结果集排序。

④ 在合并结果集时，默认从最后的结果集中删除重复的行，除非使用 ALL 关键字。

UNION 运算符的指定格式如下：

```
SELECT 语句
UNION [ALL]
SELECT 语句
```

【例 4.9】 Union 连接多个结果集。

```
SELECT * FROM StudScoreInfo WHERE StudScore>=60 AND StudScore<=70
UNION ALL
SELECT * FROM StudScoreInfo WHERE StudScore>=90 AND StudScore<=100
```

--与上面语句等价的语句

```
SELECT * FROM StudScoreInfo
WHERE StudScore>=90 AND StudScore<=100 OR StudScore>=60 AND StudScore<=70
```

【例 4.10】 使用 Union 连接不同的结果集。

```
SELECT StudName FROM StudInfo WHERE StudSex='男'
UNION
SELECT CourseName FROM CourseInfo
UNION
SELECT ClassName FROM ClassInfo
```

【例 4.11】 使用 Union 统计课程编号为“B020101”的各分数段人数。

SELECT '优秀' AS 等级,'[90,100]' AS 分数段,COUNT（*）AS 人数

```
FROM StudScoreInfo
WHERE CourseID='B020101' AND StudScore BETWEEN 90 AND 100
UNION
```

SELECT '良好' AS 等级,'[80,90）' AS 分数段,COUNT（*）AS 人数

```
FROM StudScoreInfo
WHERE CourseID='B020101' AND StudScore>=80 AND StudScore<90
UNION
```

SELECT '中等' AS 等级,'[70,80）' AS 分数段,COUNT（*）AS 人数

```
FROM StudScoreInfo
WHERE CourseID='B020101' AND StudScore>=70 AND StudScore<80
UNION
```

SELECT '及格' AS 等级,'[60,70）' AS 分数段,COUNT（*）AS 人数

```
FROM StudScoreInfo
WHERE CourseID='B020101' AND StudScore>=60 AND StudScore<70
UNION
```

SELECT '不及格' AS 等级,'[0,60）' AS 分数段,COUNT（*）AS 人数

```
FROM StudScoreInfo
WHERE CourseID='B020101' AND StudScore<60
```

4.3 子查询

4.3.1 子查询的概念

在 SQL 语言中，当一个查询语句嵌套在另一个查询的查询条件之中时称为嵌套查询，又称子查询。嵌套查询是指在一个外层查询中包含另一个内层查询，其中，外层查询称为主查询，内层查询称为子查询。通常情况下，使用嵌套查询中的子查询先挑选出部分数据，以作为主查询的数据来源或搜索条件。子查询总是写在圆括号中，任何允许使用表达式的地方都可以使用子查询。

许多包含子查询的 Transact-SQL 语句都可以改用连接表示。在 Transact-SQL 中，包含子查询的语句和语义上等效的不包含子查询的语句在性能上通常没有差别。但是，在一些必须检查存在性的情况中，使用连接会产生更好的性能。否则，为确保消除重复值，必须为外部查询的每个结果都处理嵌套查询。所以在这些情况下，连接方式会产生更好的效果。

下面是有关子查询的几点说明。

① 子查询通常需要包括以下组件：

✧包含标准选择列表组件的标准 SELECT 查询。

✧包含一个或多个表或者视图名的标准 FROM 子句。

✧可选的 WHERE 子句。

✧可选的 GROUP BY 子句。

✧可选的 HAVING 子句。

② 子查询的 SELECT 语句通常使用圆括号括起来。

③ 子查询的 SELECT 语句中不能包含 COMPUTE 子句。

④ 除非在子查询中使用了 SET TOP 子句，否则子查询中不能包含 ORDER BY 子句。

⑤ 子查询可以嵌套在外部的 SELECT、INSERT、UPDATE 或 DELETE 语句的 WHERE 或 HAVING 子句内，或者其他子查询中。

⑥ 如果某个数据表只出现在子查询中，而不出现在主查询中，那么在数据列表中不能包含该数据表中的字段。

⑦ 包含子查询的语句通常采用以下格式：

✧ WHERE 表达式 [NOT] IN (子查询)。

✧ WHERE 表达式比较运算符 [ANY | ALL] (子查询)。

✧ WHERE [NOT] EXISTS (子查询)。

子查询是 SQL 语句的扩展，其语句形式如下：

```
SELECT <目标表达式 1>[ ]
FROM <表或视图名 1>
WHERE [表达式] SELECT <目标表达式 2>[ ]
FROM <表或视图名 2>
[GROUP BY <分组条件>
HAVING [<表达式>比较运算符] SELECT <目标表达式 2>[ ]
    FROM <表或视图名 2> ]
```

4.3.2 子查询的应用

1．使用 IN 关键字

IN 关键字在大多数情况下应用于嵌套查询（也称子查询）中，通常首先使用 SELECT 语句选定一个范围，然后将选定的范围作为 IN 关键字的符合条件的列表，从而得到最终的结果集。

语法：

```
test_expression [ NOT ] IN
(
subquery
| expression [ ,...n ]
)
```

参数：

✧ test_expression：是任何有效的 Microsoft® SQL Server™ 表达式。

✧ subquery：是包含某列结果集的子查询。该列必须与 test_expression 有相同的数据类型。

✧ expression [,...n]：一个表达式列表，用来测试是否匹配。所有的表达式必须和 test_expression 具有相同的类型。

【例 4.12】查询课程成绩有考满分的学生信息。

```
SELECT *
FROM StudInfo
WHERE StudNo IN (
     SELECT StudNo
     FROM StudScoreInfo
     WHERE StudScore=100 )
```

【例 4.13】查询学生平均分大于 80 的学生信息。

```
SELECT * FROM StudInfo
WHERE StudNo IN (
SELECT StudNo
FROM StudScoreInfo
GROUP BY StudNo
HAVING AVG (StudScore)>80)
```

【例 4.14】查询重修 10 门以上的学生信息。

```
SELECT *
FROM StudInfo
WHERE StudNo IN (
     SELECT StudNo
     FROM StudScoreInfo
     WHERE StudScore<60
     GROUP BY StudNo
     HAVING COUNT (*)>=10)
```

除了 IN 关键字外，还可以使用 NOT IN 关键字来进行列表查询。NOT IN 的含义与 IN 关键字正好相反，查询结果将返回不在列表范围内的所有记录。

【例 4.15】查询班级人数低于 20 人的班级信息。

```
SELECT *
FROM ClassInfo
WHERE ClassID NOT IN (
     SELECT ClassID
     FROM StudInfo
     GROUP BY ClassID
     HAVING COUNT (*)>=20)
```

【例 4.16】查询同名同性别的学生信息，注意使用多字段连接子查询。

```
SELECT * FROM StudInfo
WHERE StudName+'_'+StudSex In (
    SELECT StudName+'_'+StudSex
    FROM StudInfo
    GROUP BY StudName,StudSex
    HAVING COUNT (*)>1)
```

2. 使用比较运算符

使用子查询进行单值比较时，需要注意以下几点：

① 返回单值子查询，只返回一行一列。

② 主查询与单值子查询之间用比较运算符进行连接。

③ 运算符：>、>=、<、<=、=、<>。

【例 4.17】查询课程编号为“B020101”且高于该门课程平均分的学生成绩信息。

```
SELECT *
FROM StudScoreInfo
WHERE CourseID='B020101' AND StudScore> (
      SELECT AVG (StudScore)
      FROM StudScoreInfo
      WHERE CourseID='B020101')
```

3. 使用 SOME/ANY 关键字

SOME 的嵌套查询是通过比较运算符将一个表达式的值或列值与子查询返回的一列值中的每一个进行比较，如果哪行的比较结果为真，满足条件就返回该行。ANY 和 SOME 关键字完全等价。

语法：

```
scalar_expression { = | <> | != | > | > = | ! > | < | < = | ! < }
{ SOME | ANY } (subquery )
```

参数：

✧ scalar_expression：是任何有效的 Microsoft® SQL Server™ 表达式。

✧ { = | <> | != | > | >= | !> | < | <= | !< }：是任何有效的比较运算符。

✧ SOME | ANY：指定应进行比较。

✧ subquery：是包含某列结果集的子查询。所返回列的数据类型必须是与 scalar_expression 相同的数据类型。

【例 4.18】查询学生成绩高于课程最低分的成绩信息。

```
SELECT * FROM StudScoreInfo
WHERE StudScore>ANY (SELECT StudScore FROM StudScoreInfo)
```

--SOME 和 ANY 等价

```
SELECT * FROM StudScoreInfo
WHERE StudScore>SOME (SELECT StudScore FROM StudScoreInfo)
```

--使用单值比较运算符，执行结果与 ANY、SOME 相同

```
SELECT * FROM StudScoreInfo
WHERE StudScore>(SELECT MIN (StudScore) FROM StudScoreInfo)
```

4. 使用 ALL 关键字

ALL 的嵌套查询是把列值与子查询结果进行比较，但是它要求所有的列的查询结果都为真，否则不返回行。

语法：

```
scalar_expression { = | <> | != | > | >= | !>| < | <= | !< } ALL ( subquery )
```

参数：

✧ scalar_expression：是任何有效的 Microsoft® SQL Server™ 表达式。

✧ { = | <> | != | > | >= | !> | < | <= | !< }：是比较运算符。

✧ subquery：是返回单列结果集的子查询。返回列的数据类型必须与 scalar_expression 的数据类型相同。它是受限的 SELECT 语句（不允许使用 ORDER BY 子句、COMPUTE 子句和 INTO 关键字）。

【例 4.19】查询所有学生成绩最高的成绩信息。

```
SELECT * FROM StudScoreInfo
WHERE StudScore>=ALL (SELECT StudScore FROM StudScoreInfo)
```

--使用单值比较运算符，执行结果与 ALL 相同

```
SELECT * FROM StudScoreInfo
WHERE StudScore>=(SELECT MAX(StudScore) FROM StudScoreInfo)
```

5. 使用 EXISTS 关键字

指定一个子查询，检测行的存在。EXISTS 搜索条件并不真正地使用子查询的结果。它仅仅检查子查询是否返回了任何结果。因此 EXISTS 谓词子查询中的 SELECT 子句可用任意列名，或多个列名或用*号。

语法：

```
EXISTS subquery
```

参数：

✧ subquery：是一个受限的 SELECT 语句（不允许有 COMPUTE 子句和 INTO 关键字）。

【例 4.20】查询学生课程成绩存在考 100 分的学生信息。

```
SELECT * FROM StudInfo
WHERE EXISTS (SELECT * FROM StudScoreInfo
WHERE StudScoreInfo.StudNo=StudInfo.StudNo AND StudScore=100)
```

4.4 连接查询

如果一个查询需要对多个表进行操作，就称为连接查询。连接查询的结果集或结果表称为表之间的连接。连接查询实际上是通过各个表之间共同列的关联性来查询数据的，它是关系数据库查询最主要的特征。

连接查询分为等值连接查询、非等值连接查询、自连接查询、外部连接查询和复合条件连接查询。

SQL-92 标准所定义的 FROM 子句的连接语法格式为：

语法：

```
FROM join_table join_type join_table
[ON (join_condition)]
```

参数：

✧ join_table：指出参与连接操作的表名，连接可以对同一个表操作，也可以对多表操作，对同一个表操作的连接又称作自连接。

✧ join_type：指出连接类型，可分为三种，即内连接、外连接和交叉连接。

✧ ON（join_condition）：连接操作中的 ON（join_condition）子句指出连接条件，它由被连接表中的列和比较运算符、逻辑运算符等构成。

无论哪种连接都不能对 text、ntext 和 image 数据类型列进行直接连接。

4.4.1 内连接查询

内连接查询（INNER JOIN）使用比较运算符进行表间某（些）列数据的比较操作，并列出这些表中与连接条件相匹配的数据行。在内连接查询中，只有满足连接条件的元组才能出现在结果关系中。根据所使用的比较方式不同，内连接又分为等值连接、自然连接和非等值连接三种。

1．等值连接

在连接条件中使用等于（=）运算符比较被连接列的列值，其查询结果中列出被连接表中的所有列，包括其中的重复列。

2．非等值连接

在连接条件中使用除等于运算符以外的其他比较运算符比较被连接列的列值。这些运算符包括>、>=、<=、<、!>、!<和<>。

3．自然连接

在连接条件中使用等于（=）运算符比较被连接列的列值，查询所涉及的两个关系模式有公共属性，且公共属性值相等，相同的公共属性只在结果关系中出现一次。

内连接查询的语法如下：

```
SELECT select_list FROM {< table_source >< join_type >< table_source > [ ,...n ] ON < search_condition >}
< join_type > ::= INNER [OUTER] JOIN
```

【例 4.21】查询学生的基本信息和成绩信息。

```
SELECT *
FROM StudInfo INNER JOIN StudScoreInfo
ON StudInfo.StudNo=StudScoreInfo.StudNo
```

【例 4.22】查询两个表中的关心的字段信息。

```
SELECT StudInfo.StudNo,StudInfo.StudName,StudInfo.StudSex,
    StudScoreInfo.CourseID,StudScoreInfo.StudScore
FROM StudInfo INNER JOIN StudScoreInfo
ON StudInfo.StudNo=StudScoreInfo.StudNo
```

【例 4.23】查询学生的基本信息、班级信息和成绩信息。

```
SELECT StudInfo.StudNo,StudName,StudSex,StudBirthDay,
       ClassInfo.ClassID,ClassName,
       CourseID,StudScore
FROM ClassInfo INNER JOIN StudInfo
       ON ClassInfo.ClassID=StudInfo.ClassID
INNER JOIN StudScoreInfo
       ON StudInfo.StudNo=StudScoreInfo.StudNo
```

【例 4.24】查询男学生的基本信息、班级信息、课程信息和成绩信息。

```
SELECT StudInfo.StudNo,StudName,StudSex,StudBirthDay,
       ClassInfo.ClassID,ClassName,
       CourseInfo.CourseID,CourseName,CourseType,CourseCredit,
       StudScore
FROM ClassInfo INNER JOIN StudInfo
       ON ClassInfo.ClassID=StudInfo.ClassID
    INNER JOIN StudScoreInfo
       ON StudInfo.StudNo=StudScoreInfo.StudNo
    INNER JOIN CourseInfo
       ON CourseInfo.CourseID=StudScoreInfo.CourseID
WHERE StudSex='男'
```

4.4.2 外连接查询

外连接分为左连接（LEFT OUTER JOIN 或 LEFT JOIN）、右连接（RIGHT OUTER JOIN 或 RIGHT JOIN）和全连接（FULL OUTER JOIN 或 FULL JOIN）三种。与内连接不同的是，外连接不只列出与连接条件相匹配的行，而是列出左表（左外连接时）、右表（右外连接时）或两个表（全外连接时）中所有符合搜索条件的数据行。

外连接的语法如下：

```
SELECT select_list FROM {< table_source >< join_type >< table_source > [ ,...n ]
            ON < search_condition > }
< join_type > ::= LEFT | RIGHT | FULL [OUTER] JOIN
```

1. 左连接

左外连接的结果集包括 LEFT JOIN 或 LEFT OUTER JOIN 子句中指定的左表的所有行，而不仅仅是连接列所匹配的行。如果左表的某行在右表中没有匹配行，则在相关联的结果集行中右表的所有选择列表列均为空值。

【**例 4.25**】查询所有的学生信息和学生成绩信息。

```
SELECT StudInfo.StudNo,StudInfo.StudName,
   StudScoreInfo.CourseID,StudScoreInfo.StudScore
FROM StudInfo Left Outer Join StudScoreInfo
   ON StudInfo.StudNo=StudScoreInfo.StudNo
```

2. 右连接

右外连接使用 RIGHT JOIN 或 RIGHT OUTER JOIN 子句，是左向外连接的反向连接，将返回右表的所有行。如果右表的某行在左表中没有匹配行，则将为左表返回空值。

【**例 4.26**】查询所有的学生成绩信息和学生信息。

```
SELECT StudInfo.StudNo,StudInfo.StudName,
   StudScoreInfo.CourseID,StudScoreInfo.StudScore
FROM StudInfo RIGHT Outer Join StudScoreInfo
   ON StudInfo.StudNo=StudScoreInfo.StudNo
```

3. 全连接

全连接使用 FULL JOIN 或 FULL OUTER JOIN 子句返回左表和右表中的所有行。当某行在另一个表中没有匹配行时，则另一个表的选择列表列包含空值。如果表之间有匹配行，则整个结果集行包含基表的数据值。

【**例 4.27**】查询所有的学生成绩信息和学生信息。

```
SELECT StudInfo.StudNo,StudInfo.StudName,
   StudScoreInfo.CourseID,StudScoreInfo.StudScore
FROM StudInfo Full Outer Join StudScoreInfo
   ON StudInfo.StudNo=StudScoreInfo.StudNo
```

4.4.3 交叉连接查询

交叉连接（CROSS JOIN）没有 WHERE 子句，它返回连接表中所有数据行的笛卡尔积，是指两个关系中所有元组的任意组合，其结果集合中的数据行数等于第一个表中符合查询条件的数据行数乘以第二个表中符合查询条件的数据行数。

① 如果两个关系模式中有同名属性，那么应该在执行查询语句之前使用关系名限定同名的属性。

② 如果两个关系中的元组个数分别是 m 和 n，那么结果关系中的元组个数是两个关系中的元组个数的乘积，即 m*n。

【**例 4.28**】使用交叉连接查询学生信息和班级信息。

```
SELECT * FROM StudInfo Cross join ClassInfo
--下面的语句与上面语句执行结果相同
SELECT * FROM StudInfo,ClassInfo
```

4.4.4 自连接查询

连接不仅可以在表之间进行，也可以使一个表同其自身进行连接，这种连接称为自连接（Self Join），相应的查询称为自连接查询。在 FROM 子句中可以给这个表取不同的别名，在语句的其他需要使用到该别名的地方用点来连接该别名和字段名。这里举一个示例来介绍一下自连接的应用。

假设有一张行政区划表，其数据表结构如表 4.1 所示。

表 4.1 行政区划表（Dic_Area）

字段名称	数据类型	字段长度	PK	字段描述	举例
Area_ID	Varchar	20	Y	行政区编码	5301
Area_Name	Varchar	30		行政区名称	官渡区
Parent_ID	Varchar	20		上级行政区编码	53

1. 使用 CREATE TABLE 创建行政区划表（Dic_Area）

```
CREATE TABLE Dic_Area
(
   Area_ID varchar(20) primary key,
   Area_Name varchar(30) not null,
   Parent_ID varchar(20)
)
```

2. 使用 INSERT 语句添加记录

```
INSERT INTO Dic_Area
  (Area_ID,Area_Name,Parent_ID)
VALUES
   ('53','云南省','0')
INSERT INTO Dic_Area
   (Area_ID,Area_Name,Parent_ID)
VALUES
   ('5301','昆明市','53')
INSERT INTO Dic_Area
   (Area_ID,Area_Name,Parent_ID)
VALUES
   ('5302','安宁市','53')
INSERT INTO Dic_Area
   (Area_ID,Area_Name,Parent_ID)
VALUES
   ('530101','官渡区','5301')
INSERT INTO Dic_Area
   (Area_ID,Area_Name,Parent_ID)
VALUES
   ('530102','盘龙区','5301')
```

添加之后的行政区划数据表如表 4.2 所示。

表 4.2　行政区划表（Dic_Area）数据

Area_ID	Area_Name	Parent_ID
53	云南省	0
5301	昆明市	53
530101	官渡区	5301
530102	盘龙区	5301
5302	安宁市	53

【例 4.29】使用自连接查询行政区划的上下级关系，使用如下语句：

```
SELECT p.Area_ID 上级编号,p.Area_Name 上级名称,
    d.Area_ID 下级编号,d.Area_Name 下级名称
FROM Dic_Area p,Dic_Area d
WHERE d.parent_id=p.area_id
```

查询结果如表 4.3 所示。

表 4.3　行政区划（Dic_Area）自连接查询

上级编号	上级名称	下级编号	下级名称
53	云南省	5301	昆明市
5301	昆明市	530101	官渡区
5301	昆明市	530102	盘龙区
53	云南省	5302	安宁市

4.5　其他 SQL 子句

4.5.1　FOR XML PATH

在 SQL Server 中利用 FOR XML PATH 语句能够把查询的数据生成 XML 数据。

SELECT TOP 2 ClassID,ClassName From ClassInfo FOR XML PATH

运行后生成 XML，其结果如下：

```
<row>
<ClassID>20010505</ClassID>
<ClassName>农经 01</ClassName>
</row>
<row>
<GlassID>20010704</ClassID>
<ClassName>计科 01</ClassName>
</row>
```

在 PATH 后添加相应的参数即可改变输出，如：

```
SELECT TOP 2 ClassID,ClassName From ClassInfo FOR XML PATH ('MyClass')
<MyClass>
<ClassID>20010505</ClassID>
<ClassName>农经 01</ClassName>
</MyClass>
<MyClass>
<ClassID>20010704</ClassID>
<ClassName>计科 01</ClassName>
```

```
</MyClass>
```

可以使用别名改变节点名称，看看下面语句的输出结果：

```
SELECT TOP 2 ClassIDASCID,',{'+ClassName+'}'From ClassInfo FOR XML PATH ('')
```

运行结果如下：

```
<CID>20010505</CID>,{农经 01}<CID>20010704</CID>,{计科 01}
```

4.5.2　OFFSET 分页

ORDER BY 语句中有了 OFFSET 关键词，这是 SQL Server 2012 CTP1 中 T-SQL 的新特性。如果在 ORDER BY 中使用 OFFSET，结果集将会忽略掉前 OFFSET 数量条的记录，它不会返回给客户端，但其余的部分仍然会包含在结果集中。

查询排除前 20 条记录的学生信息。

```
SELECT*
FROM StudInfo
ORDER BY StudNo
OFFSET 20 ROWS
```

在实际应用中，经常需要对数据表数据进行分页，在 SQL Server 2012 中可使用 ORDER BY OFFSET n ROWS FETCH NEXT n ROWS ONLY 实现数据分页显示，如下面的语句所示。

```
SELECT*
FROM StudInfo
ORDER BY StudNo
OFFSET 20 ROWS
FETCHNEXT 10 ROWSONLY
```

4.5.3　OVER 子句

在应用关联的开窗函数前确定行集的分区和排序。OVER 子句定义查询结果集内的窗口或用户指定的行集。然后，开窗函数将计算窗口中每一行的值。可以将 OVER 子句与函数一起使用，以便计算各种聚合值，例如移动平均值、累积聚合、运行总计或每组结果的前 N 个结果。

SQL OVER 语法：

```
RANK ( ) OVER ( [query_partition_clause] order_by_clause )
DENSE_RANK ( ) OVER ( [query_partition_clause] order_by_clause )
```

功能：

可实现按指定的字段分组排序，对于相同分组字段的结果集进行排序，其中 PARTITION BY 为分组字段，ORDER BY 指定排序字段，over 不能单独使用，要和分析函数 rank()、dense_rank()、row_number()等一起使用。

例如，将学生成绩表中各门课程按成绩高低排名，如下面的 SQL 语句所示：

```
SELECT StudNo,CourseID,StudScore,RANK()OVER (Partition BY CourseID order by StudScore desc)
as RandSeq
FROM StudScoreInfo
```

在上例中，去掉 Partition By CourseID，将学生的所有课程按高低分排名，如下面的 SQL 语句所示：

```
SELECT StudNo,CourseID,StudScore,RANK () OVER (orderbyStudScoredesc)as RandSeq
FROM StudScoreInfo
```

SQL 中的 OVER 函数和 ROW_NUMBER()函数配合使用，可生成行号。可对某一列的值进行排序，对于相同值的数据行进行分组排序。可使用 OVER 函数和 ROW_NUMBER() 实现数据表数据分页，如下面的 SQL 语句所示：

```
select*
FROM(SELECT*,ROW_NUMBER () OVER (ORDER BY p.StudNo) R
```

```
FROM StudInfo p) x
WHERE x.R between 21 and 30
```

4.6 实用经典 SQL 汇总

4.6.1 复制部分表结构

【例 4.30】使用 TOP 关键字。

```
SELECT TOP 0 StudNo,StudName,StudSex,ClassID INTO StudInfoBack FROM StudInfo
```

【例 4.31】使用 WHERE 条件。

```
SELECT StudNo,StudName,StudSex,ClassID INTO StudInfoBack FROM StudInfo WHERE 1<>1
```

4.6.2 批量插入记录

INSERT 语句的完整形式如下：

```
INSERT [INTO] tablename
    {[column_list]
VALUES ({DEFAULT | constant_expression} [,…n] )
    |DEFAULT VALUES
    |SELECT_statement
    |execute_statement}
}
```

【例 4.32】将年龄最大的前 10 个学生信息添加到表 StudInfoBack 中。

```
INSERT INTO  StudInfoBack
    SELECT TOP 10 StudNo,'姓名'+StudName,StudSex,ClassID
    FROM StudInfo
    ORDER BY StudBirthDay DESC
```

4.6.3 关联更新表记录

【例 4.33】使用学生信息表（StudInfo）中的姓名更新信息表（StudInfoBack）的姓名字段。

```
UPDATE StudInfoBack
SET StudName=StudInfo.StudName
FROM StudInfo
WHERE StudInfo.StudNo=StudInfoBack.StudNo
```

4.6.4 使用 MERGE 语句

MERGE 语句是 SQL Server 2012 的新增功能，实现对插入、更新、删除这三个操作的合并。根据与源表连接的条件，对目标表执行插入、更新或删除操作。

MERGE 语句的语法为：

```
MERGE table_name table_alias
  USING (table|view|sub_query) alias
  ON (join condition)
  WHEN MATCHED [ AND <clause_search_condition> ]THEN
    UPDATE SET
    col1 = col1_val1,
    col2 = col2_val2
  WHEN NOT MATCHED [ AND <clause_search_condition> ]THEN
    INSERT (column_list)
    VALUES (column_values);
```

【例 4.34】使用 MERGE 语句合并学生信息表（StudInfo）到 StudInfoBack 中。

```
MERGE StudInfoBack B
USING StudInfo S
ON B.StudNo=S.StudNo
```

```
WHEN MATCHED THEN
    UPDATE SET B.StudName=S.StudName,B.StudSex=S.StudSex
WHEN NOT MATCHED THEN
    INSERT VALUES(S.StudNo,S.StudName,S.StudSex,S.StudBirthDay,S.ClassID);
```

4.6.5 关联表统计

【例 4.35】关联表统计，并使用计算字段。

```
SELECT S.StudNo,S.StudName,
   CAST(AVG(StudScore) AS Numeric(5,1)) AvgScore,
   SUM(StudScore) AS SumScore,
   MAX(StudScore) AS MaxScore,
   MIN(StudScore) AS MinScore,
   CourseCount=COUNT(*),
    (SUM(StudScore)-MAX(StudScore)-MIN(StudScore))/(COUNT(*)-2) LAvgScore
FROM StudScoreInfo SS,StudInfo S
WHERE SS.StudNo=S.StudNo
GROUP BY S.StudNo,S.StudName
```

【例 4.36】关联表统计，使用结果集。

```
SELECT * FROM StudInfo S,(SELECT StudNo,
CAST(AVG(StudScore) AS Numeric(5,1)) AvgScore,
    SUM(StudScore) AS SumScore,
    MAX(StudScore) AS MaxScore,
    MIN(StudScore) AS MinScore,
    CourseCount=COUNT(*),
    (SUM(StudScore)-MAX(StudScore)-MIN(StudScore))/(COUNT(*)-2) AS LAvgScore
 FROM StudScoreInfo
 GROUP BY StudNo) AS StudAvgScore
WHERE S.StudNo=StudAvgScore.StudNo
```

4.6.6 查询数据库所有表及列

SQL Server 数据库管理系统使用系统对象表存储和管理用户创建的对象信息，用户可利用其提供的丰富系统视图、对象表来查看创建的表、列的相关信息。

【例 4.37】查询当前数据库所有表。

```
SELECT TABLE_NAME
FROM INFORMATION_SCHEMA.TABLES
WHERE TABLE_TYPE='BASE TABLE'
```

【例 4.38】查询当前数据库的所有表及列。

```
SELECT sysobjects.name as Table_name,
      syscolumns.name AS Column_name
FROM syscolumns INNER JOIN sysobjects
    ON syscolumns.id = sysobjects.id
WHERE (sysobjects.xtype = 'u')
    AND (NOT (sysobjects.name LIKE 'dtproperties'))
```

PART 5 第5章 视图

本章介绍视图的概念、视图的创建、视图的使用、视图的修改及删除等内容。通过本章介绍，要求读者理解视图的概念，针对具体情况，灵活应用视图解决实际问题。

5.1 视图概述

5.1.1 视图的概念

视图是保存在数据库中的选择查询，相当于从一个或多个数据表中派生出来的虚拟表，是用户用以查看数据库中数据的一种方式。和表一样，视图也是包括几个被定义的数据列和多个数据行，其结构和数据是建立在对表的查询基础上的。但就本质而言，这些数据列和数据行来源于其所引用的表。所以视图不是真实存在的基础表而是一张虚表，视图所对应的数据并不实际地以视图结构存储在数据库中，而是存储在视图所引用的表中。

视图一经定义便存储在数据库中，与其相对应的数据并没有像表那样又在数据库中再存储一份，通过视图看到的数据只是存放在基本表中的数据。对视图的操作与对表的操作一样，可以对其进行查询、修改、删除和更新。

当对通过视图看到的数据进行修改时，相应的基本表的数据也要发生变化，同时，若基本表的数据发生变化，则这种变化也可以自动地反映到视图中。

视图与数据表之间的区别：视图是引用存储在数据库中的查询语句时动态创建的，它本身并不存在数据，真正的数据依然存储在数据表中。

5.1.2 视图的优点

① 为用户集中数据，简化用户的数据查询和处理。

② 屏蔽数据库的复杂性。

③ 简化用户权限的管理。

④ 便于数据共享。

⑤ 可以重新组织数据以便输出到其他应用程序中。

5.1.3 视图的注意事项

① 只有在当前数据库中才能创建视图。

② 视图的命名必须遵循标识符命名规则，不能与表同名，且对每个用户视图名必须是唯一的，即对不同用户，即使是定义相同的视图，也必须使用不同的名字。

③ 不能把规则、默认值或触发器与视图相关联。

④ 不能在视图上建立任何索引，包括全文索引。

5.2 创建视图

SQL Server 提供了使用 SQL Server Management Studio 和 Transact-SQL 命令两种方法来创建视图。在创建或使用视图时，应该注意到以下情况：

① 只能在当前数据库中创建视图，在视图中最多只能引用 1024 列。

② 如果视图引用的表被删除，则当使用该视图时将返回一条错误信息。如果创建具有相同的表的结构新表来替代已删除的表视图则可以使用，否则必须重新创建视图。

③ 如果视图中某一列是函数、数学表达式、常量或来自多个表的列名相同，则必须为列定义名字。

④ 不能在视图上创建索引，不能在规则、默认、触发器的定义中引用视图。

⑤ 当通过视图查询数据时，SQL Server 不仅要检查视图引用的表是否存在、是否有效，而且还要验证对数据的修改是否违反了数据的完整性约束。如果失败，将返回错误信息，若正确，则把对视图的查询转换成对引用表的查询。

5.2.1 使用 SQL 语句创建视图

1．使用 CREATE VIEW 语句创建视图

使用 CREATE VIEW 语句创建视图的语法如下。

```
CREATE VIEW [ <database_name> .] [ < owner > .] view_name [ ( column [ ,...n ] ) ]
[ WITH <view_attribute> [ ,...n ] ]
AS
select_statement
[ WITH CHECK OPTION ]
<view_attribute> ::=
{ ENCRYPTION | SCHEMABINDING | VIEW_METADATA }
```

各参数的含义说明如下。

✧ view_name：表示视图名称。

✧ select_statement：构成视图文本的主体，利用 SELECT 命令从表中或视图中选择列构成新视图的列。

✧ WITH CHECK OPTION：保证在对视图执行数据修改后，通过视图仍能够看到这些数据。比如创建视图时定义了条件语句，很明显视图结果集中只包括满足条件的数据行。如果对某一行数据进行修改，导致该行记录不满足这一条件，但由于在创建视图时使用了 WITH CHECK OPTION 选项，所以查询视图时，结果集中仍包括该条记录，同时修改无效。

✧ ENCRYPTION：表示对视图文本进行加密，这样当查看 syscomments 表时，所见的 text 字段值只是一些乱码。

✧ SCHEMABINDING：表示在 SELECT_statement 语句中如果包含表、视图或引用用户自定义函数，则表名、视图名或函数名前必须有所有者前缀。

✧ VIEW_METADATA：表示如果某一查询中引用该视图且要求返回浏览模式的元数据时，那么 SQL Server 将向 DBLIB 和 OLE DB APIS 返回视图的元数据信息。

【例 5.1】创建统计各学生平均分、最高分、最低分、课程门数的视图（V_StudTotalScore）。

```
CREATE VIEW V_StudTotalScore
AS
```

```
        SELECT StudNo,
        CAST(AVG(StudScore) AS numeric(4,1)) AS AvgScore,
        MAX(StudScore) MaxScore,
        MIN(StudScore) MinScore,
        COUNT(*) CourseCount
    FROM StudScoreInfo
    GROUP BY StudNo
```

在例 5.1 中创建了各学生平均分、最高分、最低分、课程门数的统计视图，但该视图中并不包含学生的基本信息。因学生的基本信息在学生信息表（StudInfo）中，所以需要使用统计视图（V_StudTotalScore）和学生信息表（StudInfo）关联创建新视图。

【例 5.2】使用视图和数据表创建学生成绩统计视图，包括学生基本信息和成绩统计信息。

```
CREATE VIEW V_StudAllTotalScore
AS
SELECT S.StudNo,StudName,StudSex,StudBirthDay,
    AvgScore,MaxScore,MinScore,CourseCount
FROM StudInfoS,V_StudTotalScore V
WHERE S.StudNo=V.StudNo
```

【例 5.3】建立查询学生基本信息、班级信息、课程信息和成绩信息的视图（V_StudAllInfo）。

```
CREATE VIEW V_StudAllInfo
AS
SELECT S.StudNo,StudName,StudSex,StudBirthDay,
    C.ClassID,ClassName,
    CI.CourseID,CourseName,CourseType,CourseCredit,
    StudScore
FROM ClassInfoC,StudInfoS,CourseInfoCI,StudScoreInfo SI
WHERE C.ClassID=S.ClassID AND S.StudNo=SI.StudNo AND CI.CourseID=SI.CourseID
```

【例 5.4】使用例 5.3 的视图（V_StudAllInfo）创建统计各学生的平均分、最高分、最低分、课程门数的视图（V_StudScoreTotal）。

```
CREATE VIEW V_StudScoreTotal
AS
SELECT StudNo,StudName,ClassID,ClassName,
    CAST(AVG(StudScore) AS numeric(4,1)) AS AvgScore,
    MAX(StudScore) AS MaxScore,
    MIN(StudScore) AS MinScore,
    COUNT(*) AS CourseCount
FROM V_StudAllInfo
GROUP BY StudNo,StudName,ClassID,ClassName
```

2. 指定字段别名

在默认的情况下，视图中的字段名和查询语句中的字段名相同。可以通过在 CREATE VIEW 语句中指定字段别名实现这一目的。

【例 5.5】创建统计各学生平均分、课程门数的视图（V_GetStudTotalScore），并在 CREATE VIEW 语句中指定字段别名。

```
CREATE VIEW V_GetStudTotalScore(学号,平均分,课程门数)
AS
SELECT StudNo,AVG(StudScore),COUNT(*)
FROM StudScoreInfo
GROUP BY StudNo
```

3. 对视图定义进行加密

视图创建以后，系统将这个视图的定义存储在系统表 syscomments 中。通过执行系统存储过程 sp_helptext 或直接打开系统表 syscomments，可以查看视图的定义文本。

SQL Server 为了保护视图的定义，提供了 WITH ENCRYPTION 子句。通过在 CREATE VIEW 语句中添加 WITH ENCRYPTION 子句，可以不让用户查看视图的定义文本。

【例 5.6】创建统计各学生平均分、课程门数的视图（V_En_StudTotalScore），使用加密选项。

```
CREATE VIEW V_En_StudTotalScore
WITH ENCRYPTION
AS
SELECT StudNo,
     CAST(AVG(StudScore) AS numeric(4,1)) AS AvgScore,
     COUNT(*) CourseCount
FROM StudScoreInfo
GROUP BY StudNo
```

4. 使用 WITH CHECK OPTION 子句

视图的使用隔断了用户与数据表的联系，并带来了很多方便，但是也引发了一些问题。

【例 5.7】创建一个男学生视图（V_MaleStudInfo）。

```
CREATE VIEW V_MaleStudInfo
AS
SELECT * FROM StudInfo WHERE StudSex='男'
```

此时可以在该视图中插入一条性别为女的记录。

```
INSERT INTO V_MaleStudInfo (StudNo,StudName,StudSex,StudBirthDay,ClassID) VALUES('99070499',
'李小丽', '女', '1981-10-3', '990704')
```

从意义上来讲，这样的插入是不合理的。为了防止这种情况的发生，可以在 CREATE VIEW 语句中添加 WITH CHECK OPTION 子句，强制通过视图插入或修改的数据满足视图定义中的 WHERE 条件。上面的语句可以改为：

```
CREATE VIEW V_MaleStudInfo
AS
SELECT * FROM StudInfo WHERE StudSex='男'
WITH CHECK OPTION
```

5.2.2 使用 SQL Server Management Studio 创建视图

可以使用 SQL Server Management Studio 提供的可视化操作界面来创建视图，其操作步骤为：

① 启动 SQL Server Management Studio，连接到指定的服务器。

② 打开要创建视图的数据库（如 StudScore_DB），双击展开“视图”，此时显示当前数据库的所有视图，右键单击“视图”图标，在弹出的菜单中选择“新建视图”命令，如图 5.1 所示。

图 5.1 新建视图

③ 打开视图“添加表”对话框（见图5.2），选中创建视图需要添加的表（如ClassInfo、StudInfo），单击“添加”按钮。

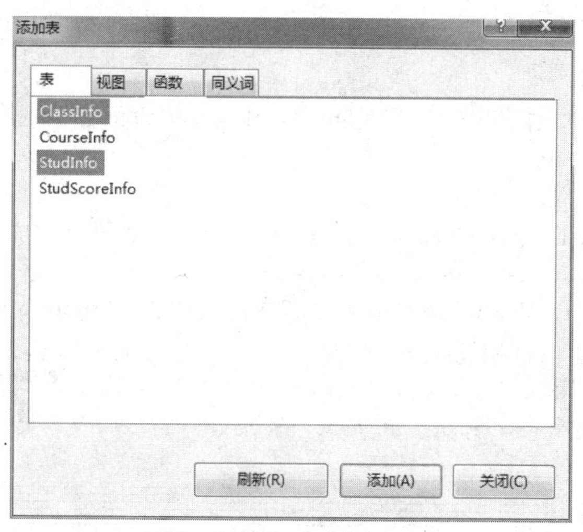

图5.2 “添加表”对话框

④ 打开“新建视图”对话框（见图5.3），共有四个区：表区、列区、SQL语句区、查询结果区。在表区中选择将包括在视图的字段名，此时相应的SQL Server脚本便显示在SQL语句区，在列区中可以修改列显示的别名。

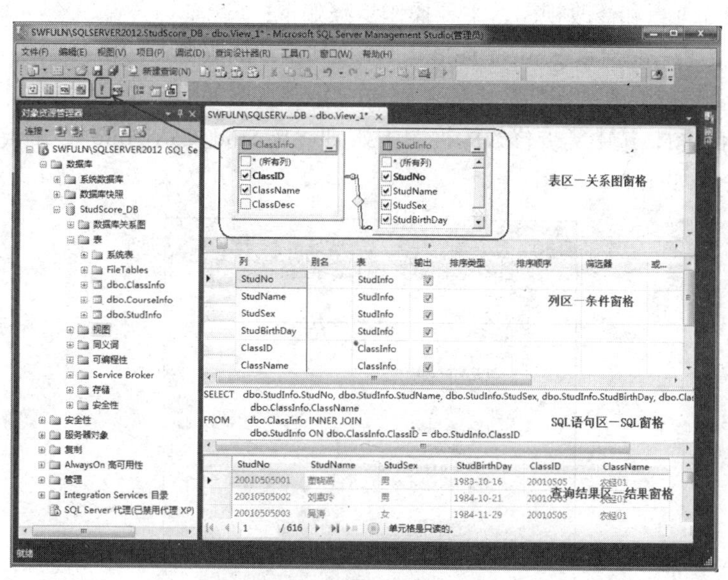

图5.3 “新建视图”对话框

⑤ 如果在创建视图时，还需要添加表，则单击按钮或在表区空白处单击鼠标右键选择“添加表”命令，打开“添加表”对话框，选择需要添加的表，单击“添加”按钮即可，如图5.2所示。

⑥ 单点运行按钮，在查询结果区将显示包含在视图中的数据行。

⑦ 单击按钮，在弹出的对话框中输入视图名“V_Stud_Class_Info”，单击“保存”按钮完成视图的创建。

5.3 使用视图

视图一经创建，可以当成表来使用。可以使用单个视图查询，也可以使用视图和数据表或视图和视图关联查询。

【例 5.8】使用例 5.1 创建的视图（V_StudTotalScore）查询各学生的平均分、最高分、最低分、课程门数。

```
SELECT * FROM V_StudTotalScore
```

【例 5.9】使用视图（V_StudTotalScore）查询平均分为 85 以上的成绩信息。

```
SELECT * FROM V_StudTotalScore WHERE AvgScore>=85
```

【例 5.10】使用视图（V_StudTotalScore）和学生信息表（StudInfo）查询姓“刘”的参考课程在 20 门以上的学生信息和成绩统计信息。

```
SELECT * FROM V_StudTotalScoreV,StudInfo S
WHERE V.StudNo=S.StudNo AND CourseCount>=20 AND StudName LIKE '刘%'
```

5.4 管理视图

5.4.1 查看修改视图

使用 SQL 语句修改已存在的视图比较简单，只需要将 CREATE VIEW 改为 ALTER VIEW 即可。ALTER VIEW 语法与 CREATE VIEW 语法完全相同。这里介绍使用 SQL Server Mangement Studio 查看和修改视图，主要操作步骤如下：

① 启动 SQL Server Management Studio，连接到指定的服务器。

② 打开要查看或修改视图的数据库（如 StudScore_DB），双击展开“视图”，此时显示当前数据库的所有视图，选中需要修改的视图（如 dbo.V_Stud_Class_Info），单击鼠标右键，选择“设计”命令，如图 5.4 所示。

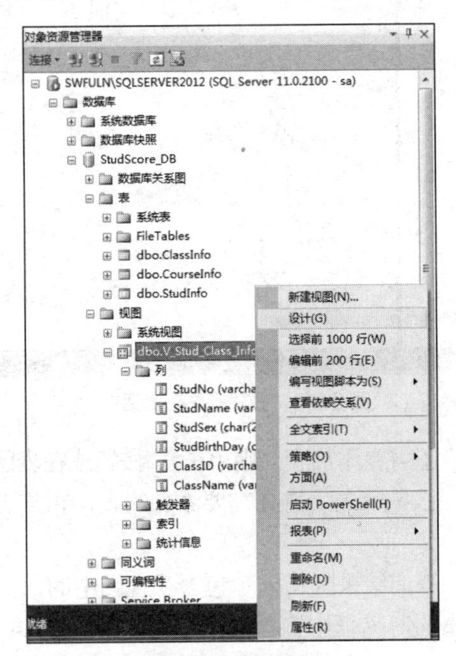

图 5.4　修改视图

③ 在图 5.4 所示的界面内可浏览到该视图的定义，也可以对该视图进行修改，修改完成后单击“保存”按钮完成视图的修改。

5.4.2 使用存储过程检查视图

在 SQL Server 中可以使用 sp_depends、sp_help、sp_helptext 三个关键存储过程查看视图信息。

1. sp_depends

存储过程 sp_depends 返回系统表中存储的任何信息，该系统表指出该对象所依赖的对象。除视图外，这个系统过程可以在任何数据库对象上运行。其语法如下：

```
sp_depends 数据库对象名称
```

【例 5.11】查看视图（V_Stud_Class_Info）上的依赖对象。

```
sp_depends V_Stud_Class_Info
```

2. sp_help

系统过程 sp_help 用来返回有关数据库对象的详细信息，如果不针对某一特定对象，则返回数据库中所有对象信息，其语法如下：

```
sp_help 数据库对象名称
```

【例 5.12】查看视图（V_Stud_Class_Info）的详细信息。

```
sp_help V_Stud_Class_Info
```

3. sp_helptext

系统过程 sp_helptext 检索出视图、触发器、存储过程的文本，其语法如下：

```
sp_helptext 视图（触发器、存储过程）
```

【例 5.13】查看视图（V_Stud_Class_Info）的文本信息。

```
sp_helptext V_Stud_Class_Info
```

5.4.3 删除视图

使用 DROP 命令删除视图，其语法为：

```
DROP VIEW view_name
```

【例 5.14】删除学生班级视图（V_Stud_Class_Info）。

```
DROP VIEW V_Stud_Class_Info
```

PART 6 第6章 索引

本章简要介绍SQL Server中数据存储的基本原理、存储文件的主要类型及数据访问的方式。重点讲解了索引的基本概念与原理、聚集索引和非聚集索引及其使用方式。通过本章的介绍，要求读者了解SQL Server数据库存储结构、索引原理，结合实际，灵活建立索引，提高查询速度。

6.1 SQL Server的数据存储

6.1.1 存储文件类型

SQL Server有两种数据存储文件，分别是数据文件和日志文件。其中，数据文件是以8K（8192Byte）的页面（Page）作为存储单元的，而日志文件是以日志记录作为存储单元的。这里只讨论数据文件的存储格式。数据文件以页面作为存储单元存储数据，要理解数据文件的存储方式，必须了解SQL Server中定义的页面类型种类。表6.1所示显示了SQL Server中的8种页面类型。

表6.1 页面类型表

页类型	内容
数据	包含数据行中除text、ntext和image数据外的所有数据
索引	索引项
文本/图像	text、ntext和image数据
全局分配映射表、辅助全局分配映射表	有关已分配的扩展区的信息
页的可用空间	有关页上可用空间的信息
索引分配映射表	有关表或索引所使用的扩展盘的信息
大容量更改映射表	有关自上次执行backup log语句后大容量操作所修改的扩展盘区的信息
差异更改映射表	有关自上次执行backup database语句后更改的扩展盘区的信息

用户的数据一般存放在数据页面中，由表6.1可以看出，数据页包含数据行中除text、ntext和image数据外的所有数据，text、ntext和image数据存储在单独的页中。那么在一个数据页面中，数据是如何存放，SQL Server又是根据什么来定位页面与页面上的数据呢？要回答这个问题，有必要先了解数据页面的具体结构。

6.1.2 数据页面结构

在数据页上，数据行紧接着页首按顺序放置。在页尾有一个行偏移表。在行偏移表中，页上的每一行都有一个条目，每个条目记录那一行的第一个字节与页首的距离。行偏移表中的条目序列与页中行的序列相反。数据页面结构如图 6.1 所示，下面将详细解释。

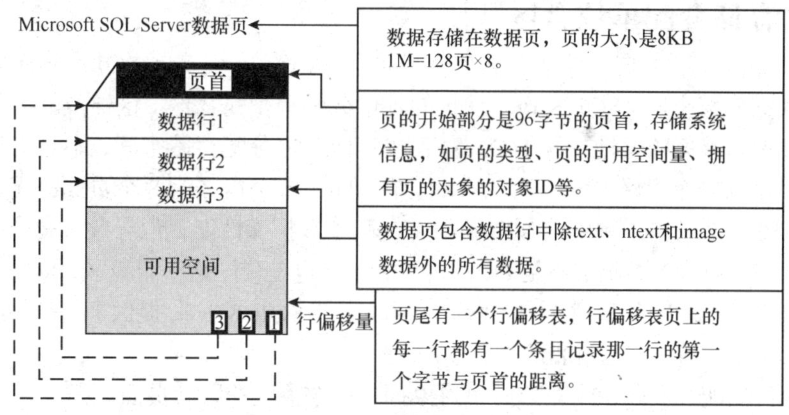

图 6.1 SQL Server 数据页

其中，数据页面页首 96 个字节，保存着页面的系统信息，如页的类型、页的可用空间量、拥有页的对象的对象 ID 以及该页面属于哪个物理文件。

数据区：对应于上图中所有数据行的总区域，存放真正的数据。

行偏移数组：用于记录该数据页面中每个数据区在数据页面所处的相对位置，便于定位和检索每个数据区在数据页面中的位置，数组中每个记录占两个字节。

6.1.3 对大型行的支持

在 SQL Server 中，行不能跨页，但是行的部分可以移出行所在的页，因此行实际可能非常大。（如一行多列时，这一行的部分列在数据页 A，部分列在数据页 B）页的单个行中的最大数据量和开销是 8060 字节（8 KB）。但是，这不包括用 Text/Image 页类型存储的数据。varchar、nvarchar、varbinary 或 sql_variant 列的表不受此限制的约束。

当表中的所有固定列和可变列的行的总大小超过限制的 8060 字节时，SQL Server 将从最大长度的列开始动态将一个或多个可变长度列移动到 ROW_OVERFLOW_DATA 分配单元中的页。每当插入或更新操作将行的总大小增大到超过限制的 8060 字节时，将会执行此操作。将列移动到 ROW_OVERFLOW_DATA 分配单元中的页后，将在 IN_ROW_DATA 分配单元中的原始页上维护 24 字节的指针。如果后续操作减小了行的大小，SQL Server 会动态将列移回到原始数据页。

6.1.4 SQL Server 的数据页缓存

SQL Server 数据库的主要用途是存储和检索数据，因此密集型磁盘 I/O 是数据库引擎的一大特点。由于完成磁盘 I/O 操作要消耗许多资源并且耗时较长，所以 SQL Server 侧重于提高 I/O 效率。缓冲区管理是实现高效 I/O 操作的关键环节。SQL Server 2008 的缓冲区管理组件由下列两种机制组成：用于访问及更新数据库页的缓冲区管理器和用于减少数据库文件 I/O 的缓冲区高速缓存（又称为“缓冲池”）。

一个缓冲区就是一个 8 KB 大小的内存页，其大小与一个数据页或索引页相当。因此，缓冲区高速缓存被划分为多个 8 KB 页。缓冲区管理器负责将数据页或索引页从数据库磁盘文件读入缓冲区高速缓存中，并将修改后的页写回磁盘。页一直保留在缓冲区高速缓存中，直到已有一段时间未对其进行引用或者缓冲区管理器需要缓冲区读取更多数据。数据只有在被修改后才重新写入磁盘。在将缓冲区高速缓存中的数据写回磁盘之前，可对其进行多次修改。

6.1.5 存储分配单位盘区

虽然 SQL Server 中数据文件的存储单位是页面（Page），但实际 SQL Server 并不是以页面为单位给数据分配空间，SQL Server 默认的存储分配单位是盘区。这样做的主要原因是为了提高性能。为了避免频繁地读写 I/O，对表或其他对象分配存储空间，不是直接分配一个 8K 的页面，而是以一个盘区（Extend）为存储分配单位，一个盘区为 8 个页面（8 × 8K = 64K）。

但是这样做虽然减少了频繁的 I/O 读写，提高了数据库性能，但导致了一个新问题，那就是在存储那些只有少量数据、不足 8K 的对象，如果也是分配给一个盘区，就会存在存储空间上的浪费，降低了空间分配效率。为解决上述问题，SQL Server 提供了一种解决方案，定义了两种盘区类型：统一盘区和混合盘区。

统一盘区：只能存放同一个对象，该对象拥有这个盘区的所有页面。

混合盘区：由多个对象共同拥有该盘区。

在实际为对象分配存储盘区时，为了提高空间利用率，默认的情况下，如果一个对象一开始大小小于 8 个页面，就尽量放在混合盘区中，如果该对象大小增加到 8 个页面后，SQL Server 会为这个对象重新分配一个统一盘区。

6.1.6 SQL Server 的数据访问

如果对数据页上的数据进行访问，对于一维升序或降序数据序列（假设其个数为 N）来说，可以采用两分检索的方法来迅速地找到需要插入或删除元素的位置。但是当采用顺序存储的方式时，为插入一个元素，需要将其以下的数据均进行后移；为删除一个元素，需要将以下的数据进行前移。为避免大量的数据移动，提高插入和删除的工作效率，研究者提出了多种解决方法，B 树就是其中较好的一种方案。

B 树是由一系列节点（SQL Server 数据库采用结构进行数据存储）所构成，它的每一个节点均由 $2m$ 个数据域和 $2m+1$ 个指针域所构成，每个节点的数据从左向右成升序排列。一般情况下，B 树的每个节点中的数据域不一定存放满数据，但基本上每个节点存放的数据数大于用 B 树 m 个，如图 6.2 所示。

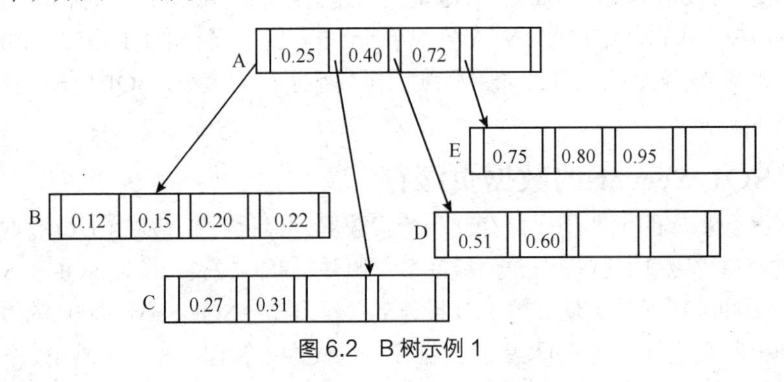

图 6.2　B 树示例 1

B 树中父节点与子节点中的数据之间具有如下关系：父节点中每一数据域中存放的数据，均大于该数据域左侧指针指向的子节点中的所有数据，也小于该数据域右侧指针指向子节点中的所有数据。以图 6.3 所示的 B 树来看，节点 A 中的数据 0.15，其左侧的指针指向节点 B_1，B_1 中的数据均小于 0.15，其右侧的指针指向 B_2，B_2 中的数据也均大于 0.15。

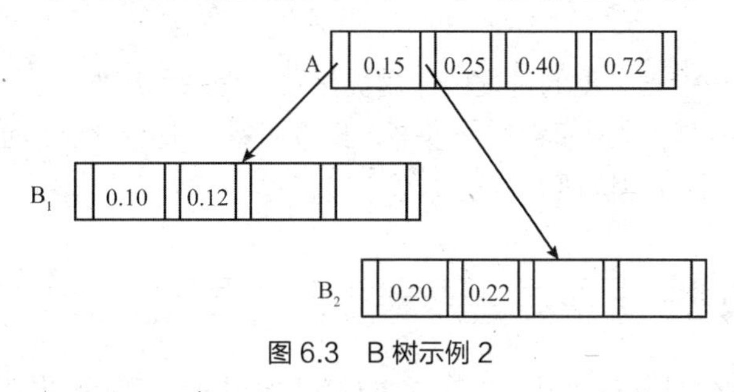

图 6.3　B 树示例 2

为建立一棵 B 树，需要将一个一个的数据插入其中。当需要在上面所示的 B 树中插入一个数据，例如 0.65，首先需要查询其应插入的位置。首先将根节点的数据与待插入数据相比较，其结果发现应插入在 0.40 与 0.72 之间。而后，根据这两个数据之间的指针所指的位置，查到所指向的子节点 D。比较之后确认应插入在数据 0.60 之后，当检查 0.60 右侧的指针后，发现该指针为空，由此确认应插入在节点 D 中数据 0.60 之右侧，恰巧在这个位置是空的，因此插入数据 0.65 后即完成了所需的插入工作。这是存在的另一种可能性，是在 0.60 右侧有另外的数据，但节点 D 中还有空间允许填入新的数据，这时需要将 0.60 后面的数据进行右移，空出位置来插入 0.65 这一数据。

当查询到插入位置，却发现该节点已填满数据时，我们需要进行节点的分割。仍以上述 B 树为例，设需要插入的数据是 0.10。采用相同的方法，确认需要插入的位置在节点 B 的数据 0.12 的左侧，但由于节点 B 已填入了四个数据，必须建立新的节点存放数据。为此，我们将原节点中存放的数据和待插入的数据一起，找寻其中间数据，根据中间数据，将这 $2m+1$ 个数据分为两部分：小于中间数据的 m 个数据存入新的节点 B_1，大于中间数据的 m 个数据存入节点 B_2 中，将中间数据存入节点 B 的父节点 A 中，同时对中间数据两侧的指针加以处理，使其指向节点 B_1 和 B_2。当出现父节点同样数据存满的情况时，采用类似的方法将父节点进行相应的分割。

用户对数据库最频繁的操作是进行数据查询。一般情况下，数据库在进行查询操作时需要对整个表进行数据搜索。当表中的数据很多时，搜索数据就需要很长的时间，这就造成了服务器的资源浪费。为了提高检索数据的能力，数据库引入了索引机制。

6.2　索引的概念

简单地说，可以把索引理解为一种特殊的目录。它是对数据表中一个或多个字段的值进行排序的结构。用来创建索引的字段称为键列，该字段在索引中的数据称为键值。

索引依赖于表建立，它提供了数据库中编排表中数据的内部方法。一个表的存储是由两部分组成的，一部分用来存放表的数据页面，另一部分存放索引页面。索引就存放在索引页面上，通常索引页面相对于数据页面来说小得多，当进行数据检索时系统先搜索索引页面，从中找到所需数据的指针，再直接通过指针从数据页面中读取数据。所以，利用索引可以在一些方面提高数据库工作的效率。

① 通过创建唯一索引，可以保证数据记录的唯一性。

② 可以大大加快数据检索速度。

③ 可以加速表与表之间的连接，这一点在实现数据的参照完整性方面有特别的意义。

④ 在使用 ORDER BY 和 GROUP BY 子句进行检索数据时，可以显著减少查询中分组和排序的时间。

⑤ 使用索引可以在检索数据的过程中使用优化器，提高系统性能。

从某种程度上，可以把数据库看作一本书，把索引看作书的目录，通过目录查找书中的信息显然较没有目录的书方便快捷。

6.3 索引的类型

对于索引类型的划分可以有多种。根据索引对数据表中记录顺序的影响，索引可以分为聚集索引（clustered index）和非聚集索引（nonclustered index）两种。如果以数据的唯一性来区别，则有唯一索引和非唯一索引。如果以键列个数来区分，有单列索引和多列索引的区别。后两者都比较好理解，下面具体解释一下聚集索引（clustered index）和非聚集索引（nonclustered index）。

不论是聚集索引，还是非聚集索引，都是用 B+树来实现的。B+树就是在 B–树基础上，为叶子节点增加链表指针，所有关键字都在叶子节点中出现，非叶子节点作为叶子节点的索引；B+树总是到叶子节点才命中，B+树的结构图如图 6.4 所示。

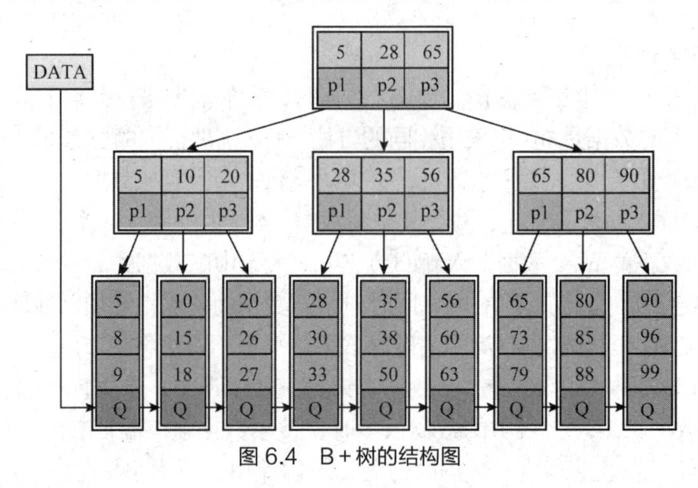

图 6.4 B + 树的结构图

B + 树的特点如下：

① 所有关键字都出现在叶子节点的链表中（稠密索引），且链表中的关键字恰好是有序的。

② 不可能在非叶子节点命中。

③ 非叶子节点相当于是叶子节点的索引（稀疏索引），叶子节点相当于是存储（关键字）数据的数据层。

④ 更适合文件索引系统。

B+树中增加一个数据，或者删除一个数据，需要分多种情况处理，比较复杂，这里就不详述了。

6.3.1 聚集索引

简单地说，聚集索引要求表中数据记录实际存储的次序要和索引中相对应的键值的实际存储次序完全相同。所以，一旦建立了聚集索引，该索引就会改变表中数据记录的存储顺序。

例如，汉语字典的正文本身就是一个聚集索引。比如，我们要查“安”字，就会很自然地翻开字典的前几页，因为“安”的拼音是“an”，而按照拼音排序汉字的字典是以英文字母“a”开头并以“z”结尾的，那么“安”字就自然地排在字典的前部。如果您翻完了所有以“a”开头的部分仍然找不到这个字，那么就说明字典中没有这个字；同样的，如果查“张”字，那您也会将您的字典翻到最后部分，因为“张”的拼音是“zhang”。也就是说，字典的正文部分本身就是一个目录，您不需要再去查其他目录来找到您需要找的内容。我们把这种正文内容本身就是一种按照一定规则排列的目录称为“聚集索引”。

从原理上说，聚集索引对表的物理数据页中的数据按列进行排序，然后再重新存储到磁盘上。即聚集索引与数据是混为一体的。它的叶节点中存储的是实际的数据，由于聚集索引对表中的数据一一进行了排序，因此用聚集索引查找数据很快。但由于聚集索引将表的所有数据完全重新排列了，它所需要的空间也就特别大，大概相当于表中数据所占空间的120%。表的数据行只能以一种排序方式存储在磁盘上，所以一个表只能有一个聚集索引。

图6.5显示了聚集索引单个分区中的结构。

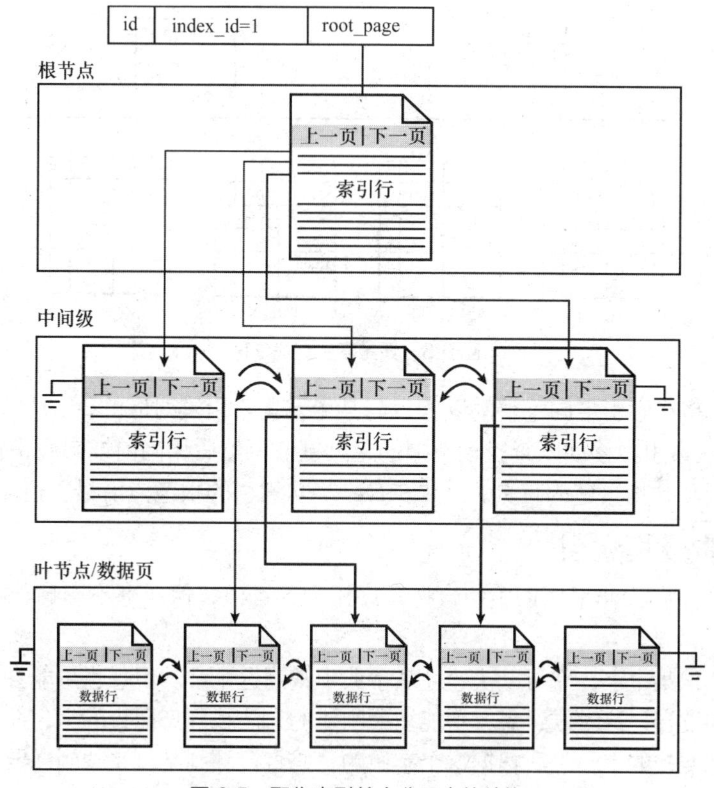

图6.5　聚集索引单个分区中的结构

聚集索引的主要特点如下：

① 聚集索引的叶节点就是实际的数据页。

② 在数据页中的数据按照索引顺序存储。

③ 行的物理位置和行在索引中的位置是相同的。

④ 每个表只能有一个聚集索引。

⑤ 聚集索引的平均大小为表大小的5%左右。

【例6.1】在Member表中的字段FirstName上建立聚集索引，执行下面语句，查找过程如

图 6.6 所示。

```
SELECT * FROM Member
WHERE FirstName='Ota'
```

聚集索引在 sys.partitions 中有一行，其中，索引使用的每个分区的 index_id=1。默认情况下，聚集索引有单个分区。当聚集索引有多个分区时，每个分区都有一个包含该特定分区相关数据的 B 树结构。例如，如果聚集索引有四个分区，就有四个 B 树结构，每个分区中有一个 B 树结构。

根据聚集索引中的数据类型，每个聚集索引结构将有一个或多个分配单元，将在这些单元中存储和管理特定分区的相关数据。

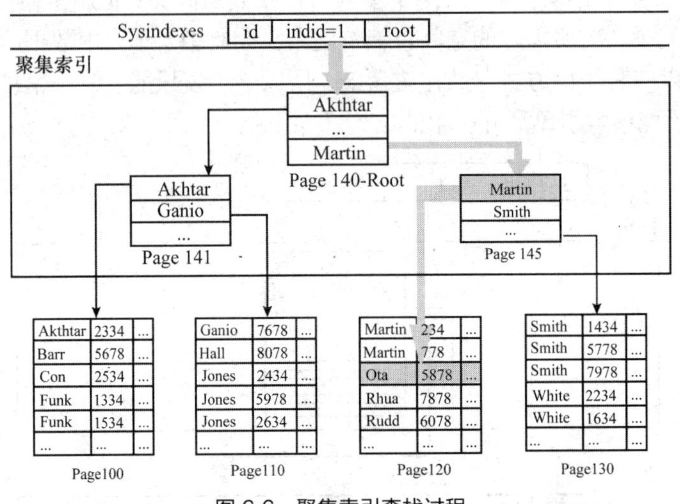

图 6.6　聚集索引查找过程

SQL Server 将在索引中向下移动以查找与某个聚集索引键对应的行。为了查找键的范围，SQL Server 将在索引中移动以查找该范围的起始键值，然后用向前或向后指针在数据页中进行扫描。为了查找数据页链的首页，SQL Server 将从索引的根节点沿最左边的指针进行扫描。

6.3.2　非聚集索引

与聚集索引不同，非聚集索引包含按升序排列的键值，但丝毫不影响表中数据记录排列的顺序。

例如，您认识某个字，您可以快速地从字典中查到这个字。但您也可能会遇到您不认识的字，不知道它的发音，这时候，您就不能按照刚才的方法找到您要查的字，而需要去根据"偏旁部首"查到您要找的字，然后根据这个字后的页码直接翻到某页来找到您要找的字。但您结合"部首目录"和"检字表"而查到的字的排序并不是真正的正文的排序方法，比如您查"张"字，我们可以看到在查部首之后的检字表中"张"的页码是 672 页，检字表中"张"的上面是"驰"字，但页码却是 63 页，"张"的下面是"弩"字，页面是 390 页。很显然，这些字并不是真正的分别位于"张"字的上下方，现在您看到的连续的"驰、张、弩"三字实际上就是它们在非聚集索引中的排序，是字典正文中的字在非聚集索引中的映射。我们可以通过这种方式来找到您所需要的字，但它需要两个过程，先找到目录中的结果，然后再翻到您所需要的页码。我们把这种目录纯粹是目录、正文纯粹是正文的排序方式称为"非聚集索引"。

由上面的例子可以看出，非聚集索引具有与表的数据完全分离的结构。使用非聚集索引不用将物理数据页中的数据按列排序。非聚集索引的叶节点中存储了组成非聚集索引的关键字的值和行定位器。如果数据是以聚集索引方式存储的，则行定位器中存储的是聚集索引的索引键。如果数据不是以聚集索引方式存储的，这种方式又称为堆存储方式（Heap Structure），则行定位器存储的是指向数据行的指针。非聚集索引将行定位器按关键字的值用一定的方式排序，这个顺序与表的行在数据页中的排序是不匹配的。

由于非聚集索引使用索引页存储，因此它比聚集索引需要更多的存储空间，且检索效率较低。但一个表只能建一个聚集索引，当用户需要建立多个索引时就需要使用非聚集索引。从理论上讲，一个表最多可以创建 249 个非聚集索引。

非聚集索引单个分区中的结构如图 6.7 所示。

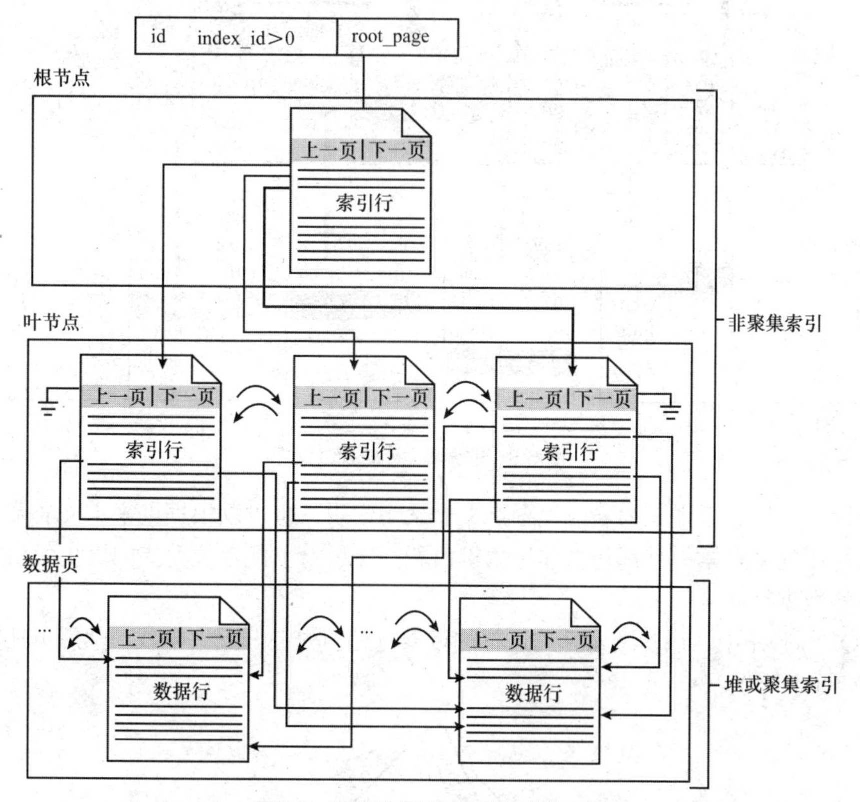

图 6.7　非聚集索引单个分区中的结构

非聚集索引的主要特点如下：

① 非聚集索引的页，不是数据，而是指向数据页的页。

② 若未指定索引类型，则默认为非聚集索引。

③ 叶节点页的次序和表的物理存储次序不同。

④ 每个表最多可以有 249 个非聚集索引。

⑤ 在非聚集索引创建之前创建聚集索引（否则会引发索引重建）。

【例 6.2】 在 Member 表中字段 LastName 上建立非聚集索引，执行下面语句，查找过程如图 6.8 所示。

```
SELECT lastname, firstname
FROM member
WHERE LastName
BETWEEN 'Masters' AND 'Rudd'
```

非聚集索引与聚集索引具有相同的 B 树结构，它们之间的显著差别在于以下两点：

① 基础表的数据行不按非聚集键的顺序排序和存储。

② 非聚集索引的叶层是由索引页而不是由数据页组成。

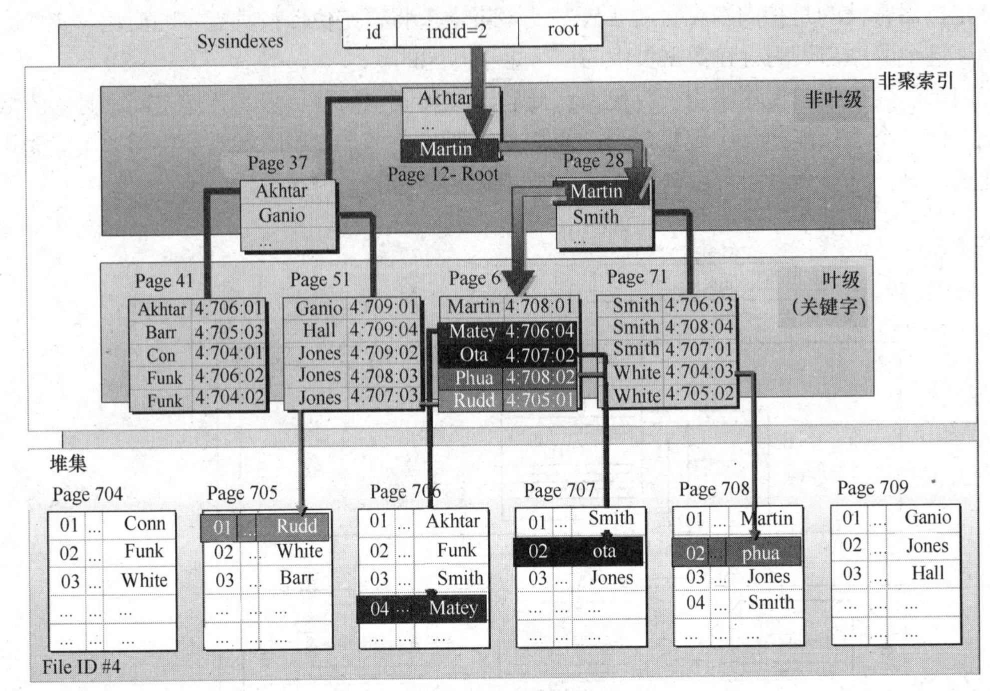

图 6.8　非聚集索引查找过程

既可以使用聚集索引来为表或视图定义非聚集索引，也可以根据堆来定义非聚集索引。非聚集索引中的每个索引行都包含非聚集键值和行定位符。此定位符指向聚集索引或堆中包含该键值的数据行。

在 SQL Server 中，很多搜索都用这样的搜索过程，先在非聚集中找，然后再在聚集索引中找，如图 6.9 所示。

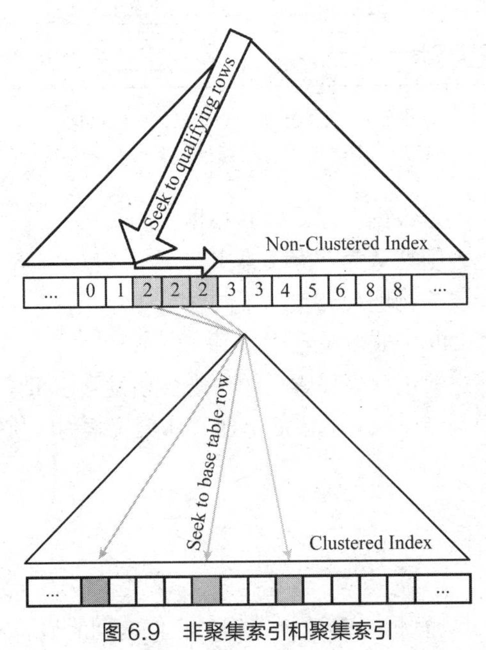

图 6.9　非聚集索引和聚集索引

【例 6.3】在 Member 表中的字段 LastName 上建立聚集索引，FirstName 为非聚集索引，执行下面语句，查找过程如图 6.10 所示。

```
SELECT lastname, firstname
FROM member
WHERE FirstName='Mike'
```

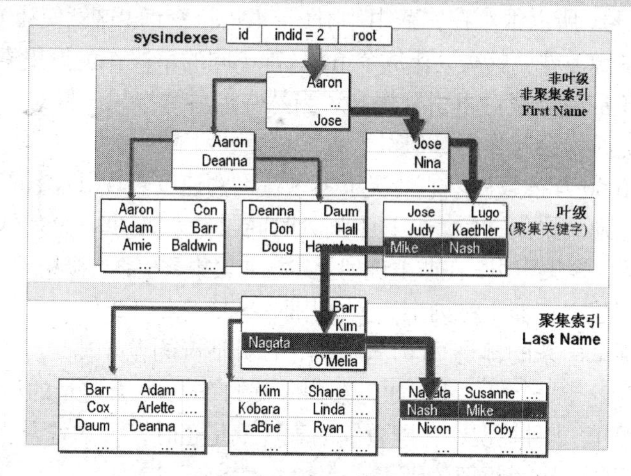

图 6.10 在聚集索引和非聚集索引中查找行

6.3.3 何时使用聚集索引或非聚集索引

表 6.2 总结了何时使用聚集索引或非聚集索引。

表 6.2 聚集索引与非聚集索引比较

动作描述	使用聚集索引	使用非聚集索引
列经常被分组排序	应	应
返回某范围内的数据	应	不应
一个或极少不同值	不应	不应
小数目的不同值	应	不应
大数目的不同值	不应	应
频繁更新的列	不应	应
外键列	应	应
主键列	应	应
频繁修改索引列	不应	应

理论的目的是应用。虽然刚才列出了何时应使用聚集索引或非聚集索引，但在实践中，以上规则很容易被忽视或不能根据实际情况进行综合分析。下面将根据在实践中遇到的实际问题来谈一下索引使用的误区，以便于大家掌握索引建立的方法。

常见的误区“主键就是聚集索引”。这种想法是极端错误的，是对聚集索引的一种浪费。虽然 SQL Server 默认是在主键上建立聚集索引的。

通常会在每个表中都建立一个 ID 列，以区分每条数据，并且这个 ID 列是自动增大的，步长一般为 1。此时，如果我们将这个列设为主键，SQL Server 会将此列默认为聚集索引。这样的好处是可以让您的数据在数据库中按照 ID 进行物理排序，但其实意义不大。

显而易见，聚集索引的优势是很明显的，而每个表中只能有一个聚集索引的规则，这使得聚集索引变得更加珍贵。

从前面谈到的聚集索引的定义我们可以看出，使用聚集索引的最大好处就是能够根据查询要求，迅速缩小查询范围，避免全表扫描。在实际应用中，因为 ID 号是自动生成的，并不知道每条记录的 ID 号，所以很难在实践中用 ID 号来进行查询。这就使让 ID 号这个主键作为聚集索引成为一种资源浪费。其次，让每个 ID 号都不同的字段作为聚集索引也不符合“大数目的不同值情况下不应建立聚合索引”规则；当然，这种情况只是针对用户经常修改记录内容，特别是索引项的时候会起作用，但对于查询速度并没有影响。

下面看一下在 1000 万条数据量的情况下各种查询的速度表现(以查询 25 万条记录为例):

（1）仅在主键上建立聚集索引，并且不划分时间段，大概用时 128470 毫秒（即 128 秒）。

（2）在主键上建立聚集索引，在非主键列上建立非聚集索引，大概用时 53763 毫秒（54 秒）。

（3）将聚合索引建立在非主键列上，大概用时 2423 毫秒（2 秒）。

虽然每条语句提取出来的都是 25 万条数据，各种情况的差异却是巨大的，特别是将聚集索引建立在日期列时的差异。事实上，如果数据库真的有 1000 万容量的话，把主键建立在 ID 列上，就像以上的第 1、2 种情况，在网页上的表现就是超时，根本就无法显示。这也是摒弃主键列作为聚集索引的一个最重要的因素。

6.4 索引的创建和管理方法

6.4.1 创建索引

在 SQL Server Management Studio 中创建索引，首先选择索引所在的数据表，以班级表为例。首先选中 ClassInfo 并展开。在索引文件夹上单击鼠标右键，然后选择“新建索引”→“非聚集索引”命令，如图 6.11 所示。

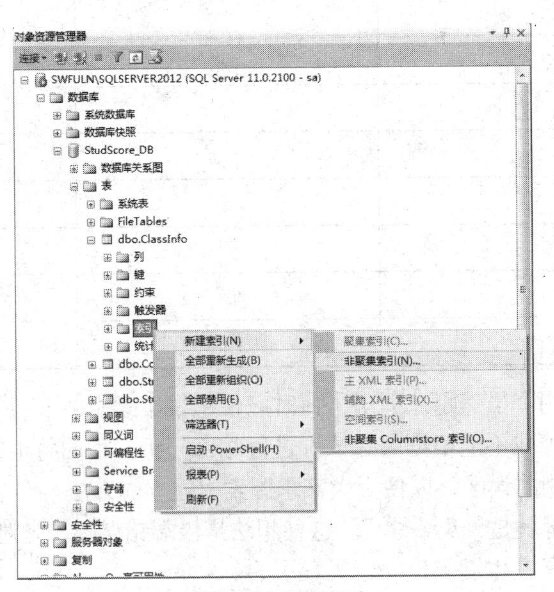

图 6.11　新建索引

接下来将会打开“新建索引”管理窗口，如图 6.12 所示，输入索引名称，选择索引类型，然后单击“添加”按钮，将会为指定索引选择相应的表列，如图 6.13 所示。

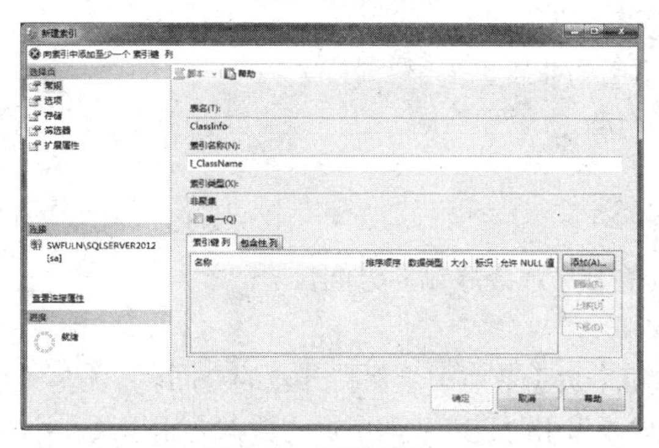

图 6.12　新建索引

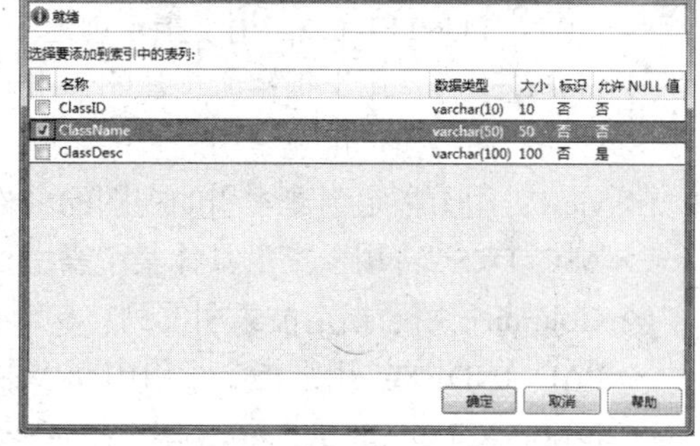

图 6.13　选择作为索引的字段

选定特定的列作为索引，单击“确定”按钮。这时可为索引指定唯一性。如果该字段的值没有重复，则可以将索引设置为唯一索引。再次单击“确定”按钮后，该表的索引创建完成，如图 6.14 所示。

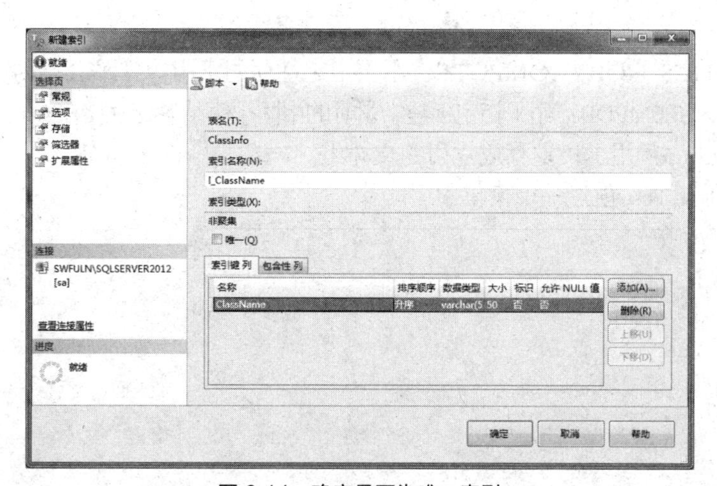

图 6.14　确定是否为唯一索引

6.4.2　使用命令进行索引管理

1. 用 CREATE INDEX 命令创建索引

CREATE INDEX 既可以创建一个可改变表的物理顺序的聚集索引，也可以创建提高查询性能的非聚集索引，其语法如下：

```
CREATE  [UNIQUE]  [CLUSTERED | NONCLUSTERED]
INDEX index_name ON {table | view } column [ ASC | DESC ] [,...n])
 [WITH
[PAD_INDEX]
  [ [, ] FILLFACTOR = fillfactor]
  [ [, ] IGNORE_DUP_KEY]
  [ [, ] DROP_EXISTING]
  [ [, ] STATISTICS_NORECOMPUTE]
  [ [, ] SORT_IN_TEMPDB ]
]
[ON filegroup]
```

各参数说明如下：

✧ UNIQUE：用于指定为表或视图创建唯一索引，即不允许存在索引值相同的两行。

✧ CLUSTERED：用于指定创建的索引为聚集索引。

✧ NONCLUSTERED：用于指定创建的索引为非聚集索引。

✧ index_name：用于指定所创建的索引的名称。

✧ table：用于指定创建索引的表的名称。

✧ view：用于指定创建索引的视图的名称。

✧ ASC|DESC：用于指定具体某个索引列的升序或降序排序方向。

✧ Column：用于指定被索引的列。

✧ PAD_INDEX：用于指定索引中间级中每个页（节点）上保持开放的空间。

✧ FILLFACTOR = fillfactor：用于指定在创建索引时，每个索引页的数据占索引页大小的百分比，fillfactor 的值为 1 到 100。

✧ IGNORE_DUP_KEY：用于控制当往包含于一个唯一聚集索引中的列中插入重复数据时 SQL Server 所做的反应。

✧ DROP_EXISTING：用于指定应删除并重新创建已命名的先前存在的聚集索引或者非聚集索引。

✧ STATISTICS_NORECOMPUTE：用于指定过期的索引统计不会自动重新计算。

✧ SORT_IN_TEMPDB：用于指定创建索引时的中间排序结果将存储在 tempdb 数据库中。

✧ ON filegroup：用于指定存放索引的文件组。

【例 6.4】为表 Test 创建一个聚集索引。

```
CREATE TABLE Test
(
    TestID INT NOT NULL,
    FirstNameChar(10),
    LastNamechar(10),
    Salary numeric(4,1)
)
Go
CREATE UNIQUE CLUSTERED INDEX IX_TestID ON Test(TestID)
```

【例 6.5】为表 Test 创建唯一复合索引。

```
CREATE UNIQUE Index IX_F_LName
ON Test(FirstName,LastName)
With
   PAD_INDEX,
   FILLFACTOR=80,
   IGNORE_DUP_KEY
```

2. 使用 DROP INDEX 语句删除索引

删除操作比较简单，其语法如下：

```
DROP INDEX table.index[,…n]
```

其中 table 为包含索引的表名，index 为索引名。表名与索引之间用点号分隔。

【例 6.6】删除表 Test 的 IX_TestID 和 IX_F_LName 索引。

```
Drop Index Test.IX_F_LName,Test_CreateIndex.IX_TestID
```

PART 7 第 7 章 T-SQL 程序设计

本章主要介绍 SQL Server 中程序设计的基本知识。讲解 T-SQL 中的局部变量、全局变量和程序流程控制语言。通过本章内容介绍，使读者初步掌握使用 T-SQL 进行程序设计的方法。

SQL 语言是一种介于关系代数与关系演算之间的语言，它是一个通用的、功能极强的关系数据库语言。Transact-SQL 语言简称 T-SQL，是标准 SQL 语言的增强版，它对 SQL-92 标准进行了扩展用以增强其可编程性和灵活性，为处理大量数据提供必要的结构化处理能力，并作为应用程序与 SQL Server 沟通的主要语言。T-SQL 提供标准 SQL 的数据定义、操作和控制的功能，加上延伸的函数、系统预存程序以及程序设计结构，使程序设计更具弹性。

7.1 T-SQL 的变量

变量是执行程序中必不可少的部分，它主要是用来在程序运行过程中存储和传递数据。变量其实就是内存中的一个存储区域，存储在这个区域中的数据就是变量的值，它由系统或用户定义并赋值。在 T-SQL 语句中，变量有两种：局部变量与全局变量。这两种变量在使用方法和具体意义上均不相同。

7.1.1 局部变量

局部变量是作用域局限在一定范围内的变量，是用户自定义的变量。一般来说，局部变量的使用范围局限于定义它的批处理内部。定义局部变量的批处理中的 SQL 语句可以引用这个局部变量，直到批处理结束，这个局部变量的生命周期也就结束了。局部变量在程序中通常用来储存从表中查询到的数据或作为程序执行过程中暂存变量使用。

1．声明局部变量

在使用一个局部变量之前，必须先声明该变量。声明一个局部变量的语法格式如下：

```
DECLARE  @变量名 数据类型 [，@变量名 数据类型] …
```

声明语句中的各部分说明如下：

① 局部变量名的命名必须遵循 SQL Server 的标识符命名规则，并且必须以字符“@”开头。

② 局部变量的数据类型可以是除 text、ntext 或者 image 类型外的所有系统数据类型，也可以是用户自定义的数据类型。

③ DECLARE 语句可以声明一个或多个局部变量，变量被声明以后，初值都是 NULL。

2．局部变量赋值

局部变量被创建之后，系统将其初始值设为 NULL。若要改变局部变量的值，可以使用

SET 语句或 SELECT 语句给局部变量重新赋值。

SELECT 语句的语法格式为：

```
SELECT  @变量名 = 表达式  [, @变量名 = 表达式] …
```

SET 语句的语法格式为：

```
SET  @变量名 = 表达式
```

赋值语句中的各部分说明如下：

① @变量名是准备为其赋值的局部变量。

② 表达式是有效的 SQL Server 表达式，且其类型应与局部变量的数据类型相匹配。

③ 从语法格式中可看出，SELECT 语句和 SET 语句的区别在于使用 SET 语句一次只能给一个变量赋值，而在 SELECT 语句中可以一次给多个变量赋值。

【例 7.1】声明一个长度为 11 个字符的变量 StudNo 并赋值。

```
DECLARE @StudNo char(11)
SET @StudNo='20050319001'
```

【例 7.2】声明多个局部变量，并为多个变量一起赋值。

```
DECLARE @b int, @c char(10), @a int
SELECT @b=1, @c='SWFU', @a=2
```

3. 显示变量的值

要显示变量的值，可以使用 SELECT 或 Print 语句，其语法如下：

```
SELECT 变量名
PRINT 变量名
```

使用 SELECT 和 PRINT 语句可显示变量的值，其区别在于 SELECT 以表格方式显示变量值，而 PRINT 语句在消息框中显示变量值。

【例 7.3】声明局部变量，将其赋值为学号为 20050319001 的最高分。

```
DECLARE @MaxScore numeric(5,1)
SELECT @MaxScore=MAX(StudScore)
FROM StudScoreInfo
WHERE StudNo='20050319001'
```

【例 7.4】声明局部变量，赋值并显示变量值。

```
DECLARE @StudName varchar(20)
DECLARE @Salary int,@Today datetime
SET @StudName='李明'
SET @Salary=50
SELECT @Today=Getdate()
SELECT @StudName,@Salary
PRINT @Today
```

7.1.2 全局变量

全局变量是以“@@”开头，由系统预先定义并负责维护的变量，也可以把全局变量看成是一种特殊形式的函数。全局变量不可以由用户随意建立和修改，作用范围也并不局限于某个程序，而是任何程序均可调用。常用的全局变量有三十多个，通常用来存储一些 SQL Server 的配置值和效能统计数字，用户可以通过查询全局变量来检测系统的参数值或者执行查询命令后的状态值。

表 7.1 列出了 SQL Server 的几个常用全局变量及其含义，对于其他全局变量，读者可通过自行查阅 SQL Server 联机丛书进行学习。

表 7.1 全局变量

全局变量名称	全局变量含义
@@CONNECTIONS	返回 SQL Server 自上次启动以来所有针对此服务器的尝试的连接数，无论连接是成功还是失败
@@ERROR	返回执行的上一个 T-SQL 语句的错误号
@@ROWCOUNT	返回受上一条 SQL 语句所影响的行数
@@IDENTITY	返回最后插入的标识列的列值
@@NESTLEVEL	返回对本地服务器上执行的当前存储过程的嵌套级别（初始值为 0）
@@SERVERNAME	返回运行 SQL Server 的本地服务器名称
@@SPID	返回当前用户进程的会话 ID
@@VERSION	返回当前 SQL Server 的安装版本、处理器体系结构、生成日期和操作系统

【例 7.5】使用@@ERROR 变量在一个 UPDATE 语句中检测限制检查冲突（错误代码为#547）。

```
UPDATE StudInfo SET StudSex='XX' WHERE StudNo='20050319001'
IF @@ERROR=547
     PRINT '出现限制检查冲突，请检查需要更新的数据限制'
```

【例 7.6】在 UPDATE 语句中使用@@ROWCOUNT 变量来检测是否存在发生更改的记录。

```
UPDATE StudInfo SET StudSex='XX'  WHERE StudNo='20050319001'
IF @@ROWCOUNT=0
     Print '警告：没有发生记录更新'
```

7.2 程序流程控制语句

SQL Server 支持结构化的编程方法，结构化编程中程序流程控制的三大结构是顺序结构、选择结构、循环结构。T-SQL 语言提供了可以实现这三种结构的流程控制语句，使用这些流程控制语句可以控制命令的执行顺序，以便更好地组织程序。

SQL Server 中的流程控制语句有 BEGIN…END、IF…ELSE、WHILE…CONTINUE…BREAK、GOTO、WAITFOR、RETURN 等。

7.2.1 BEGIN…END 语句

BEGIN…END 语句相当于其他程序设计语言中的复合语句，如 C 语言中的{}。它用于将多条 T-SQL 语句封装为一个整体的语句块，即将 BEGIN…END 内的所有 T-SQL 语句视为一个单元执行。在实际应用中，BEGIN…END 语句一般与 IF…ELSE、WHILE 等语句联用，当判断条件符合需要执行两个或者多个语句时，就需要使用 BEGIN…END 语句将这些语句封装为一个语句块。BEGIN...END 语句块允许嵌套。

语法：

```
BEGIN
{
        SQL 语句块|程序块
}
```

```
END
```

适用情况：

① WHILE 循环需要包含多条语句。

② CASE 函数的元素需要包含多条语句。

③ IF 或 ELSE 子句中需要包含多条语句。

【**例 7.7**】在BEGIN…END 语句块中把两个变量的值交换。

```
DECLARE @x int, @y int, @t int
SET @x=1
SET @y=2
BEGIN
   SET @t=@x
   SET @x=@y
   SET @y=@t
END
PRINT @x
PRINT @y
```

此例不用 BEGIN…END 语句，结果也完全一样，但 BEGIN…END 和一些流程控制语句结合起来会更体现其作用。

7.2.2 单条件分支语句

IF…ELSE 语句是条件判断语句，用以实现选择结构。当 IF 后的条件成立时就执行其后的 T-SQL 语句，条件不成立时执行 ELSE 后的 T-SQL 语句。其中，ELSE 子句是可选项，如果没有 ELSE 子句，当条件不成立，则执行 IF 语句后的其他语句。

语法：

```
IF <条件表达式>
   {SQL 语句|程序块}
[ELSE
   {SQL 语句|程序块}
]
```

说明：

① 条件表达式是作为执行和判断条件的布尔表达式，返回“真”或“假”，如果布尔表达式中含有 SELECT 语句，必须用圆括号将 SELECT 语句括起来。

② 语句/程序块可以是合法 Transact-SQL 任意语句，但含两条或两条以上的语句的程序块必须加 BEGIN…END 子句。

③ IF...ELSE 语句允许嵌套使用，可以在 IF 之后或在 ELSE 下面，嵌套另一个 IF 语句，嵌套级数的限制取决于可用内存。

【**例 7.8**】判断变量是否为正数。

```
DECLARE @i int
SET @i=3
IF @i>0
   PRINT 'i 是正数'
PRINT 'end'
```

【**例 7.9**】判断学生成绩表中是否存在考满分的成绩信息。

```
IF EXISTS(SELECT * FROM StudScoreInfo WHERE StudScore=100)
   BEGIN
        PRINT '有考 100 分的学生'
       SELECT * FROM StudScoreInfo WHERE StudScore=100
   END
```

```
ELSE
   PRINT '没有考100分的学生'
```

【例 7.10】根据一个坐标值，判断它在哪一个象限。使用 IF…ELSE 结构嵌套实现。

```
DECLARE @x int, @y int
SET @x=8
SET @y=8
IF @x>0
   IF @y>0
      PRINT '位于第一象限'
   ELSE
      PRINT '位于第四象限'
ELSE
   IF @y>0
      PRINT '位于第二象限'
   ELSE
      PRINT '位于第三象限'
```

7.2.3 多条件分支语句

1. IF 多条件分支

IF…ELSE IF 语句用于多条件分支执行。

语法：

```
IF <条件表达式>
   {SQL语句|程序块}
ELSE IF <条件表达式>
   {SQL语句|程序块}
…
ELSE
   {SQL语句|程序块}
```

注意

执行 IF 多条件分支语句时，只执行第一个匹配的程序块。

【例 7.11】使用 IF 语句判断学生成绩等级。

```
DECLARE @AvgScore numeric(5,1)
DECLARE @ScoreLevel varchar(10)
SELECT @AvgScore=AVG(StudScore) FROM StudScoreInfo WHERE StudNo='20050319001'
IF @AvgScore>=90
    SET @ScoreLevel='优秀'
ELSEIF @AvgScore>=80
    SET @ScoreLevel='良好'
ELSEIF @AvgScore>=70
    SET @ScoreLevel='中等'
ELSEIF @AvgScore>=60
    SET @ScoreLevel='及格'
ELSE
    SET @ScoreLevel='不及格'
PRINT @ScoreLevel
```

2. CASE 多条件分支

CASE 语句和 IF...ELSE 语句一样，也用来实现选择结构。但是它与 IF…ELSE 语句相比，可以更方便地实现多重选择的情况，从而可以避免多重的 IF…ELSE 语句的嵌套，使得程序的结构更加简练、清晰。T-SQL 中的 CASE 语句可分为简单 CASE 语句和搜索 CASE 语句两种。

（1）简单 CASE 语句

语法：

```
CASE <运算式>
    WHEN <运算式> THEN <运算式>
    …
    WHEN <运算式> THEN <运算式>
    [ELSE <运算式>]
END
```

说明：

① CASE 后的表达式用于和 WHEN 后的表达式逐个进行比较，两者数据类型必须相同，或必须是可以进行隐式转换的数据类型。

② THEN 后面给出当 CASE 后的表达式值与 WHEN 后的表达式相等时，要返回的结果表达式。

③ 可以有多个“WHEN 表达式 THEN 结果表达式”结构。

④ 简单 CASE 语句的执行过程为：首先计算 CASE 后面表达式的值，然后按顺序对每个 WHEN 子句后的表达式进行比较，当遇到与 CASE 后表达式值相等的，则执行对应的 THEN 后的结果表达式，并退出 CASE 结构。若 CASE 后的表达式值与所有 WHEN 后的表达式值均不相等，则返回 ELSE 后的结果表达式。若 CASE 后的表达式值与所有 WHEN 后的表达式值均不相等，且“ELSE 结果表达式”部分被省略，则返回 NULL 值。

【例 7.12】使用简单 CASE 语句判断变量的值。

```
Declare @a int,@Answer Char(10)
SET @a=cast(rand()*10 AS int)
PRINT @a
SET @Answer=CASE @a
    WHEN 1 THEN 'A'
    WHEN 2 THEN 'B'
    WHEN 3 THEN 'C'
    WHEN 4 THEN 'D'
    WHEN 5 THEN 'E'
    ELSE 'Others'
    END
PRINT 'The answer is '+@Answer
```

（2）搜索 CASE 语句

语法：

```
CASE
WHEN <条件表达式> THEN <运算式>
WHEN <条件表达式> THEN <运算式>
…
[ELSE <运算式>]
END
```

说明：

① CASE 后无表达式。

② WHEN 后的条件表达式是作为执行和判断条件的布尔表达式。

③ 可以有多个“WHEN 条件表达式 THEN 结果表达式”结构。

④ 搜索 CASE 语句的执行过程为：首先测试 WHEN 后的条件表达式，若为真，则执行 THEN 后的结果表达式，并退出 CASE 结构，否则进行下一个条件表达式的测试。若所有 WHEN 后的条件表达式都为假，则执行 ELSE 后的结果表达式。若所有 WHEN 后的条件表

达式都为假，且“ELSE 结果表达式”部分被省略，则返回 NULL 值。

执行 CASE 多条件分支语句时，只执行第一个匹配的子句。

【例 7.13】使用搜索 CASE 语句判断学生成绩等级。

```
DECLARE @AvgScore numeric(5,1)
DECLARE @ScoreLevel varchar(10)
SELECT @AvgScore=AVG(StudScore) FROM StudScoreInfo WHERE StudNo='20050319001'
SET @ScoreLevel=CASE
    WHEN @AvgScore>=90 THEN '优秀'
    WHEN @AvgScore>=80 THEN '良好'
    WHEN @AvgScore>=70 THEN '中等'
    WHEN @AvgScore>=60 THEN '及格'
    ELSE
      '不及格'
    END
PRINT @ScoreLevel
```


7.2.4 循环语句

WHILE 语句用以实现循环结构，其功能是在满足条件的情况下会重复执行 T-SQL 语句或语句块。

语法：

```
WHILE  条件表达式
   BEGIN
     语句|程序块
     [BREAK]
     语句|程序块
     [CONTINUE]
     语句|程序块
END
```

说明：

① 条件表达式是作为执行和判断条件的布尔表达式，返回“真”或“假”，如果布尔表达式中含有 SELECT 语句，必须用圆括号将 SELECT 语句括起来。

② WHILE 语句的执行流程是，先判断条件表达式的值，当条件表达式的值为“真”时，执行循环体中的语句或程序块，遇到 END 子句会自动地再次判断表达式值的真假，决定是否执行循环体，只有当条件表达式为“假”时，才结束执行循环体的语句。

③ WHILE 语句中的 CONTINUE 和 BREAK 是可选项。若有 CONTINUE 语句，其功能是使程序跳出本次循环，开始执行下一次循环。而执行到 BREAK 语句时，会立即终止循环，结束整个 WHILE 语句的执行，并继续执行 WHILE 语句后的其他语句。

【例 7.14】计算 S=1+3+7+…+99。

```
DECLARE @i int,@S int
SET @i=1
SET @S=0
WHILE @i<=99
BEGIN
   SET @S=@S+@i
   SET @i=@i+2
END
PRINT @S
```

【例 7.15】使用 WHILE 语句示例。

```
DECLARE @i int
SET @i=10
WHILE @i>0
BEGIN
   SET @i=@i-1
   IF @i=8 CONTINUE
   IF @i=2 BREAK
   IF @i%2=0
      PRINT @i
END
```

【例 7.16】计算 S=1!+2!+3!+4!+5!。

```
DECLARE @i int,@k bigint,@S bigint
SET @i=1
SET @k=1
SET @S=0
WHILE @i<=5
BEGIN
   SET @k=@k*@i
   SET @S=@S+@k
   SET @i=@i+1
END
PRINT @S
```

7.2.5 WAITFOR 语句

WAITFOR 语句用于在达到指定时间或时间间隔之前，阻止执行批处理、存储过程或事务，直到所设定的时间已到或等待了指定的时间间隔之后才继续往下运行。

语法：

```
WAITFOR  DELAY  等待时间 | TIME  完成时间
```

说明：

① DELAY：“等待时间”是指定可以继续执行批处理、存储过程或事务之前必须经过的指定时段，最长可为 24 小时。可使用 datetime 数据可接受的格式之一指定等待时间，也可以将其指定为局部变量，但不能指定日期，因此不允许指定 datetime 值的日期部分。

② TIME：“完成时间”是指定运行批处理、存储过程或事务的具体时刻。可以使用 datetime 数据可接受的格式之一指定“完成时间”，也可以将其指定为局部变量，但不能指定日期，因此不允许指定 datetime 值的日期部分。

【例 7.17】使用 WAITFOR DELAY，等待 0 小时 0 分 2 秒后执行 SELECT 语句。

```
WAITFOR DELAY '00:00:02'
SELECT * FROM StudInfo
```

【例 7.18】使用 WAITFOR TIME，等到 10 点 10 分后才执行 PRINT 语句。

```
WAITFOR TIME '10:10:00'
PRINT '开始上课！'
```

7.2.6 RETURN 语句

RETURN 语句用于结束当前程序的执行，无条件地终止一个查询、存储过程或者批处理，返回到上一个调用它的程序或其他程序在括号内可指定一个返回值。此时位于 RETURN 语句之后的程序将不会被执行。

语法：

```
RETURN [ integer_expression ]
```

说明：参数 integer_expression 为返回的整型值。存储过程可以给调用过程或应用程序返回整型值。

功能：

① 从查询或过程中无条件退出。

② 可在任何时候用于从过程、批处理或语句块中退出。

③ 不执行位于 RETURN 之后的语句。

【**例 7.19**】使用 RETURN 语句结束程序执行。

```
DECLARE @x int
SET @x=3
IF @x>0
   PRINT '遇到 RETURN 之前'
RETURN
PRINT '遇到 RETURN 之后'
```

【**例 7.20**】使用 RETURN 语句在存储过程中返回值。

```
CREATE PROCEDURE CheckScore
AS
IF EXISTS(SELECT * FROM StudScoreInfo WHERE StudScore=100)
   RETURN (SELECT COUNT(*) FROM StudScoreInfo WHERE StudScore=100)
ELSE
   RETURN 0
```

7.2.7 GOTO 语句

GOTO 命令用来改变程序执行的流程，使程序跳到标识符指定的程序行再继续往下执行。

语法：

```
定义标签：
   label:
改变执行：
   GOTO label
```

功能：

① GOTO 语句将执行流变更到标签处。

② 跳过 GOTO 之后的 Transact-SQL 语句，在标签处继续处理。

③ GOTO 语句和标签可在过程、批处理或语句块中的任何位置使用。

【**例 7.21**】使用 GOTO 语句示例。

```
DECLARE @number smallint
SET @number=cast(rand()*100 AS int)
IF(@number%3)=0
GOTO Three
ELSE GOTO NotThree
Three:
   print '3 的倍数:'+Cast(@number AS varchar)
   GOTO TheEnd
NotThree:
   print '不是 3 的倍数'+Convert(varchar(2),@number)
TheEnd:
```

7.2.8 使用注释

注释是指程序代码中不执行的文本字符串，是对程序的说明，可以提高程序的可读性，使程序代码更易于维护，一般嵌入在程序中并以特殊的标记显示出来。在 Transact-SQL 中，注释可以包含在批处理、存储过程、触发器中，有两种类型的注释符：ANSI 标准的注释符“--”

用于单行注释；与 C 语言相同的程序注释符号，即“/*……*/”，“/*”用于注释文字的开头，“*/”用于注释文字的结尾，可在程序中标识多行文字为注释。

1. 行注释

语法：

```
-- text_of_comment
```

参数：

✧text_of_comment：为包含注释文本的字符串。

功能：

① 表示用户提供的文本。可以将注释插入单独行中、嵌套（只限--）在 Transact-SQL 令行的末端，或者 Transact-SQL 语句中。

② 服务器不对注释进行执行。

③ 两个连字符（--）是 SQL-92 标准的注释指示符。

2. 块注释

语法：

```
/ * text_of_comment * /
```

参数：

✧ text_of_comment：为包含注释文本的字符串。

功能：表示用户提供的文本。服务器不对位于/* 和 */注释字符之间的文本进行执行。

【**例 7.22**】注释示例。

```
/*选择学生信息表中的所有记录*/
SELECT *        --*表示所有字段
FROM StudInfo   /*FROM 指定来自于什么样的数据表*/
/*用别名显示数据表中的字段*/
SELECT StudNo AS 学生学号,/*StudNo 别名为学生学号*/StudName 学生姓名,
班级编号=ClassID
FROM StudInfo
/* WHERE StudNo LIKE '990704%'
ORDER BY StudNo DESC */
```

7.2.9 使用批处理

批处理是包含一个或多个 Transact-SQL 语句的组，从应用程序一次性地发送到 Microsoft SQL Server 执行。SQL Server 将批处理语句编译成一个可执行单元，此单元称为执行计划。执行计划中的语句每次执行一条。

批处理中的错误可分为编译错误和运行时错误两种：

（1）编译错误（如语法错误）使执行计划无法编译，从而导致批处理中的任何语句均无法执行。

（2）运行时错误（如算术溢出或违反约束）会产生以下两种影响之一：

① 大多数运行时错误将停止执行批处理中当前语句和它之后的语句。

② 少数运行时错误（如违反约束）仅停止执行当前语句，而继续执行批处理中其他所有语句。

为了将一个脚本分为多个批处理，可以使用 GO 语句。GO 语句必须自成一行。所有的批处理都须使用 GO 作为结束的标志，当编译器读到 GO 的时候就把 GO 前面的所有语句当成一个批处理，然后打包成一个数据包发给服务器。GO 本身不是 T-SQL 的组成部分，只是一个用于表示批处理结束的前端指令。

【例 7.23】GO 示例。

```
USE StudScore_DB  --USE 命令用于在当前工作区打开或关闭数据库
SELECT * FROM StudInfo
GO
```

【例 7.24】局部变量的作用域限制在一个批处理。

```
DECLARE @Parameter1 INT
DECLARE @Parameter2 INT

-- 如果在此处插入 "GO":
--"GO"
-- Result:
--消息 137，级别 15，状态 1，第 8 行
--必须声明标量变量 "@Parameter1"
--消息 137，级别 15，状态 1，第 9 行
--必须声明标量变量 "@Parameter2"
--消息 137，级别 15，状态 2，第 11 行
--必须声明标量变量 "@Parameter1"
SET @Parameter1 = 1
SET @Parameter2 = 2

PRINT @Parameter1 + @Parameter2
GO
-- Result: 3
```

7.3 T-SQL 实用示例

7.3.1 动态分页

在前面的章节中介绍过使用 ORDER BY OFFSET 子句实现数据分页，但其起始页数据和分页的大小是固定的，在实际应用中我们经常会动态指定分页记录数的大小和指定查看不同页的数据，这就需要使用 T-SQL 变量实现其数据的动态分页。

这里以学生信息表分页为例，将班级编号为'20010505'和'20010704'的学生信息以每页 10 条记录分页，并查看其第 3 页的记录。

【例 7.25】学生信息动态分页示例。

```
DECLARE @page INT, @size INT    --定义查看页数变量@page，每页记录数变量@size
SELECT @page = 3, @size = 10      --设置变量初值

SELECT  *
FROM StudInfo
WHERE ClassID IN ('20010505','20010704')
ORDER BY StudNo
OFFSET (@page -1) * @size ROWS
FETCH NEXT @size ROWS ONLY
```

7.3.2 行列转置

前面章节中，我们介绍过使用 FOR XML PATH 语句将查询结果集以 XML 形式展现，我们还可以利用 FOR XML PATH 对字符串类型字段的输出格式进行定义，构建我们喜欢的输出方式。

下面我们通过一个具体的实例，介绍如何利用 FOR XML PATH 语句实现在查询结果中的行列转置。

【例 7.26】利用 FOR XML PATH 进行行列转置。

```
DECLARE @T1 table(StudNo VarChar(15),Hobby VarChar(20))
INSERT INTO @T1(StudNo,Hobby) VALUES('20010505001','游泳')
INSERT INTO @T1(StudNo,Hobby) VALUES('20010505001','绘画')
INSERT INTO @T1(StudNo,Hobby) VALUES('20010505002','篮球')
INSERT INTO @T1(StudNo,Hobby) VALUES('20010505003','写作')
INSERT INTO @T1(StudNo,Hobby) VALUES('20010505003','游泳')
INSERT INTO @T1(StudNo,Hobby) VALUES('20010505003','钢琴')
```

首先构造一个存储学生爱好的临时表，如图 7.1 所示。然后查询显示每个学生的爱好结果集，将原表中以列显示的爱好转换成行来显示。

结果 | 消息

	StudNo	Hobby
1	20010505001	游泳
2	20010505001	绘画
3	20010505002	篮球
4	20010505003	写作
5	20010505003	游泳
6	20010505003	钢琴

图 7.1　学生爱好表

```
SELECT B.StudNo,LEFT(StuList,LEN(StuList)-1) as Hobby FROM (
SELECT StudNo,
(SELECT Hobby+',' FROM @T1
  WHERE StudNo=A.StudNo
  FOR XML PATH('')) AS StuList
FROM @T1 A
GROUP BY StudNo
) B
```

运行结果如图 7.2 所示。

结果 | 消息

	StudNo	Hobby
1	20010505001	游泳,绘画
2	20010505002	篮球
3	20010505003	写作,游泳,钢琴

图 7.2　行列转置后的查询结果

该例中首先通过 FOR XML PATH 将某一学生的爱好显示为“爱好 1，爱好 2，爱好 3，”的格式，并按学生学号进行分组，此时的 StuList 列里面的数据最后都会多出一个逗号，接下来外层的 SELECT 语句通过函数 LEFT(StuList,LEN(StuList)−1)去掉多出的逗号，得到最终结果。

PART 8

第8章 函数

本章介绍了 SQL Server 中的函数系统，讲解了 SQL Server 系统函数和系统内置函数的使用方式。对于较为常用的系统内置函数进行了举例说明。最后重点介绍了用户自定义函数的定义和使用方式。通过本章讲解，要求读者了解 SQL Server 函数系统，并能够灵活使用 SQL Server 系统函数和系统内置函数，能够按要求创建和使用用户自定义函数。

8.1 系统内置函数

为了让用户更方便地对数据库进行操作，SQL Server 在 T-SQL 中提供了许多内置函数。函数其实就是一段程序代码，用户可以通过调用内置函数并为其提供所需的参数来执行一些特殊的运算或完成复杂的操作。T-SQL 提供的函数有系统函数、字符串函数、日期和时间函数、数学函数、转换函数等，如图 8.1 所示。

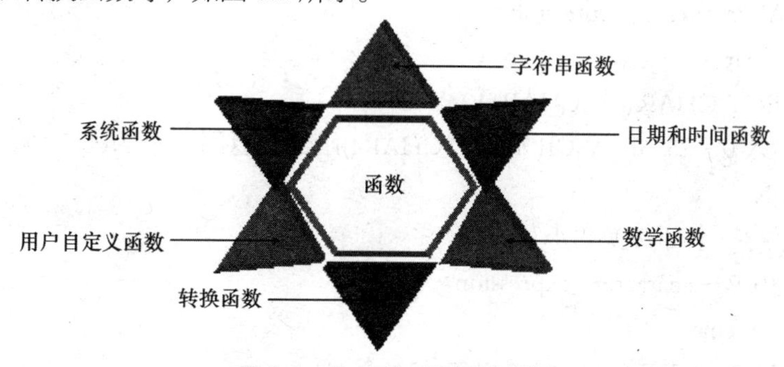

图 8.1 T-SQL 内置函数分类

8.1.1 系统函数

系统函数用于获取有关计算机系统、用户、数据库和数据库对象的信息。可以使用户在不直接访问系统表的情况下，获取 SQL Server 系统表中的信息。系统函数可以让用户在得到信息后使用条件语句，根据返回的信息进行不同的操作。与其他函数一样，可以在 SELECT 语句的 SELECT 和 WHERE 子句以及表达式中使用系统函数。系统函数的类型如表 8.1 所示。

表 8.1 系统函数的类型

系统函数名称	功能	系统函数名称	功能
DB_ID	返回数据库 ID	USER_ID	返回用户 ID
DB_NAME	返回数据库名称	USER_NAME	返回用户名称
HOST_ID	返回主机 ID	COL_NAME	返回列名
HOST_NAME	返回主机名称	COL_LENGTH	返回列长度

【例 8.1】返回学生信息表中姓名字段的长度和数据长度。

```
SELECT COL_LENGTH('StudInfo','StudName') AS Name_Col_Length,
       DATALENGTH(StudName) AS Name_Data_Length
FROM StudInfo
```

8.1.2 字符串函数

字符串函数对二进制数据、字符串和表达式执行不同的运算。此类函数作用于 CHAR、VARCHAR、BINARY 和 VARBINARY 数据类型以及可以隐式转换为 CHAR 或 VARCHAR 的数据类型。可以在 SELECT 语句的 SELECT 和 WHERE 子句以及表达式中使用字符串函数。

1．字符转换函数

字符转换函数有以下几种：

（1）ASCII

功能：返回字符表达式最左端字符的 ASCII 码值。

语法：ASCII <character_expression>

返回类型：int

示例：SELECT ASCII(123),ASCII('A')

在 ASCII 函数中，纯数字的字符串可不用括起来，但含其他字符的字符串必须括起来使用，否则会出错。

（2）CHAR

功能：用于将 ASCII 码转换为字符。

语法：CHAR <integer_expression>

返回类型：char

示例：SELECT CHAR(65),CHAR(123)

如果没有输入 0～255 的 ASCII 码值，CHAR()函数会返回一个 NULL 值。

（3）LOWER

功能：把字符串全部转换为小写。

语法：LOWER <character _expression>

返回类型：varchar

示例：SELECT LOWER('Abc'),LOWER('A 李 C')

（4）UPPER

功能：把字符串全部转换为大写。

语法：LOWER <character _expression>

返回类型：varchar

示例：SELECT UPPER('Abc'),UPPER('a 李 c')

（5）STR

功能：把数值型数据转换为字符型数据。

语法：STR <float _expression>[length[<decimal>]]

返回类型：char

示例：SELECT STR(123.5),STR(123456,5),STR(123.456,8,2)

自变量 length 和 decimal 必须是非负值，length 指定返回的字符串的长度。decimal 指定返回的小数位数，如果没有指定长度，默认的 length 值为 10，decimal 默认值为 0。小数位数大于 decimal 值时，STR 函数将其下一位四舍五入。指定长度应大于或等于数字的符号位数+小数点前的位数+小数点位数+小数点后的位数。如果<float_expression>小数点前的位数超过了指定的长度，则返回指定的长度。

2．去空格函数

（1）LTRIM

功能：把字符串头部的空格去掉。

语法：LTRIM <character _expression>

返回类型：varchar

示例：SELECT LTRIM('　A'),RTRIM(' 李 ')

（2）RTRIM

功能：把字符串尾部的空格去掉。

语法：RTRIM <character _expression>

返回类型：varchar

示例：SELECT LTRIM('A '),RTRIM(' 李 ')

在许多情况下，往往需要得到头部和尾部都没有空格字符的字符串，这时可将上两个函数嵌套使用。

【**例 8.2**】去除字符串头部和尾部空格。

```
SELECT RTRIM(LTRIM(' 李 '))
```

3．取子串函数

（1）LEFT

功能：返回从字符串左边开始指定个数的字符。

语法：LEFT(character_expression,integer_expression)

返回类型：varchar

示例：SELECT LEFT('ABC',2),LEFT('A 西林 C',2)

（2）RIGHT

功能：返回从字符串右边开始指定个数的字符。

语法：RIGHT(character_expression,integer_expression)

返回类型：varchar

示例：SELECT RIGHT('ABC',2),RIGHT('A 西林 C',2)

（3）SUBSTRING

功能：返回字符串、binary、text 表达式的一部分。

语法：SUBSTRING (expression,start,length)

返回类型：varchar，nvarchar，varbinary

示例：SELECT SubString('ABC',2,1),SubString('ABC',2,4),SubString('A 西 F',1,2)

4．字符串比较函数

（1）CHARINDEX

功能：返回字符串中某个指定的子串出现的起始位置。

语法：CHARINDEX(substring_expression,expression[,start_location])

返回类型：int

示例：SELECT CHARINDEX('B','ABC'),CHARINDEX('AD','ABCD'),

CHARINDEX('B','ABCBDE',3)

其中，substring _expression 是所要查找的字符表达式，expression 可为字符串，也可为列名表达式，start_location 表示要查询的开始位置，省略该参数默认为 1。如果没有发现子串，则返回 0 值。此函数不能用于 TEXT 和 IMAGE 数据类型。

（2）REPLACE

功能：用第三个表达式替换第一个字符串表达式中出现的所有第二个给定字符串表达式。

语法：REPLACE('string_expression1','string_expression2','string_expression3')

返回类型：与表达式类型一致

示例：SELECT REPLACE('ABC','B','123'),REPLACE('ABCD','BD','ERR')

8.1.3 日期函数

日期函数用来显示关于日期和时间的信息，日期函数的数据类型为 datetime 和 smalldatetime 值，可以对这些值执行算术运算，最后将返回一个字符串、数字值或日期和时间值。可以在 SELECT 语句的 SELECT 和 WHERE 子句以及表达式中使用日期函数。

1. DAY

功能：返回 date_expression 中的日期值。

语法：DAY <date_expression>

返回类型：int

示例：SELECT DAY('2008-05-12'),DAY('05/12/2008')

2. MONTH

功能：返回 date_expression 中的月份值。

语法：MONTH <date_expression>

返回类型：int

示例：SELECT MONTH('2008-05-12'),MONTH('05/12/2008')

3. YEAR

功能：返回 date_expression 中的年份值。

语法：YEAR <date_expression>

返回类型：int

示例：SELECT YEAR('2008-05-12'),YEAR('05/12/2008')

在使用日期函数时，其日期值应在 1753 年到 9999 年之间，这是 SQL Server 系统所能识别的日期范围，否则会出现错误。

4. GETDATE

功能：按 datetime 数据类型格式返回当前系统日期和时间。

语法：GETDATE()

返回类型：datetime

示例：SELECT GETDATE()

5. DATEPART

功能：返回代表指定日期的指定日期部分的整数。

语法：DATEPART(datepart,date)

返回类型：int

示例：SELECT DATEPART(year,getdate()),DATEPART(Month,'2008-05-12')

DATEPART 是返回的日期部分，其可选参数参照表 8.2 。

表 8.2　datepart 的参数表

日期部分	缩写
year	yy, yyyy
quarter	qq, q
month	mm, m
dayofyear	dy, y
day	dd, d
week	wk, ww
weekday	dw
Hour	hh
minute	mi, n
second	ss, s
millisecond	ms

6. DATEADD

功能：在向指定日期加上一段时间的基础上，返回新的 datetime 值。

语法：DATEADD（Datepart，number，date）

返回类型：datetime

示例：SELECT DATEADD(day, 20, '2008-05-12'), DATEADD(Month, 10, '2008-05-12')

7. DATEDIFF

功能：返回跨两个指定日期的日期和时间边界数。

语法：DATEDIFF(datepart,startdate,enddate)

返回类型：int

示例：SELECT DATEDIFF(Day,'2008-05-12','2008-08-08')

8.1.4　数学函数

数学函数用于执行各种算术运算或函数运算，对参数提供的输入值执行计算。

1. POWER

功能：返回给定表达式乘指定次方的值。

语法：POWER(numeric_expression,y)

返回类型：与 numeric_expression 相同

示例：SELECT POWER(2,3),POWER(2,0)

2. ROUND

功能：返回数字表达式并四舍五入为指定的长度或精度。

语法：ROUND(numeric_expression,length[,function])

返回类型：与 numeric_expression 相同

示例：SELECT ROUND(24.567,2),ROUND(24.25,0)

3. SQRT

功能：返回给定表达式的平方根。

语法：SQRT(float_expression)

返回类型：float

示例：SELECT SQRT(4)

8.1.5 CASE 函数

在 T-SQL 语句中，可以使用 CASE 语句实现在程序中多条件分支。在使用标准 SQL 的过程中，有时候可能要对数据进行条件查询。比如在查询学生信息时，若学生性别字段值为“男”时显示“Male”，为“女”时显示“Female”，否则显示“性别不详”。SQL Server 提供了 CASE 函数来完成这样的查询。

1．简单 CASE 函数

简单 CASE 函数将某个表达式与一组简单表达式进行比较以确定结果。

语法如下：

```
CASE input_expression
     WHEN when_expression THEN result_expression
     [ ...n ]
     [
     ELSE else_result_expression
END
```

【例 8.3】查询学生信息，将性别以英文显示。

```
SELECT StudNo,StudName,
  学生性别=Case StudSex
             When '男' then 'Male'
             When '女' then 'Female'
             Else '性别不详'
         end
FROM StudInfo
```

2．CASE 搜索函数

CASE 搜索函数计算一组布尔表达式以确定结果。

语法如下：

```
CASE
   WHEN Boolean_expression THEN result_expression
   [ ...n ]
   [
   ELSE else_result_expression
END
```

【例 8.4】统计各学生平均分，并按等级显示。

```
SELECT StudNo,AVG(StudScore) AvgScore,
    Case When AVG(StudScore)>=90 then '优秀'
        When AVG(StudScore)>=80 AND AVG(StudScore)<90 then '良好'
        When AVG(StudScore)>=70 then '中等'
        When AVG(StudScore)>=60 then '及格'
        Else '不及格'
    End AS ScoreLevel
FROM StudScoreInfo
GROUP BY StudNo
```

8.1.6 系统内置函数应用

系统内置函数不仅可以在 T-SQL 程序设计中使用，也可以在标准 SQL 语句中使用，下面举例说明系统内置函数在 SQL 语句中的应用。

【例 8.5】查询姓“李”的学生信息。

```
SELECT * FROM StudInfo
WHERE Left(StudName,1)='李'
```

【例 8.6】查询姓名中包含“文”的学生信息。

```
SELECT * FROM StudInfo
WHERE Charindex('文',StudName)>0
```

【例 8.7】查询姓名中第二个字为“文”的学生信息。

```
SELECT * FROM StudInfo
WHERE substring(StudName,2,1)='文'
```

【例 8.8】将姓名中的“云”字改为“芸”。

```
UPDATE StudInfo
Set StudName=Replace(StudName,'云','芸')
```

【例 8.9】统计学生信息表中同姓学生人数为 3 人以上的信息。

```
SELECT Left(StudName,1),COUNT(*)
FROM StudInfo
GROUP BY Left(StudName,1)
HAVING COUNT(*)>=3
```

【例 8.10】统计学号为 20050319001 的各分数段课程门数。

```
SELECT Case When StudScore>=90 then '优秀'
            When StudScore>=80 then '良好'
            When StudScore>=70 then '中等'
            When StudScore>=60 then '及格'
            Else '不及格'
            End AS ScoreLevel,
            COUNT(*) CourseCount
FROM StudScoreInfo
WHERE StudNo='20050319001'
GROUP BY Case When StudScore>=90 then '优秀'
            When StudScore>=80 then '良好'
            When StudScore>=70 then '中等'
            When StudScore>=60 then '及格'
            Else '不及格'
        End
```

【例 8.11】使用 NEWID()函数实现将学生信息随机排序，每次运行排序结果不同。

```
SELECT * FROM StudInfo ORDER BY newid()
```

【例 8.12】使用 NEWID()函数实现随机取出 1 条记录。

```
SELECT TOP 1 * FROM StudInfo ORDER BY NEWID()
```

8.2 自定义函数

8.2.1 自定义函数简介

除了使用系统提供的函数外，用户还可以根据需要自定义函数。用户自定义函数不能用于执行一系列改变数据库状态的操作，但它可以像系统函数一样在查询或存储过程等的程序段中使用，也可以像存储过程一样通过 EXECUTE 命令来执行。用户自定义函数中存储了一个 Transact-SQL 例程，可以返回一定的值。

在 SQL Server 中根据函数返回值形式的不同将用户自定义函数分为以下类型。

① 标量函数（Scalar function）：返回单一的数据值。

② 返回数据集（RowSet）的用户定义函数：返回一个 table 类型的数据集，依定义语法不同分为以下两类。

✧行内数据集函数（或称为“内嵌数据表值函数”）

✧多语句数据集函数（或称为“多语句式数据表值函数”）

8.2.2 创建自定义函数

标量函数（Scalar function）：这类函数会返回单一的数据值，而数据值的类型可以是除了 text、ntext、image、cursor 及 rowversion(timestamp)之外的所有类型。

创建标量函数的语法如下：

```
CREATE FUNCTION [ owner_name.] function_name
( [ { @parameter_name [AS] scalar_parameter_data_type [ = default ] } [ ,...n ] ] )
RETURNS scalar_return_data_type
[ WITH<function_option> [ [,] ...n] ]
[ AS ]
BEGIN
function_body
RETURN scalar_expression
END
<function_option>::={ENCRYPTION | SCHEMABINDING}
```

各参数说明如下：

✧ CREATE FUNCTION function_name：function_name 中也可包含 Owner name,例如 ken.myfun，但必须是目前用户的名称

✧ @param_namescalar_data_type [=default]：函数的参数，可有 0 个或多个（最多可有 1024 个参数），而参数的名称前要加上“@”。参数行必须用小括号括起来，即使没有参数，小括号也不可省略。可以用 = 来为参数指定默认值。例如：CREATE FUNCTION myFunct(@a char(10),@b int=500)。

参数的类型(scalar_data_type)必须是标量类型，包括 text、ntext、image、bigint 及 sql variant 等。而 rowversion(timestamp)及非标量类型的 cursor、table 等则不可使用。

✧ RETURNS scalar_return_data_type：声明返回值的类型，可以是所有标量类型。注意，这里的 RETURNS 后面有加 s。

✧ WITH <function option> [[,] ... n]：设置函数的选项，指定 ENCRYPTION 时表示函数的内容加密，函数建立之后即无法查看其程序内容。若指定 SCHEMABINDING（结构绑定）选项，则可限制在函数中所使用到的各数据库对象。

✧ function_body：就是函数的程序内容，可有一行到多行语句。

✧ RETURN scalar-expression：用来结束函数的执行，并将 scalar-expression 表达式的值返回。在函数中可以出现多个 RETURN 语句，但函数的最后一个语句必须是 RETURN 语句。

【例 8.13】创建一个计算阶乘的函数。

```
CREATE FUNCTION Get_JC(@N Int)
Returns Bigint
as
Begin
   Declare @i int,@k Bigint
   Set @i=1
```

```
    Set @k=1
    While @i<=@N
    Begin
       set @k=@k*@i
       set @i=@i+1
    End
    return @k
End
```

8.2.3 调用自定义函数

调用自定义函数（用户定义的函数）和调用内置函数方式基本相同。当调用标量值函数时，必须加上“所有者”，通常是 dbo（但不是绝对，可以在 SQL Server Management Studio 中的“可编程性→函数→标量值函数”中查看所有者）。

【例 8.14】调用阶乘函数。

```
SELECT dbo.Get_JC(5)
```

8.2.4 查看自定义函数

在 SQL Server Management Studio 中查看前一节创建的自定义函数，展开数据库“StudScore_DB”，点击“可编程性→函数→标量值函数”，可查看用户自定义的标量值函数，如图 8.2 所示。

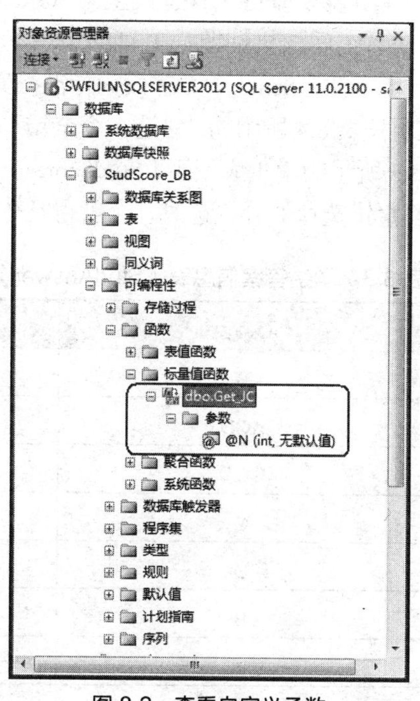

图 8.2　查看自定义函数

右键选中需要查看的函数，选择“编写函数脚本为→CREATE 到→新查询编辑窗口”就可以查看该函数的创建脚本，如图 8.3 所示。

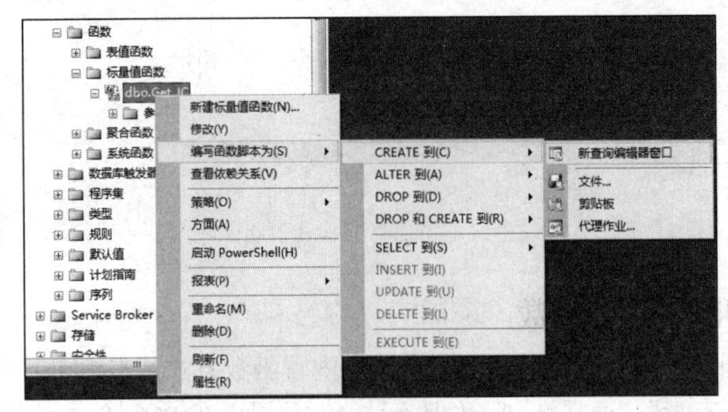

图 8.3　查看创建函数脚本

如果要对函数进行修改，直接右键选择“修改”。修改脚本后需运行，完成对函数的修改。

8.2.5　删除自定义函数

语法：DROP FUNCTION function_name

示例：DROP FUNCTION Get_JC

8.2.6　自定义函数示例

在我学院自主开发的《大学计算机基础》课程网上考试系统中，存在着单选、多选、判断三种题型。各学生登录考试系统后随机抽题，考试结束后学生答案存入学生答案信息表（StudAnswer）中，如表 8.3 所示（注：Stand_Ans 字段为标准答案，Custor_Ans 字段为学生答案，StudNo 字段为学号）。需要按表 8.4 所示的“错选一个全错”为评分标准统计各学生得分，并换算成百分制成绩存入表 8.5 所示的学生成绩表（StudScore）中。注：标准分为标准答案的个数，有几个就几分，学生答案错选得 0 分，选对几个就得几分。

表 8.3　学生答案信息表（StudAnswer）

Stand_Ans	Custor_Ans	StudNo
B	B	20010404002
ACD	ACD	20010404002
A	C	20010404002
C	C	20010404002
AD	D	20010404002
B	B	20020316003
ABC	ABCD	20020316003
AB	A	20020316003
ACD	AD	20020316003

表 8.4　评分标准：错选一个全错

学生答案	标准答案	标准分	得分
A	A	1	1
BCD	BC	2	0

续表

学生答案	标准答案	标准分	得分
B	BD	2	1
ABC	ABD	3	0
BD	ABCD	4	2
	标准总分	12	4
	百分制：4*100/12=33		

注：标准分为标准答案的个数，有几个就几分。学生答案错选得0分，选对几个得几分。

表8.5　学生成绩表（StudScore）

StudNo	StudName	StudScore
20010404002	李泽伟	
20020316003	陈莉	
20020505002	沈映璧	
20020505003	段练	
20020505004	张璐	

1. 创建学生分数统计函数

在系统内置函数中不存在直接判断学生答案得分的函数，这就需要创建自定义函数，实现错选得0分、选对几个记几分的函数。算法设计如下：

① 如果学生多选了，则学生答案长度一定大于标准答案长度，直接返回0分即可。

② 如果学生没有多选，只需要循环学生答案个数，看看每一个学生答案是不是在标准中，如果不在，返回0分即可。如果学生选项的每个答案都在标准答案中，则返回学生答案的长度即可。

通过以上算法分析，创建学生各题分数统计自定义函数，算法实现语句如下：

```
CREATE FUNCTION GetItemScore(@Stand_Ansvarchar(10),@Custor_Ansvarchar(10))
returns int
as
begin
declare @i int
if(Len(@Custor_Ans)>len(@Stand_Ans)) return 0  --多选直接返回0分
set @i=1
 while(@i<=Len(@Custor_Ans))  --没有多选，循环学生答案
begin
  if Charindex(SubString(@Custor_Ans,@i,1),@Stand_Ans)<1  --判断是否有错选
   return 0    --错选返回0分
  Set @i=@i+1
end
return len(@Custor_ans)
end
```

2. 调用自定义函数

（1）简单调用学生统分函数

```
SELECT Dbo.GetItemScore('AB','ACD'), Dbo.GetItemScore('A','B')
SELECT Dbo.GetItemScore('ACD','ABD'),Dbo.GetItemScore('ABC','AC')
```

（2）统计各题正确个数

```
SELECT StudNo,Stand_Ans,Custor_Ans,
       Dbo.GetItemScore(Stand_Ans,Custor_Ans) CorrectCount
FROM TestAnswer
```

（3）统计学生所有题目的正确数

```
SELECT StudNo,
       SUM(Dbo.GetItemScore(Stand_Ans,Custor_Ans)) AS TotalCount
FROM TestAnswer
GROUP BY StudNo
```

（4）统计各学生所有题目的正确得分和标准分

```
SELECT StudNo,
       SUM(Dbo.GetItemScore(Stand_Ans,Custor_Ans)) AS TotalCount,
       SUM(Len(Stand_Ans)) AS StandCount
FROM TestAnswer
GROUP BY StudNo
```

（5）百分制转换

```
SELECT StudNo,
       SUM(Dbo.GetItemScore(Stand_Ans,Custor_Ans)) *100/
       SUM(Len(Stand_Ans)) AS StudScore
FROM TestAnswer
GROUP BY StudNo
```

（6）创建学生成绩统计视图

```
CREATEVIEW V_AllStudScore
As
SELECT StudNo,
        (SUM(dbo.GetItemScore(Stand_Ans,Custor_Ans))*100/
        SUM(Len(Stand_Ans))) AS StudScore
FROM TestAnswer
GROUP BY StudNo
```

（7）利用视图更新学生成绩表（StudScore）

```
UPDATE StudScoreInfo Set StudScore=S.StudScore
FROM ViewAllStudScore S
WHERE StudNo=S.StudNo
```

（8）查询学生成绩

```
SELECT * FROM StudScore
ORDER BY StudScore DESC
```

PART 9 第9章 存储过程、触发器和游标

本章介绍了存储过程、触发器、游标的相关概念，并举例说明了各个对象的创建、修改、删除方法。通过本章的学习，要求读者掌握存储过程、触发器和游标的相关基础知识及基本操作，理解 INSERTED 和 DELETED 虚拟表。

9.1 存储过程

存储过程是一组预先编译好的存储在服务器上的能够完成特定功能并且可以接收和返回用户提供的参数的 Transact-SQL 语句的集合。存储过程存储在数据库中，可以提高程序运行的效率和可复用性。本节主要介绍了存储过程的定义、优点、创建、修改和删除等操作。

9.1.1 存储过程简介

1. 存储过程的定义

存储过程（Stored Procedure）是为了完成某一特定功能而编写的 T-SQL 与流程控制语句的集合，就是将常用的或很复杂的工作，预先以 SQL 程序形式编写好，并指定一个程序名称保存起来的脚本。用户需要完成相应的功能，只需调用该存储过程即可自动完成该项工作。存储过程中可以包含变量声明、数据存取语句、流程控制语句、错误处理语句等，在使用上非常灵活。

2. 存储过程的优点

在学习使用存储过程之前，有必要了解使用存储过程的优点和必要性。存储过程的优点主要包括执行效率高、可重用性好、安全性强和减轻网络负担。

（1）执行效率高

当需要反复调用时，存储过程比 T-SQL 语句的批处理语句块的执行速度快，因为数据库在执行存储过程时先要进行分析和编译，若直接执行 T-SQL 语句，则每次都需要进行分析和编译，而存储过程只在首次执行时编译，并将编译结果存储在系统的高速缓存中，当需要再次使用时，不必再次编译，直接调用即可，提高系统的效率。尤其是在多次调用（如在一个循环中调用同一个存储过程）时，这种性能的差异表现更为明显。

（2）可复用性好

存储过程是用 T-SQL 语句以模块的形式编写并存储在数据库中，是数据对象之一，只需编写一次，可以多次调用。在数据库或者其他应用程序中可以方便地进行调用。在 SQL Server 的当前版本中，存储过程可以嵌套调用 32 层的深度。而且数据库专业人员可随时对存储过程进行修改，但对应用程序源代码毫无影响（因为应用程序源代码只包含存储过程的调用语句），从而极大地提高了程序的可移植性。

（3）减轻网络负担

当需要从远程客户机连接到数据库服务器时，如果直接执行 T-SQL 批处理块，则网络需要传输大量的 SQL 程序语句，如果调用存储过程，则只需传输调用存储过程的语句即可，大大减轻了网络的负担。

（4）安全性强

像视图一样，存储过程也是一个实现数据库安全性的工具。基于存储过程为用户返回一个记录集，既可以让用户获取底层数据表中的数据，又能够防止一般用户对底层数据表的访问。系统管理员通过对执行某一存储过程的权限进行限制，从而能够实现对相应的数据访问权限的限制，避免非授权用户对数据的访问，保证数据的安全。

虽然存储过程具有以上优点，但是也有不利的一面。当存储过程第一次被编译执行后，以后就直接调用并执行该版本文件，不再进行编译和优化。这样，当存储过程源文件的内容修改后，如果没有及时进行编译和更新。程序将继续调用以前编译的版本，得到的结果将会出现错误。

3．存储过程的分类

存储过程主要分为系统存储过程（System Stored Procedures）、扩展存储过程（Extended Stored Procedures）和用户定义的存储过程（User-Defined Stored Procedures）三大类。

（1）系统存储过程

系统存储过程以 sp_开头，例如“sp_help”。此类存储过程是 SQL Server 内置的存储过程，通常用来进行系统的各项设置、读取信息或执行相关管理工作。比如 sp_helptext 系统存储过程的功能是显示用户定义的规则、默认值、未加密的 T-SQL 存储过程、用户定义 T-SQL 函数、触发器、计算列、CHECK 约束、视图或系统对象（如系统存储过程）的定义文本。如果要显示存储过程 ProcGetUp90 的定义文本，就可以使用该系统存储过程来查看，如图 9.1 所示。

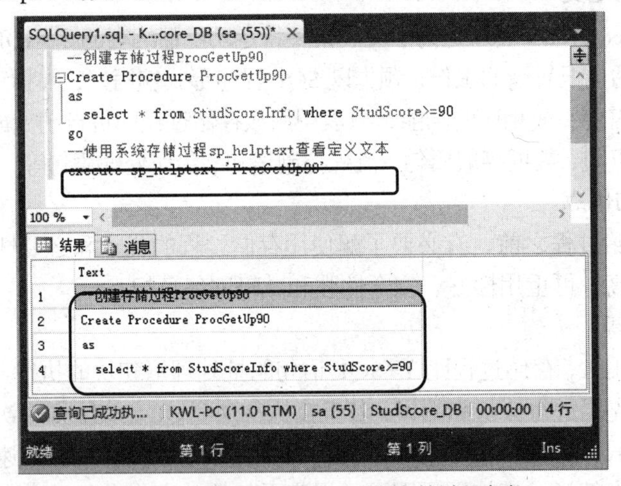

图 9.1 使用 sp_helptext 查看存储过程定义

（2）扩展存储过程

扩展存储过程通常是以 xp_开头，例如“xp_sendmail”。此类存储过程大多是用传统的程序设计语言（如 C++）编写而成，其内容并不是保存在 SQL Server 中，而是以 DLL 的形式单独存在。

【例 9.1】执行以下 xp_cmdshell 语句将返回当前目录的目录列表。

```
EXEC Master..xp_cmdshell 'dir *.exe';
GO
```

（3）用户定义的存储过程

用户定义的存储过程是由用户设计的存储过程，其名称可以是任意符合 SQL Server 命名规则的字符组合，尽量不要以 sp_或 xp_开头，以免造成混淆。自定义的存储过程会被添加到所属数据的存储过程项目中，并以对象的形式保存。

9.1.2 创建存储过程

1. 使用 CREATE PROCEDURE 语句创建存储过程

使用 CREATE PROCEDURE 语句创建存储过程，可以创建一个过程供永久使用，或在一个会话中临时使用（局部临时存储过程），或在所有会话中临时使用（全局临时存储过程）；也可以创建在 SQL Server 启动时自动执行的存储过程。

语法：

```
CREATE PROC[EDURE] procedure_name [ ; number ]
[ { @parameter data_type }
[ VARYING ] [ = default ] [ OUTPUT ]
] [ ,...n ]
[ WITH
{ RECOMPILE | ENCRYPTION | RECOMPILE , ENCRYPTION } ]
[ FOR REPLICATION ]
AS sql_statement [ ...n ]
```

参数：

✧ procedure_name：是要创建的存储过程的名字，它后面跟一个可选项 number，它是一个整数，用来区别一组同名的存储过程，如 proc1、proc2 等。存储过程的命名必须符合命名规则，在一个数据库中或对其所有者而言，存储过程的名字必须唯一。

✧ @parameter：用来声明存储过程的形式参数。在 CREATE PROCEDURE 语句中，可以声明一个或多个参数。当调用该存储过程时，用户必须给出所有的参数值，除非定义了参数的默认值。若参数的形式以 @parameter=value 出现，则参数的次序可以不同，否则用户给出的参数值必须与参数列表中参数的顺序保持一致。若某一参数以@parameter=value 形式给出，那么其他参数也必须以该形式给出。一个存储过程至多有 1024 个参数。

✧ data_type：是参数的数据类型。在存储过程中，所有的数据类型包括 text 和 image 都可被用作参数。但是，游标 cursor 数据类型只能被用作 OUTPUT 参数。当定义游标数据类型时，也必须对 VARYING 和 OUTPUT 关键字进行定义。对于游标型数据类型的 OUTPUT 参数而言，参数个数的最大数目没有限制。

✧ VARYING：指定由 OUTPUT 参数支持的结果集，仅应用于游标型参数。

✧ default：是指参数的默认值。如果定义了默认值，那么即使不给出参数值，则该存储过程仍能被调用。默认值必须是常数或者空值。

✧ OUTPUT：表明该参数是一个返回参数。用 OUTPUT 参数可以向调用者返回信息。Text 类型参数不能用作 OUTPUT 参数。

✧ RECOMPILE：指明 SQL Server 并不保存该存储过程的执行计划，该存储过程每执行一次都又要重新编译。

✧ ENCRYPTION：表明 SQL Server 加密了 syscomments 表，该表的 text 字段是包含 CREATE PROCEDURE 语句的存储过程文本，使用该关键字无法通过查看 syscomments 表来查看存储过程内容。

✧ FOR REPLICATION：该选项指明了为复制创建的存储过程不能在订购服务器上执行，只有在创建过滤存储过程时（仅当进行数据复制时，过滤存储过程才被执行），才使用该选项。FOR REPLICATION 与 WITH RECOMPILE 选项是互不兼容的。

✧ AS：指明该存储过程将要执行的动作。

✧ sql_statement：是包含在存储过程中的任何数量和类型的 SQL 语句。一个存储过程的最大值为 128 MB，用户定义的存储过程必须创建在当前数据库中。

【例 9.2】创建存储过程，实现从成绩表中取得成绩大于或等于 90 分的成绩信息。

```
CREATE PROCEDURE ProcGetUp90
AS
SELECT * FROM StudScoreInfo WHERE StudScore>=90
GO
```

2. 使用 SQL Server Management Studio 创建存储过程

使用 SQL Server Management Studio 创建存储过程的操作步骤如下：

① 启动 SQL Server Management Studio，打开“对象资源管理器”窗口并连接到相应服务器，展开相应的服务器。

② 打开“数据库”文件夹，并打开要创建存储过程的数据库。

③ 展开“可编程性”节点，选择“存储过程”选项，右键单击鼠标，执行“新建存储过程”命令，打开“创建存储过程”对话框，如图 9.2 所示。

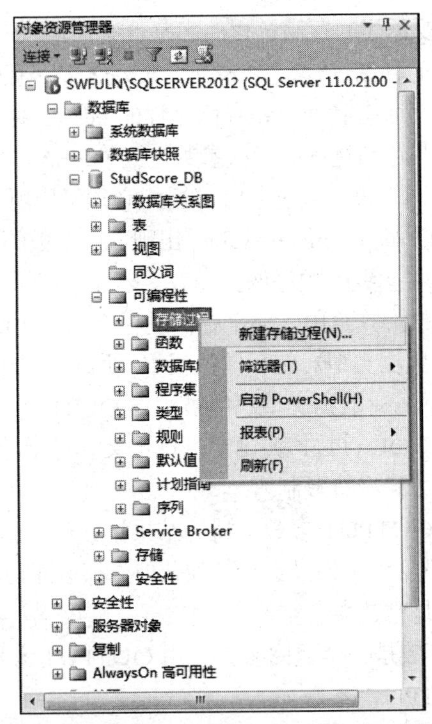

图 9.2 使用 SQL Server Management Studio 创建存储过程

④ 在右侧查询编辑器中出现存储过程的模板，显示了 CREATE PROCEDURE 语句的框架，可以修改要创建的存储过程的名称，然后加入存储过程所包含的 T-SQL 语句即可。如图 9.3 所示。

```
CREATE PROCEDURE <Procedure_Name, sysname, ProcedureName>
    -- Add the parameters for the stored procedure here
    <@Param1, sysname, @p1> <Datatype_For_Param1, , int> = <Default_Value_For_Param1, , 0>,
    <@Param2, sysname, @p2> <Datatype_For_Param2, , int> = <Default_Value_For_Param2, , 0>
AS
BEGIN
    -- SET NOCOUNT ON added to prevent extra result sets from
    -- interfering with SELECT statements.
    SET NOCOUNT ON;

    -- Insert statements for procedure here
    SELECT <@Param1, sysname, @p1>, <@Param2, sysname, @p2>
END
GO
```

图 9.3 存储过程定义模板

9.1.3 使用存储过程

1. 使用语句执行存储过程

可以使用 EXECUTE 语句在查询编辑器中执行某个存储过程。

语法：

```
[ [ EXEC [ UTE ] ]
{
[ @return_status = ]
{ procedure_name [ ;number ] | @procedure_name_var
}
[ [ @parameter = ] { value | @variable [ OUTPUT ] | [ DEFAULT ] ]
[ ,...n ]
[ WITH RECOMPILE ]
```

执行字符串：

```
EXEC [ UTE ] ( { @string_variable | [ N ] 'tsql_string' } [ + ...n ] )
```

参数含义与 CREATE PROCEDURE 相同。

2. 在对象资源管理器中执行存储过程

① 启动 SQL Server Management Studio，打开“对象资源管理器”窗口并连接到相应服务器，展开相应的服务器。

② 打开“数据库”文件夹，并打开要创建存储过程的数据库。

③ 展开“可编程性”节点，选择“存储过程”选项，找到需要执行的存储过程，在需要执行的存储过程上单击鼠标右键，执行“执行存储过程”命令，如图 9.4 所示，即可完成存储过程的执行。

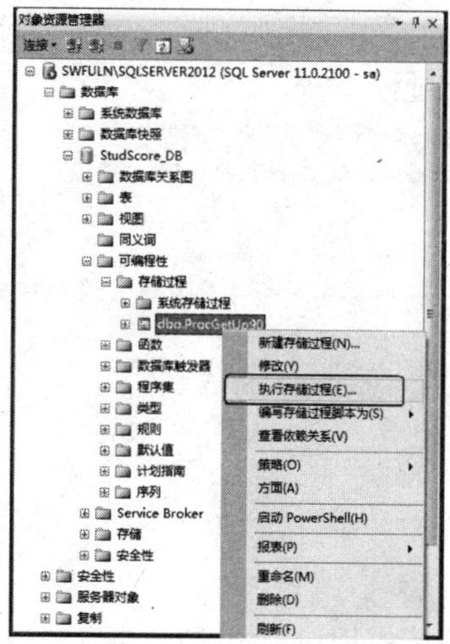

图 9.4 存储过程定义模板

【例 9.3】执行存储过程 ProcGetUp90

```
EXECUTE ProcGetUp90
```

【例 9.4】编写一个存储过程，取得一个指定区间范围内的成绩。

```
CREATE PROCEDURE ProcGetStudScoreStep @Start numeric(4,1),@End numeric(4,1)
With Encryption
as
SELECT * FROM StudScoreInfo WHERE StudScore>=@Start And StudScore<=@End
Go
--调用存储过程 ProcGetStudScoreStep，并传递参数 80 和 90，显示成绩在区间[80,90]的成绩信息。
Exec ProcGetStudScoreStep 80,90
```

【例 9.5】编写一个带输出参数的存储过程（Output 参数），取得一个范围内的成绩的记录条数。

```
CREATE PROCEDURE ProcOutPutGetStudScoreCount @Start numeric(4,1),@End numeric(4,1),
@RecordCount int output
as
SELECT @RecordCount=COUNT(*) FROM StudScoreInfo WHERE StudScore>=@Start AND StudScore<=@end
GO

CREATE PROCEDURE GetRecordCount @RecordCount int
as
SELECT '记录条数：'+CAST(@RecordCount AS varchar)
GO
--调用存储过程，注意指定 output 关键字
Declare @RecordCount int
Exec ProcOutPutGetStudScoreCount 80,90,@RecordCount output
Exec GetRecordCount @RecordCount
```

【例 9.6】计算阶乘的存储过程。

```
CREATE PROCEDURE P_Get_JC @N INT
as
Declare @i int,@k bigint
set @i=1
set @k=1
while @i<=@N
begin
  set @k=@k*@i
  set @i=@i+1
end
print @k
```

【例 9.7】创建记录保存存储过程。

```
CREATE PROCEDURE P_Save_ClassInfo
  (@ClassID Varchar(10),@ClassName Varchar(50),
        @ClassDesc Varchar(100))
as
  if Exists(SELECT * FROM ClassInfo WHERE ClassID=@ClassID)
     UPDATE ClassInfo
     Set ClassName=@ClassName,ClassDesc=@ClassDesc
     WHERE ClassID=@ClassID
  Else
     INSERT INTO ClassInfo
       (ClassID,ClassName,ClassDesc)
     VALUES
       (@ClassID,@ClassName,@ClassDesc)
```

【例 9.8】使用存储过程查看所有用户表的信息。

使用系统存储过程 sp_MSforeachtable 能够查询数据库中所有用户表的信息，其命令如下，结果如图 9.5 所示。

```
EXEC sp_MSforeachtable @command1="sp_spaceused '?'"
```

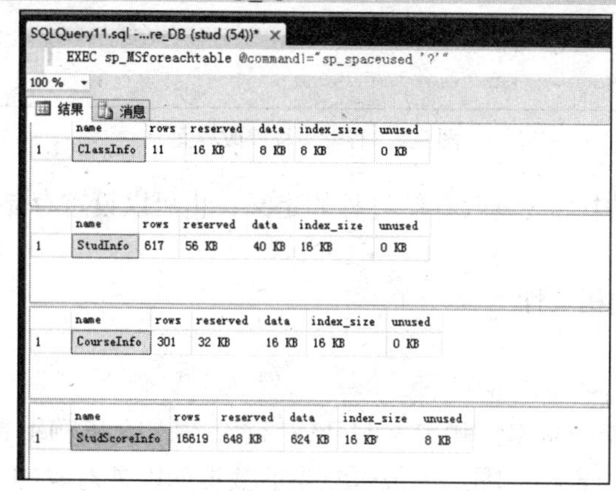

图9.5　存储过程定义模板

9.1.4　查看存储过程

除了使用 SQL Server Management Studio 可以查看存储过程的定义文本和相关性外，还可以使用系统存储过程查看存储过程的定义及相关属性。

1．使用 sp_helptext 查看存储过程的定义

语法：

```
EXECUTE | EXEC sp_helptext 存储过程名
```

功能：执行存储过程。

注意：如果在创建存储过程时使用了 WITH ENCRYPTION 关键字，则不能查看该存储过程的定义文本。

【例 9.9】使用 sp_helptext 查看存储过程的内容。

```
EXECUTE | EXEC sp_helptext ProcGetUp90
```

2．在 SQL Server Management Studio 中查看存储过程

① 打开 SQL Server Management Studio，展开服务器组，并展开相应的服务器。

② 打开“数据库”文件夹，然后选择存储过程所在的数据库。

③ 打开“可编程性”文件夹，展开“存储过程”文件夹，在要修改的存储过程上单击鼠标右键，执行“修改”命令，如图 9.6 所示，可以对存储过程进行修改，打开前面创建的 ProcGetUp90 存储过程的定义，查询编辑器中显示存储过程的定义信息，如图 9.7 所示。

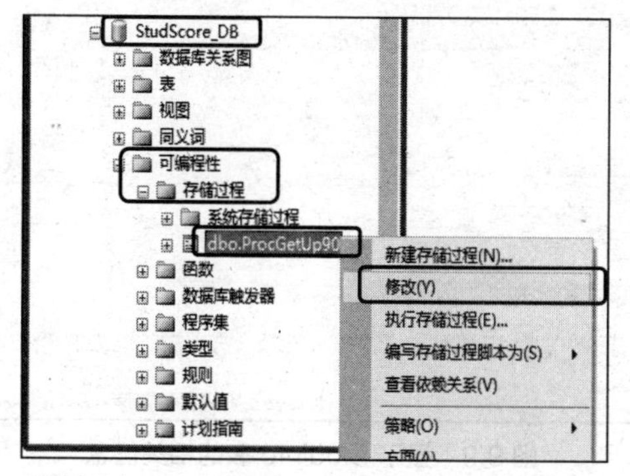

图 9.6　使用 SQL Server Management Studio 查看存储过程

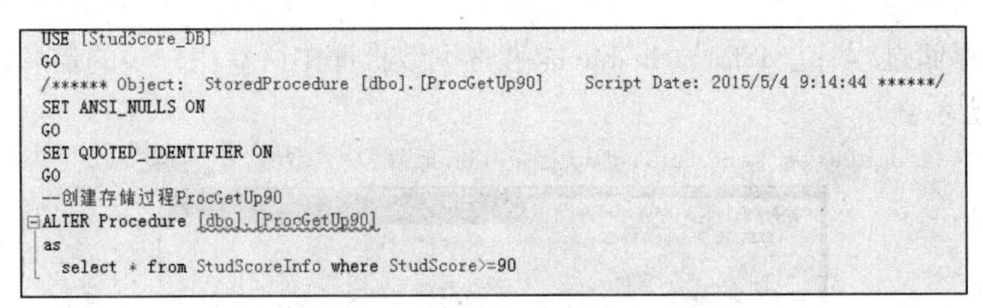

图 9.7 存储过程修改界面

④ 可以在此对话框中直接修改存储过程的定义，也可以设置存储过程的权限。完成后，单击“确定”按钮即可。

3. 查看存储过程的相关性

语法：

```
EXECUTE | EXEC sp_depends 存储过程名
```

功能：显示有关数据库对象依赖关系的具体信息，例如，依赖于表或视图的视图和过程，以及视图或过程所依赖的表和视图。不报告对当前数据库以外对象的引用。

【**例 9.10**】显示存储过程 ProcGetUp90 的相关性，如图 9.8 所示。

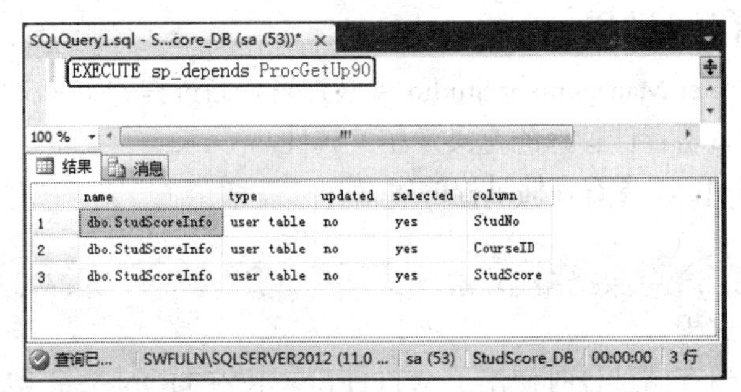

图 9.8 显示 ProcGetUp90 存储过程的相关性

4. 查看存储过程的其他属性

语法：

```
EXECUTE | EXEC sp_help 存储过程名
```

功能：报告有关数据库对象（sys.sysobjects 兼容视图中列出的所有对象）、用户定义数据类型或某种数据类型的信息。

【**例 9.11**】显示学生信息表 StudInfo 的相关信息，如图 9.9 所示。

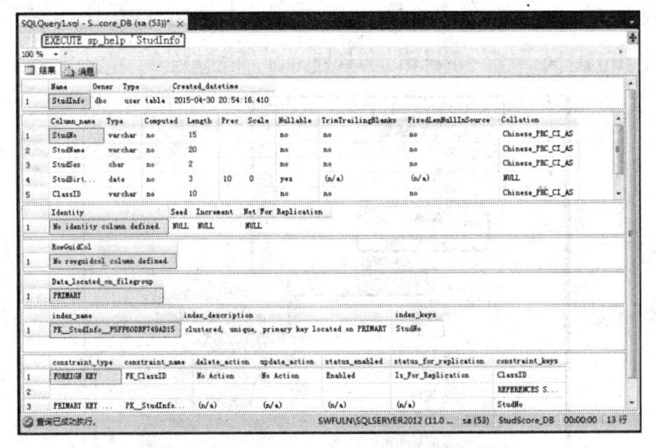

图 9.9 显示 Studinfo 表的相关信息

9.1.5 删除存储过程

1. 使用 SQL Server Management Studio 删除存储过程

打开“对象资源管理器”，展开对应的“数据库”节点，展开“可编程性”文件夹，展开“存储过程”节点，选中要删除的存储过程，单击鼠标右键执行“删除”命令即可，如图 9.10 所示。

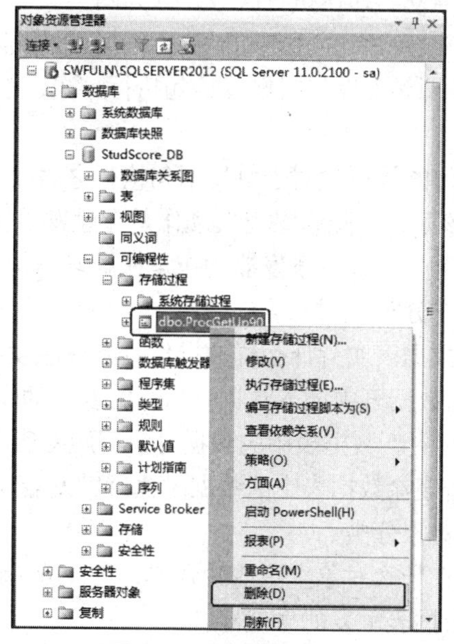

图 9.10 删除存储过程

2. 使用 DROP PROCEDURE 语句删除存储过程

语法：

```
DROP PROCEDURE {procedure} [,…n]
```

功能：从当前数据库中删除一个或多个存储过程或过程组。

【例 9.12】删除存储过程 ProcGetUp90 示例。

```
DROP PROCEDURE ProcGetUp90
```

9.2 触发器

9.2.1 触发器简介

1. 触发器的定义

触发器（Trigger）是针对某个表或视图所编写的特殊存储过程，它不能被显式地调用，而是当该表或视图中的数据发生添加（INSERT）、更新（UPDATE）或删除（DELETE）等事件时自动被触发（执行）。

2. 触发器的功能

触发器可以用来对表实施复杂的完整性约束，保持数据的一致性，当触发器所保护的数据发生改变时，触发器会自动被激活，响应同时执行一定的操作（对其他相关表的操作），从而保证数据的完整性约束或正确的修改。触发器可以查询其他表，同时也可以执行复杂的 T-SQL 语句。触发器执行的命令被当作一次事务处理，因此就具备了事务的所有特征。如果发现引起触发器执行的 T-SQL 语句执行了一个非法操作，比如关于其他表的相关性操作，发现数据丢失或需调用的数据不存在，那么就回滚到该事件执行前的 SQL Server 数据库状态。

3. **触发器的分类**

（1）按照触发级别分类

触发器的触发级别是指触发器动作执行次数，分为两类。

① 行级触发器：对于受触发语句所影响的每一行，行触发器触发一次。

② 语句级触发器：该类型触发器只对触发语句执行一次，不管其受影响的行数。

（2）按照触发时间分类

触发时间是指触发器动作的执行相对于触发语句执行之后或之前，分为两类。

① BEFORE 触发器：该触发器执行触发器动作是在触发语句执行之前。

② AFTER 触发器：该触发器执行触发器动作是在触发语句执行之后。

（3）按照激活触发的操作分类

激活触发的操作是指对数据表实行什么样的操作时激活触发器，分为三类。

① INSERT 触发器：向数据表中插入数据时执行触发器动作。

② UPDATE 触发器：当更新数据表中的数据时执行触发器动作。

③ DELETE 触发器：当删除数据表中的数据时执行触发器动作。

（4）按照触发器触发的对象分类

触发器触发的对象是指在什么对象上激活触发器，可以分为四类。

① 数据表触发器：对数据表触发的触发器。

② 视图触发器：对视图触发的触发器。

③ 用户触发器：对用户触发的触发器。

④ 数据库触发器：对数据库触发的触发器。

将上述不同的分类进行组合就可以得到很多种类的触发器。

9.2.2 使用 SQL 创建触发器

语法：

```
CREATE TRIGGER trigger_name
ON { table | view }
[ WITH ENCRYPTION ]
{
{ { FOR | AFTER | INSTEAD OF } { [ INSERT ] [ , ] [ UPDATE ] }
 [ WITH APPEND ]
 [ NOT FOR REPLICATION ]
AS
 [ { IF UPDATE ( column )
 [ { AND | OR } UPDATE ( column ) ]
 [ ...n ]
| IF ( COLUMNS_UPDATED ( ) { bitwise_operator } updated_bitmask )
{ comparison_operator } column_bitmask [ ...n ]
} ]
sql_statement [ ...n ]
}
}
```

参数：

✧ trigger_name：是触发器的名称。触发器名称必须符合标识符规则，并且在数据库中必须唯一，可以选择是否指定触发器所有者名称。

✧ table | view：是在其上执行触发器的表或视图，有时称为触发器表或触发器视图。可以选择是否指定表或视图的所有者名称。

✧ WITH ENCRYPTION：加密 syscomments 表中包含 CREATE TRIGGER 语句文本的条目。使用 WITH ENCRYPTION 可防止将触发器作为 SQL Server 复制的一部分发布。

✧ AFTER：指定触发器只有在触发 SQL 语句中指定的所有操作都已成功执行后才激发。所有的引用级联操作和约束检查也必须成功完成后，才能执行此触发器。如果仅指定 FOR 关键字，则 AFTER 是默认设置。不能在视图上定义 AFTER 触发器。

✧ INSTEAD OF：指定执行触发器而不是执行触发 SQL 语句，从而替代触发语句的操作。在表或视图上，每个 INSERT、UPDATE 或 DELETE 语句最多可以定义一个 INSTEAD OF 触发器。然而，可以在每个具有 INSTEAD OF 触发器的视图上定义视图。

INSTEAD OF 触发器不能在 WITH CHECK OPTION 的可更新视图上定义。如果向指定了 WITH CHECK OPTION 选项的可更新视图添加 INSTEAD OF 触发器，SQL Server 将产生一个错误。用户必须用 ALTER VIEW 删除该选项后才能定义 INSTEAD OF 触发器。

✧ { [DELETE] [,] [INSERT] [,] [UPDATE] }：是指定在表或视图上执行哪些数据修改语句时将激活触发器的关键字。必须至少指定一个选项。在触发器定义中允许使用以任意顺序组合的这些关键字。如果指定的选项多于一个，需用逗号分隔这些选项。对于 INSTEAD OF 触发器，不允许在具有 ON DELETE 级联操作引用关系的表上使用 DELETE 选项。同样，也不允许在具有 ON UPDATE 级联操作引用关系的表上使用 UPDATE 选项。

✧ WITH APPEND：指定应该添加现有类型的其他触发器。只有当兼容级别是 6.5 或更低时，才需要使用该可选子句。如果兼容级别是 7.0 或更高，则不必使用 WITH APPEND 子句添加现有类型的其他触发器（这是兼容级别设置为 7.0 或更高的 CREATE TRIGGER 的默认行为）。

WITH APPEND 不能与 INSTEAD OF 触发器一起使用。如果显式声明了 AFTER 触发器，则也不能使用该子句。仅当为了向后兼容而指定了 FOR（但没有 INSTEAD OF 或 AFTER）时，才能使用 WITH APPEND。如果指定了 EXTERNAL NAME（即触发器为 CLR 触发器），则不能指定 WITH APPEND。

✧ NOT FOR REPLICATION：表示当复制进程更改触发器所涉及的表时，不应执行该触发器。

✧ AS：是触发器要执行的操作。

✧ sql_statement：是触发器的条件和操作。触发器条件指定其他准则，以确定 DELETE、INSERT 或 UPDATE 语句是否导致执行触发器操作。

【例 9.13】创建触发器检查班级信息表被修改则给出提示。

```
CREATE TRIGGER Trig_ClassInfo
On ClassInfo
After INSERT,UPDATE
AS
PRINT '有记录被修改或插入!'
--测试触发器
INSERT INTO ClassInfo(ClassID,ClassName)
VALUES('20080704','计科08')
UPDATE ClassInfo Set ClassName='计08' WHERE ClassID='20080704'
```

在创建触发器之前，应该考虑的问题：

① CREATE TRIGGER 必须是批处理语句的第一个语句。该批处理中随后的其他所有语句将被解释为 CREATE TRIGGER 语句定义的一部分。

② 创建触发器的权限默认分配给表的所有者，且不能将该权限转给其他用户。

③ 触发器为数据库对象，其名称必须遵循标识符的命名规则。

④ 虽然触发器可以引用当前数据库以外的对象，但只能在当前数据库中创建触发器。

⑤ 虽然不能在临时表或系统表上创建触发器，但是触发器可以引用临时表。不应引用系统表，而应使用信息架构视图。

⑥ 在含有 DELETE 或 UPDATE 操作定义的外键的表中，不能定义 INSTEAD OF 和 INSTEAD OF UPDATE 触发器。

⑦ 虽然 TRUNCATE TABLE 语句类似没有 WHERE 子句（用于删除行）的 DELETE 语句，但它并不会引发 DELETE 触发器，因为 TRUNCATE TABLE 语句没有记录。

⑧ WRITETEXT 语句不会引发 INSERT 或 UPDATE 触发器。

9.2.3 虚拟表

触发器语句中使用了两种特殊的表 DELETED 和 INSERTED，由 SQL Server 自动创建和管理这两张表，在触发执行时存在，在触发结束时消失。可以使用这两个临时的驻留内存的表测试某些数据修改的效果及设置触发器操作的条件；然而，不能直接对表中的数据进行更改。

DELETED 表用于存储 DELETE 和 UPDATE 语句所影响的行的副本。在执行 DELETE 或 UPDATE 语句时，行从触发器表中删除，并传输到 DELETED 表中。DELETED 表和触发器表通常没有相同的行。

INSERTED 表用于存储 INSERT 和 UPDATE 语句所影响的行的副本。在一个插入或更新事务处理中，新建行被同时添加到 INSERTED 表和触发器表中。INSERTED 表中的行是触发器表中新行的副本。

更新事务类似于在删除之后执行插入；首先旧行被复制到 DELETED 表中，然后新行被复制到触发器表和 INSERTED 表中。

【例 9.14】检查 INSERTED 虚拟表。

```
CREATE TRIGGER TrigClassInfo_INSERT
On ClassInfo  For INSERT
As
Begin
  if exists (SELECT * FROM dbo.sysobjects WHERE name='MyINSERTED')
     DROP TABLE MyINSERTED
  SELECT * INTO MyINSERTED FROM INSERTED
End
--测试语句
INSERT INTO ClassInfo VALUES('20040705','computer2004','good')
SELECT * FROM MyINSERTED
```

【例 9.15】检查 DELETED 虚拟表。

```
CREATE TRIGGER TrigClassInfo_DELETE
On ClassInfo
For DELETE
As
Begin
  if exists (SELECT * FROM dbo.sysobjects WHERE name='MyDELETED')
     DROP TABLE MyDELETED
```

```
  SELECT * INTO MyDELETED FROM DELETED
End
--测试语句
DELETE FROM classinfo WHERE classid='20040705'
SELECT * FROM MyDELETED
```

【例 9.16】查询 UPDATE 语句触发器中的 INSERTED、DELETED 表。

```
CREATE TRIGGER TrigClassInfo_UPDATE
On ClassInfo  For UPDATE
As
Begin
  if exists (SELECT * FROM dbo.sysobjects WHERE name='U_DELETED')
     DROP TABLE U_DELETED
  if exists (SELECT * FROM dbo.sysobjects WHERE name='U_DELETED')
         DROP TABLE U_INSERTED
  SELECT * INTO U_DELETED FROM DELETED
  SELECT * INTO U_INSERTED FROM INSERTED
End
--测试语句
UPDATE ClassInfo SET ClassName='计科08'  WHERE ClassID='20080704'
```

9.2.4 使用 SQL 修改触发器

对于已建立的触发器，可以使用 ALTER TRIGGER 修改触发器。

语法：

```
ALTER TRIGGER trigger_name
ON ( table | view )
 [ WITH ENCRYPTION ]
{
{ ( FOR | AFTER | INSTEAD OF ) { [ DELETE ] [ , ] [ INSERT ] [ , ] [ UPDATE ] }
[ NOT FOR REPLICATION ]
AS
sql_statement [ ...n ]
}
|{ ( FOR | AFTER | INSTEAD OF ) { [ INSERT ] [ , ] [ UPDATE ] }
 [ NOT FOR REPLICATION ]
AS
{ IF UPDATE ( column )
 [ { AND | OR } UPDATE ( column ) ]
[ ...n ]
| IF ( COLUMNS_UPDATED ( ) { bitwise_operator } UPDATEd_bitmask )
{ comparison_operator } column_bitmask [ ...n ]
}
sql_statement [ ...n ]
}
}
```

参数的意义与 CREATE TRIGGER 相同。

9.2.5 使用 SQL 删除触发器

语法：

```
DROP TRIGGER { trigger } [ ,...n ]
```

功能：删除触发器。其中 *trigger* 是要删除的触发器的名称，*n* 表示可以指定多个触发器的占位符。

【例 9.17】删除触发器 Trig_ClassInfo。

```
DROP TRIGGER Trig_ClassInfo
```

9.2.6 使用 SQL 查看触发器

语法：

```
EXECUTE | EXEC Sp_helptrigger 'table_name'[,'type']
```

功能：查看触发器。

【例 9.18】查看 CourseInfo 表的 UPDATE 触发器的 SQL 语句。

```
EXEC sp_helptrigger 'CourseInfo','UPDATE'
```

【例 9.19】使用 sp_helptext 查看 TrigCourseInfo 触发器的内容。

```
EXEC sp_helptext TrigCourseInfo
EXEC sp_depends 'TrigCourseInfo'  --查看触发器的依赖
```

9.2.7 使用 SQL Server Management Studio 管理触发器

在 SQL Server Management Studio 中，打开“对象资源管理器”窗口，展开“数据库”节点，再展开选中的具体数据库节点，之后在“触发器”文件夹上单击鼠标右键，选择“新建触发器”命令，如图 9.11 所示。

通过“触发器”的右键菜单功能，可以新建触发器。假如原来的表中已经存在了触发器，通过双击“触发器”项可以查看具体的触发器，在此处可以对触发器执行修改、删除等操作。

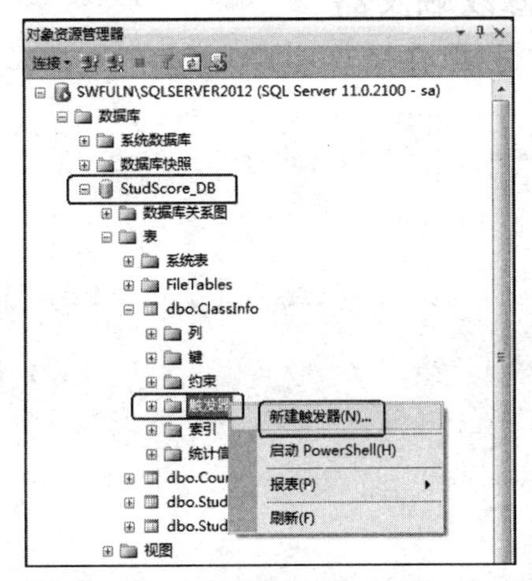

图 9.11 使用 SQL Server Management Studio 新建触发器

当选择“新建触发器”命令后，在右侧查询编辑器中会出现创建触发器的模板，显示了 CREATE TRIGGER 语句的框架，可以修改要创建的触发器的名称，然后加入触发器所包含的语句即可，如图 9.12 所示。

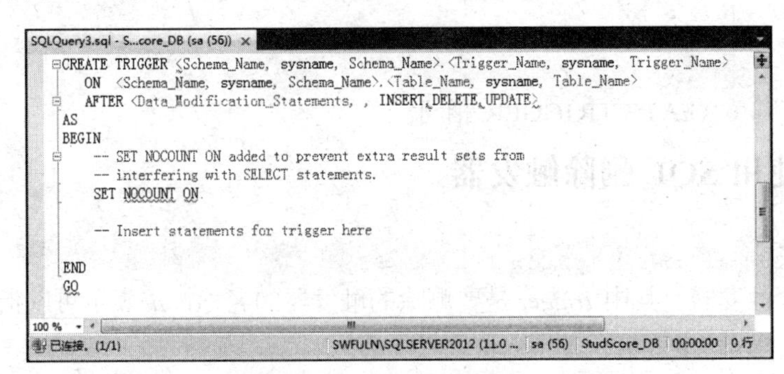

图 9.12 创建触发器模板

9.2.8 触发器应用举例

【例 9.20】更新指定列。

```
CREATE TRIGGER TUPDATEStudName
On StudInfo
For UPDATE
as
IF UPDATE(StudName)
   Print '更新了学生姓名列'
--测试触发器
UPDATE StudInfo SET StudName='李小明' WHERE StudNo='98070119'
UPDATE StudInfo SET StudSex='女' WHERE StudNo='98070119'
```

【例 9.21】在选课（选课表的结构如表 9.1 所示）过程中，当学生选择了某个教师的课程，则要将教师表的已选人数增加 1，当学生取消了某个教师的课程，则要将教师表（结构如表 9.2 所示）的已选人数减 1。为此，需要创建学生选课触发器，自动实现教师表中已选人数的增减功能。

表 9.1 选课结果表（ElectCourseResult）

字段名称	数据类型	字段长度	PK	字段描述	举例
StudNo	Varchar	15	Y	学生学号	99070401
TeacherNo	Varchar	15	Y	教师编号	HB001
CourseID	Varchar	15	Y	课程编号	GDSX01

表 9.2 教师任课表（TeacherCourseInfo）

字段名称	数据类型	字段长度	PK	字段描述	举例
TeacherNo	Varchar	15	Y	教师编号	HB001
CourseID	Varchar	15	Y	课程编号	GDSX01
LimitPersonCount	Int			限选人数	15
RemainPersonCount	Int			已选人数	2

① 创建教师任课表（TeacherCourseInfo）：

```
CREATE TABLE TeacherCourseInfo
(
TeacherNo Varchar(15),
CourseID Varchar(15),
LimitPersonCount int,
RemainPersonCount int,
Constraint PK_TC Primary key(TeacherNo,CourseID)
)
--添加测试数据
INSERT INTO TeacherCourseInfo VALUES('HB001','GDSX01',15,0)
INSERT INTO TeacherCourseInfo VALUES('LL001','GDSX01',10,0)
INSERT INTO TeacherCourseInfo VALUES('HB001','GCSX01',10,0)
INSERT INTO TeacherCourseInfo VALUES('LL001','GCSX01',12,0)
```

② 创建选课结果表（ElectCourseResult）：

```
CREATE TABLE ElectCourseResult
(
StudNo varchar(15),
```

```
TeacherNo varchar(15),
CourseID varchar(15),
Constraint PK_STC Primary key(StudNo,TeacherNo,CourseID)
)
```

③ 创建学生选课触发器（INSERT）：

```
CREATE TRIGGER TrigElectCourseResult_INSERT
On ElectCourseResult After INSERT
AS
Begin
    UPDATE TeacherCourseInfo
    SET RemainPersonCount=RemainPersonCount+1
    FROM INSERTED AS I,TeacherCourseInfo T
    WHERE T.TeacherNo=I.TeacherNo AND T.CourseID=I.CourseID
End
--添加测试数据
INSERT INTO ElectCourseResult VALUES('99070401','HB001','GDSX01')
INSERT INTO ElectCourseResult VALUES('99070404','LL001','GDSX01')
INSERT INTO ElectCourseResult VALUES('99070402','HB001','GDSX01')
INSERT INTO ElectCourseResult VALUES('99070403','LL001','GDSX01')
```

④ 创建学生选课触发器（DELETE）：

```
CREATE TRIGGER TrigElectCourseResult_DELETE
On ElectCourseResult After DELETE
AS
Begin
    UPDATE TeacherCourseInfo
    SET RemainPersonCount=RemainPersonCount-1
    FROM DELETED D,TeacherCourseInfo T
    WHERE T.TeacherNo=D.TeacherNo AND T.CourseID=D.CourseID
End
--测试数据
DELETE FROM ElectCourseResult
WHERE StudNo='99070401' AND CourseID='GDSX001'
DELETE FROM ElectCourseResult
WHERE StudNo='99070403' AND CourseID='GDSX001'
```

触发器要慎用，虽然触发器功能强大，可轻松可靠地实现许多复杂的功能，但滥用会造成数据库及应用程序的维护困难。在数据库操作中，可以通过关系、触发器、存储过程、应用程序等来实现数据操作，同时规则、约束、默认值也是保证数据完整性的重要保障。如果我们对触发器过分地依赖，势必影响数据库的结构，同时增加维护的复杂程序。

9.3 游标

9.3.1 游标简介

在数据库开发过程中，常常会遇到这种情况，即从某一结果集中逐一地读取每一条记录。那么如何解决这种问题呢？游标为我们提供了一种极为优秀的解决方案。

在数据库中，游标是一个十分重要的概念。游标提供了一种对从表中检索出的数据进行操作的灵活手段，就本质而言，游标实际上是一种能从包括多条数据记录的结果集中每次提取一条记录的机制。游标总是与一条 T-SQL 选择语句相关联，因为游标由结果集（可以是零条、一条或由相关的选择语句检索出的多条记录）和结果集中指向特定记录的游标位置组成。当决定对结果集进行处理时，必须声明一个指向该结果集的游标。

可以把游标看成是一个用来保存“数据集”（多条记录）的对象，由于SELECT语句所挑选出来的结果，是直接返回前端应用程序中（例如查询编辑器或自行开发的应用程序），而无法在SQL程序中一条一条地处理，因此可以将挑选出来的结果先放入Cursor中，然后利用循环将每一条记录从Cursor中取出来处理。

SELECT、UPDATE、DELETE等语句都是属于数据集式的操作，也就是一次可针对多条记录进行处理；一条一条单独处理，可使用以记录为处理单位的Cursor。Cursor主要使用于SQL批、存储过程或触发器中。

9.3.2 创建和使用游标

使用游标有四种基本的步骤：声明游标、打开游标、提取数据、关闭游标。

1．声明游标

定义T-SQL服务器游标的特性，例如游标的滚动行为和用于生成游标对其进行操作的结果集的查询。DECLARE CURSOR接受基于SQL-92标准的语法和使用一组T-SQL扩展的语法。

```
--SQL-92 的语法如下：
DECLARE cursor_name [ INSENSITIVE ] [ SCROLL ] CURSOR
FOR SELECT_statement
[ FOR { READ ONLY | UPDATE [ OF column_name [ ,...n ] ] } ]
--Transact-SQL 扩展语法：
DECLARE cursor_name CURSOR
[ LOCAL | GLOBAL ]
[ FORWARD_ONLY | SCROLL ]
[ STATIC | KEYSET | DYNAMIC | FAST_FORWARD ]
[ READ_ONLY | SCROLL_LOCKS | OPTIMISTIC ]
[ TYPE_WARNING ]
FOR SELECT_statement
[ FOR UPDATE [ OF column_name [ ,...n ] ] ]
```

参数：

✧ cursor_name：指游标的名字。

✧ INSENSITIVE：表明SQL Server会将游标定义所选取出来的数据记录存放在一个临时表内（建立在tempdb数据库下），对该游标的读取操作皆由临时表来应答。因此，对基本表的修改并不影响游标提取的数据，即游标不会随着基本表内容的改变而改变，同时也无法通过游标来更新基本表。如果不使用该保留字，那么对基本表的更新、删除都会反映到游标中。另外应该指出，当遇到以下情况发生时，游标将自动设定INSENSITIVE选项。

① 在SELECT 语句中使用DISTINCT、GROUP BY、HAVING、UNION语句。

② 使用OUTER JOIN。

③ 所选取的任意表没有索引。

④ 将实数值当做选取的列。

✧ SCROLL：表明所有的提取操作（如FIRST、LAST、PRIOR、NEXT、RELATIVE、ABSOLUTE）都可用。如果不使用该保留字，那么只能进行NEXT提取操作。由此可见，SCROLL极大地增加了提取数据的灵活性，可以随意读取结果集中的任一行数据记录，而不必关闭再重开游标。

✧ SELECT_statement：是定义结果集的SELECT语句。应该注意的是，在游标中不能使用COMPUTE、COMPUTE BY、 FOR BROWSE、INTO语句。

✧ READ ONLY：表明不允许游标内的数据被更新，尽管在默认状态下游标是允许更新的。而且在 UPDATE 或 DELETE 语句的 WHERE CURRENT OF 子句中，不允许对该游标进行引用。

✧ UPDATE [OF column_name[,…n]]：定义在游标中可被修改的列，如果不指出要更新的列，那么所有的列都将被更新。当游标被成功创建后，游标名成为该游标的唯一标识，如果在以后的存储过程、触发器或 T-SQL 脚本中使用游标，必须指定该游标的名字。

【例 9.22】声明一个存储所有学生信息的游标。

```
declare studinfo_cursor cursor for SELECT * FROM studinfo
```

2. 打开和使用游标

打开 T-SQL 服务器游标，然后通过执行在 DECLARE CURSOR 或 SET cursor_variable 语句中指定的 T-SQL 语句填充游标。

语法：

```
OPEN { { [ GLOBAL ] cursor_name } | cursor_variable_name }
```

参数：

✧ GLOBAL：指定 cursor_name 指的是全局游标。

✧ cursor_name：已声明的游标的名称。如果全局游标和局部游标都使用 cursor_name 作为其名称，那么如果指定了 GLOBAL，cursor_name 指的是全局游标，否则 cursor_name 指的是局部游标。

✧ cursor_variable_name：游标变量的名称，该名称引用一个游标。

【例 9.23】打开 studinfo_cursor 游标。

```
open studinfo_cursor
```

3. 关闭和释放游标

通过释放当前结果集并且解除定位游标的行上的游标锁定，关闭一个开放的游标。

语法：

```
CLOSE { { [ GLOBAL ] cursor_name } | cursor_variable_name }
```

参数：

✧ GLOBAL：指定 cursor_name 指的是全局游标。

✧ cursor_name：开放游标的名称。

【例 9.24】关闭 studinfo_cursor 游标。

```
close studinfo_cursor
```

语法：

```
DEALLOCATE { { [ GLOBAL ] cursor_name } | cursor_variable_name }
```

功能：删除游标引用，释放游标。

【例 9.25】释放 studinfo_cursor 游标。

```
deallocate studinfo_cursor
```

9.3.3 游标应用举例

【例 9.26】建立学生成绩排名游标，将学生成绩按降序排序存入游标，然后一条一条地取出来，实现排名。

```
--创建统计学生平均分成绩视图
CREATE VIEW ViewStudAvgScore
AS
SELECT S.StudNo,StudName,CAST(AVG(StudScore) As Numeric(4,1)) AS AvgScore
FROM StudInfo S,StudScoreInfo SI
WHERE S.StudNo=SI.StudNo
GROUP BY S.StudNo,StudName
```

```
--使用游标创建学生成绩排名存储过程
CREATE PROCEDURE ProcGetStudQuene
AS
Declare StudQuene Cursor For SELECT StudNo,StudName,AvgScore FROM ViewStudAvgScore ORDER BY AvgScore DESC
Open StudQuene
Declare @StudNo varchar(20),@StudName varchar(20),@I int,@AvgScore numeric(4,1)
Set @I=1
Fetch next FROM StudQuene INTO @StudNo,@StudName,@AvgScore
Print Space(3)+'学号'+Space(5)+'姓名'+space(5)+'平均分'+space(5)+'名次'
While (@@Fetch_status=0)
Begin
    Print @StudNo+space(5)+@StudName+space(5)+CAST(@AvgScore AS varchar)+space (5)+CAST(@i AS varchar)
    Fetch next FROM StudQuene INTO @StudNo,@StudName,@AvgScore
    set @i=@i+1
End
Close StudQuene
Deallocate StudQuene
```

【例 9.27】列转置游标示例。

```
--创建 TeleplayInfo 表
CREATE TABLE TeleplayInfo(TVName varchar(20),StarName varchar(20))
--向 TeleplayInfo 表中插入测试记录
INSERT INTO TeleplayInfo VALUES('西游记','孙悟空')
INSERT INTO TeleplayInfo VALUES('西游记','猪八戒')
INSERT INTO TeleplayInfo VALUES('西游记','沙和尚')
--使用游标实现行列转置
declare @TVName varchar(30)
declare @Result varchar(8000)
declare Cur_TeleplayInfo cursor for
    SELECT StarName FROM TeleplayInfo WHERE TVName='西游记'
  open Cur_TeleplayInfo
  fetch next FROM Cur_TeleplayInfo INTO @TVName
  set @Result=''
  while @@fetch_status=0--@@fetch_status--系统全局变量，判断游标是否取到数据
  begin
      set @Result=@result+','+@TVName
      fetch next FROM Cur_TeleplayInfo INTO @TVName
  end
  set @result=right(@result,len(@result)-1)
  print @result
  close Cur_TeleplayInfo
  deallocate Cur_TeleplayInfo
--运行结果如下：
    孙悟空，猪八戒，沙和尚
```

PART 10 第10章 事务与锁

本章介绍了事务的基本概念与特征、事务的执行模式、事务的隔离级别等内容；介绍了锁的基本概念、锁机制和锁模式。通过本章的学习，要求读者掌握事务和锁的基本概念及原理，并能够在 Microsoft SQL Server 中完成相关的操作和设置。

10.1 事务

事务处理是所有大中型数据库产品的一个关键问题，各个数据库厂商都在这个方面花费了很大精力，不同的事务处理方式会导致数据库性能和功能上的巨大差异。事务处理也是数据库管理员与数据库应用程序开发人员必须深刻理解的一个问题，对这个问题的疏忽可能会导致应用程序逻辑错误以及效率低下。

10.1.1 事务的概念

事务（Transaction）是并发控制的单位，是用户定义的一个操作序列。这些操作序列要么全部执行，要么全部不执行，是一个不可分割的最小工作单元。通过事务，Microsoft SQL Server 能将逻辑相关的一组操作绑定在一起，以便服务器保持数据的完整性。事务的一个典型例子是银行中的转账操作，账户 A 把一定数量的款项转到账户 B 上，这个操作包括两个步骤，一是从账户 A 上把存款减去一定数量，二是在账户 B 上把存款加上相同的数量。这两个步骤显然要么都完成，要么都取消，否则银行或者客户就会到受损失。显然，这个转账操作中的两个步骤就构成一个事务。

事务通常是以 BEGIN TRANSACTION 开始，以 COMMIT 或 ROLLBACK 结束。COMMIT 表示提交，即提交事务的所有操作。具体地说就是将事务中所有对数据库的更新写回到磁盘上的物理数据库中去，事务正常结束。ROLLBACK 表示回滚，即在事务运行的过程中发生了某种故障，事务不能继续进行，系统将事务中对数据库的所有已完成的操作全部撤销，滚回到事务开始的状态。

10.1.2 事务的特征

事务是作为单个逻辑工作单元执行的一系列操作。为了保证事务执行的正确性，一个逻辑工作单元必须有四个属性，称为 ACID（原子性、一致性、隔离性和持久性）属性，符合这四个属性的逻辑工作单元就可以称为一个事务。

1．原子性

原子性（Atomicity）是指一个事务要被完全地、无二义性地做完或撤销。在任何操作出现错误的情况下，构成事务的所有操作的效果必须被撤销，数据应被回滚到以前的状态。通常，与某个事务关联的操作具有共同的目标，并且是相互依赖的。如果系统只执行这些操作的一个子集，则可能会破坏事务的总体目标。原子性消除了系统处理操作子集的可能性。事务必须是原子工作单元；其对于数据的修改，要么全都执行，要么全都不执行。如果因为某种原因导致事务没有完全执行，则可以避免出现意外的结果。

2．一致性

一致性（Consistency）是指需要遵守所有的约束以及其他的数据完整性规则，并且完全地更新所有相关的对象（数据页和索引项）。数据库的一致状态是指数据库中的数据满足完整性约束。事务在完成时，必须使所有的数据都保持一致状态。一个事务应该保护所有定义在数据上的不变的属性（如完整性约束）。在完成了一个成功的事务时，数据应处于一致的状态。换句话说，一个事务应该把系统从一个一致状态转换到另一个一致状态。在数据库中，所有规则都必须应用于事务的修改，以保持所有数据的完整性。事务结束时，所有的内部数据结构（如 B 树索引或双向链表）都必须是正确的。某些维护一致性的责任由应用程序开发人员承担，他们必须确保应用程序已强制所有已知的完整性约束。例如，当开发用于转账的应用程序时，应避免在转账过程中任意移动小数点。

3．隔离性

隔离性（Isolation）是指每一个事务都与其他任何事务完全地隔离。一个事务的动作不会受到另一个事务动作的干扰。在同一个环境中可能有多个事务并发执行，而每个事务都应表现为独立执行。串行地执行一系列事务的效果应该同于并发地执行它们。这要求两件事：在一个事务执行过程中，数据的中间（可能不一致）状态不应该被暴露给所有的其他事务；两个并发的事务应该不能操作同一项数据。数据库管理系统通常使用锁来实现这个特征。由并发事务所做的修改必须与任何其他并发事务所做的修改隔离。事务查看数据时数据所处的状态，要么是另一并发事务修改它之前的状态，要么是另一并发事务修改它之后的状态，事务不会查看中间状态的数据，这称为可串行性。可串行性能够重新装载起始数据，并且重播一系列事务，以使数据结束时的状态与原始事务执行的状态相同。当事务可序列化时将获得最高的隔离级别。在此级别上，从一组可并行执行的事务获得的结果与通过连续运行每个事务所获得的结果相同。由于高度隔离会限制可并行执行的事务数，所以一些应用程序降低隔离级别以换取更大的吞吐量。

4．持久性

持久性（Durability）是指一个事务一旦提交，它对数据库中数据的改变就应该是持久的，即使数据库因故障而受到破坏，DBMS 也应该能够恢复。完成事务后，它的作用结果将永远存在于系统内部，即对事务发出 COMMIT 命令后，即使这时发生系统故障，事务的效果也被持久化了。同样，当在事务执行过程中，系统发生故障，则事务的操作都被回滚，即数据库回到事务开始之前的状态。

对数据库中的数据修改都是在内存中完成的，这些修改的结果可能已经写到硬盘也可能没有写到硬盘，如果在操作过程中，发生断电或系统错误等故障，数据库可以保证未结束的事务对数据库的数据修改结果（即使已经写入磁盘）在下次数据库启动后也会被全部撤销；而对于结束的事务（即使其修改的结果还未写入磁盘）在数据库下次启动后会通过事务日志中的记录进行“重做”，把丢失的数据修改结果重新生成，并写入磁盘，从而保证结束事务对数据修改的永久化。这样也保证了事务中的操作要么全部完成，要么全部撤销。

事务的 ACID 只是一个抽象的概念，具体是由 RDBMS 来实现的。数据库管理系统用日志来保证事务的原子性、一致性、隔离性和持久性。日志记录了事务对数据库所做的更新，如果某个事务在执行过程中发生了错误，就可以根据日志，撤销事务对数据库已经做的更新，使数据库回退到执行事务前的初始状态。

10.1.3 执行事务的三种模式

1．显式事务

显式事务是指在自动提交模式下以 Begin Transaction 开始一个事务，以 Commit 或 Rollback 结束一个事务，以 Commit 结束事务是把事务中的修改永久化，即使这时发生断电这样的故障。BEGIN TRANSACTION 标记一个显式本地事务起始点。BEGIN TRANSACTION 会自动将@@TRANCOUNT 加 1。

语法：

```
BEGIN TRAN [ SACTION ] [ transaction_name | @tran_name_variable[ WITH MARK [ 'description' ] ] ]
```

参数：

✧ transaction_name：是给事务分配的名称。transaction_name 要符合标识符命名的规则，最大长度是 32 个字符。

✧ @tran_name_variable：用 char、varchar、nchar 或 nvarchar 数据类型声明有效事务的变量的名称。

✧ WITH MARK ['description']：指定在日志中标记事务。Description 是描述该标记的字符串。

如果使用了 WITH MARK，则必须指定事务名。WITH MARK 允许将事务日志还原到命名标记。显示事务语句如表 10.1 所示。

表 10.1 显式事务语句

功能	语句
开始事务	BEGIN TRAN[SACTION]
提交事务	COMMIT TRAN[SACTION]或 COMMIT[WORK]
回滚事务	ROLLBACK TRAN[SACTION]或 ROLLBACK[WORK]

【例 10.1】银行转账事务。

```
CREATE PROCEDURE TransferMoeny
(
    @FROMAccountNo varchar(50),   -- 转出账号
    @ToAccountNo varchar(50),     --转入账号
    @MoneyCount money             --转账金额
)
As
--判断账号是否存在
if exists (SELECT * FROM 账户表 WHERE 账号 = @FROMAccountNo)
begin
    if exists (SELECT * FROM 账户表 WHERE 账号 = @ToAccountNo)
    begin
        --判断转出金额是否大于当前余额
        if (SELECT 当前余额 FROM 账户表 WHERE 账号 = @FROMAccountNo) >= @MoneyCount
        begin
            --开始转账
```

```
            begin transaction
            INSERT INTO [存取记录表] ([账号],[存取类型], [存取金额]) VALUES(@FROMAccountNo,
-1,@MoneyCount)
            if @@error <> 0
            begin
                rollback transaction--发生错误则回滚事务，无条件退出 1
                return
            end
                        INSERT  INTO  [存取记录表]  ([账号],[存取类型],  [存取金额])
VALUES(@ToAccountNo, 1,@MoneyCount)
            if @@error <> 0
            begin
                rollback tran
                return
            end
            commit transaction --两条语句都完成，提交事务
        end
        else
            raiserror ('转账金额不能大于该账号的余额',16,1)
    end
    else
    raiserror ('转入账号不存在',16,1)
end
else
    raiserror ('转出账号不存在',16,1)
```

2. 自动提交事务

系统默认的事务方式，是指对于用户发出的每条 SQL 语句，SQL Server 都会自动开始一个事务，并且在执行后自动进行提交操作来完成这个事务，在这种事务模式下，一个 SQL 语句就是一个事务。

3. 隐式事务

当连接以隐性事务模式进行操作时，SQL Server 将在提交或回滚当前事务后自动启动新事务。无须描述事务的开始，只需用 Commit 提交或 Rollback 回滚每个事务。隐性事务模式生成连续的事务链。

【**例 10.2**】建立内含事务的存储过程。

```
CREATE PROCEDURE TestTrans
SELECT * FROM StudInfo
Rollback
```

10.1.4 事务隔离级别

事务隔离级别的前提是一个多用户、多进程、多线程的并发系统，在这个系统中为了保证数据的一致性和完整性，引入了事务隔离级别这个概念，对一个单用户、单线程的应用来说则不存在这个问题。在 SQL Server 中提供了四种隔离级别。下面讨论在 SQL Server 中这四种隔离级别的含义及其实现方式。

1. Read Uncommitted

一个会话可以读取其他事务还未提交的更新结果，如果这个事务最后以回滚结束，这时的读取结果就可能是错误的，所以多数的数据库应用都不会使用这种隔离级别。

2. Read Committed

这是 SQL Server 的默认隔离级别，设置为这种隔离级别的事务只能读取其他事务已经提交的更新结果，否则发生等待。但是其他会话可以修改这个事务中被读取的记录，而不必等待事

务结束，显然，在这种隔离级别下，一个事务中的两个相同的读取操作，其结果可能不同。

3. Read Repeatable

在一个事务中，如果在两次相同条件的读取操作之间没有添加记录的操作，也没有其他更新操作导致在这个查询条件下记录数增多，则两次读取结果相同。换句话说，就是在一个事务中第一次读取的记录保证不会在这个事务期间发生改变。SQL Server 是通过在整个事务期间给读取的记录加锁实现这种隔离级别的，这样，在这个事务结束前，其他会话不能修改事务中读取的记录，而只能等待事务结束，但是 SQL Server 不会阻碍其他会话向表中添加记录，也不阻碍其他会话修改其他记录。

4. Serializable

在一个事务中，读取操作的结果是在这个事务开始之前其他事务就已经提交的记录，SQL Server 通过在整个事务期间给表加锁实现这种隔离级别。在这种隔离级别下，对这个表的所有 DML 操作都是不允许的，即要等待事务结束，这样就保证了在一个事务中的两次读取操作的结果肯定是相同的。

如果有一个冲突（如两个事务试图获取同一个锁），第一个事务必将会成功，然而第二个事务将被阻止直到第一个事务释放该锁（或者是尝试获取该锁的行为超时导致操作失败）。

更多的冲突发生时，事务的执行速度将会变慢，因为它们将花费更多的时间用于解决冲突（等待锁被释放）。

要合理使用事务的隔离级别。因为事务级别越高，数量越多、限制性更强的锁就会被运用到数据库记录或者表中。同时，更多的锁被运用到数据库，它们的覆盖面越宽，任意两个事务冲突的可能性就越大。事务隔离级别是通过数据库的锁机制来控制的，在不同的应用中需要应用不同的事务隔离级别，SQL Server 默认的事务隔离级别是 READ COMMITTED，默认的隔离级别已经可以满足大部分应用的需求。

在 SQL Server 中可以使用 SET TRANSACTION ISOLATION LEVEL 命令设置当前的事务隔离级别。

语法：

```
SET TRANSACTION ISOLATION LEVEL
    {   READ COMMITTED
    | READ UNCOMMITTED
    | REPEATABLE READ
    | SERIALIZABLE
    }
```

参数：

✧ READ COMMITTED：指定在读取数据时控制共享锁以避免脏读，但数据可在事务结束前更改，从而产生不可重复读取或幻象数据。该选项是 SQL Server 的默认值。

✧ READ UNCOMMITTED：执行脏读或 0 级隔离锁定，这表示不发出共享锁，也不接受排他锁。当设置该选项时，可以对数据执行未提交读或脏读；在事务结束前可以更改数据内的数值，行也可以出现在数据集中或从数据集消失。该选项的作用与在事务内所有语句中的所有表上设置 NOLOCK 相同。这是四个隔离级别中限制最小的级别。

✧ REPEATABLE READ：锁定查询中使用的所有数据以防止其他用户更新数据，但是其他用户可以将新的幻象行插入数据集，且幻象行包括在当前事务的后续读取中。因为并发低于默认隔离级别，所以应只在必要时才使用该选项。

✧ SERIALIZABLE：在数据集上放置一个范围锁，以防止其他用户在事务完成之前更新数据集或将行插入数据集内。这是四个隔离级别中限制最大的级别。因为并发级别较低，所以应只在必要时才使用该选项。该选项的作用与在事务内所有 SELECT 语句中的所有表上设置 HOLDLOCK 相同。

【例 10.3】设置 SQL Server 的隔离级别为 READ COMMITTED。

```
SET TRANSACTION ISOLATION LEVEL READ COMMITTED
```

10.1.5 事务保存点的设置与回滚

事务保存点是指在事务内设置保存点或标记，在遇到事务处理出错时返回到事务记录点，主要用于数据记录不能同时更新并且数据更新条件特别多时。使用 SAVE TRANSACTION 语句在事务内设置保存点。

语法：

```
SAVE { TRAN | TRANSACTION } { savepoint_name | @savepoint_variable }[ ; ]
```

参数：

✧ savepoint_name：是指派给保存点的名称。保存点名称必须符合标识符规则，但只使用前 32 个字符。

✧ @savepoint_variable：是用户定义的、含有有效保存点名称的变量的名称，长度不能超过 32 个字符。如果长度超过 32 个字符，也可以传递到变量，但只使用前 32 个字符。必须用 char、varchar、nchar 或 nvarchar 数据类型声明该变量。

【例 10.4】事务保存点示例。

BEGIN TRAN…

```
SAVE TRAN TempTran…
IF (@@ERROR<>0)
BEGIN
ROLLBACK TRAN TempTran -- 回滚到事务保存点
  ……              /*失败时所使用的变通方案*/
END...IF(...)
  COMMIT
ELSE
  ROLLBACK
```

用户可以在事务内设置保存点或标记。保存点可以定义在按条件取消某个事务的一部分后，该事务可以返回的一个位置。如果将事务回滚到保存点，则根据需要必须完成其他剩余的 T-SQL 语句和 COMMIT TRANSACTION 语句，或者必须通过将事务回滚到起始点完全取消事务。若要取消整个事务，请使用 ROLLBACK TRANSACTION *transaction_name* 语句，这将撤销事务的所有语句和过程。

在事务中允许有重复的保存点名称，但指定保存点名称的 ROLLBACK TRANSACTION 语句只将事务回滚到使用该名称的最近的 SAVE TRANSACTION。

在使用 BEGIN DISTRIBUTED TRANSACTION 显式启动或从本地事务升级的分布式事务中，不支持 SAVE TRANSACTION。

当事务开始后，事务处理期间使用的资源将一直保留，直到事务完成（也就是锁定）。当将事务的一部分回滚到保存点时，将继续保留资源直到事务完成（或者回滚整个事务）。

【例 10.5】建立事务，实现向学生成绩表 StudScoreInfo 中插入数据，如果成功则提交，不成功则回滚到插入前。

```
Begin transaction
save transaction sp1
INSERT INTO StudScoreInfo(StudNo,CourseID,StudScore) VALUES('20080654001', 'A010101',90)
```

```
if (@@ERROR<>0)
  begin
    rollback transaction sp1
    print '插入数据失败！'
  end
else
  commit
go
```

10.1.6 分布式事务

分布式事务是指事务的参与者、支持事务的服务器、资源服务器以及事务管理器分别位于不同的分布式系统的不同节点之上。如果要在事务中存取多个数据库服务器中的数据（包含执行存储过程），就必须使用“分布式事务”（Distributed Transaction）。

【例 10.6】 分布式事务操作示例（其中 AnotherSever 要替换成已经存在的另一台服务器）。

```
Begin Distributed tran
INSERT INTO CourseInfo(CourseID,CourseName)     VALUES('A00232', 'TestName')
If @@ERROR<>0 GOTO ERRORPROC
INSERT INTO AnotherServer.DatabaseName.dbo.tablename(FieldName1,FieldName2) VALUES('VALUES1',
'VALUES2')
ERRORPROC:
IF @@ERROR<>0
   ROLLBACK
ELSE
   COMMIT
```

10.2 锁

并发（Concurrency）是指两个或者两个以上的用户都尝试在同一时间与同一个对象交互。每个用户的交互操作的本质是有差异的（更新、删除、读取和插入），处理控制对象竞争的理想方法是根据其中用户的操作以及他们操作的重要性而改变。用户越多，并发程序就越高。锁处理是处理数据库中并发的基础。锁是网络数据库中的一个非常重要的概念，它主要用于多用户环境下保证数据库完整性和一致性。Microsoft SQL Server 作为一种大中型数据库管理系统，已经得到了广泛的应用，该系统更强调由系统来管理锁。在用户有 SQL 请求时，系统分析请求，在同时考虑锁定条件和系统性能两个方面因素的情况下自动为数据库加上适当的锁，同时系统在运行期间常常自动进行优化处理，实行动态加锁。对于一般的用户而言，通过系统的自动锁定管理机制基本可以满足使用要求，但如果对数据安全、数据库完整性和一致性有特殊要求，就必须自己控制数据库的锁定和解锁，这就需要了解 SQL Server 的锁机制，掌握数据库锁定方法。

10.2.1 数据不一致问题

事务是完整性的单位，一个事务的执行是把数据库从一个一致的状态转换成另一个一致的状态。因此，如果事务孤立执行时是正确的，但如果多个事务并发交错地执行，就可能相互干扰，造成数据库状态的不一致。在多用户环境中，数据库必须避免同时进行的查询和更新发生冲突。这一点是很重要的，如果正在被处理的数据能够在该处理正在运行时被另一用户的修改所改变，那么该处理结果是不明确的。不加控制的并发存取会产生以下几种错误。

1．丢失更新

当两个或多个事务选择同一行，然后基于最初选定的值更新该行时，会发生丢失更新(Lost Update) 问题。因为每个事务都不知道其他事务的存在，最后的更新将重写由其他事务所做的更新，这将导致数据丢失。这是因为系统没有执行任何的锁操作，因此并发事务并没有被隔离开来。使用 SET TRANISOLATION LEVEL SERIALIZABLE 语句，把事务隔离级别调整到 SERIALIZABLE 可以解决问题。例如，两个编辑人员制作了同一文档的电子复本。若每个编辑人员独立地更改其复本，然后保存更改后的复本，这样就覆盖了原始文档。最后保存其更改复本的编辑人员覆盖了第一个编辑人员所做的更改。如果在第一个编辑人员完成之后第二个编辑人员才能进行更改，则可以避免该问题。

2．脏读

一个事务读到另外一个事务还没有提交的数据，称之为脏读（Dirty Reads）。或者说一个事务读取的记录是另一个未完成事务的一部分。也就是指当一个事务正在访问数据，并且对数据进行了修改，而这种修改还没有提交到数据库中，这时，另外一个事务也访问这个数据，然后使用了这个数据。因为这个数据是还没有提交的数据，那么另外一个事务读到的这个数据是脏数据，依据脏数据所做的操作可能是不正确的。例如，一个编辑人员正在更改电子文档。在更改过程中，另一个编辑人员复制了该文档（该复本包含到目前为止所做的全部更改）并将其分发给预期的用户。此后，第一个编辑人员认为目前所做的更改是错误的，于是删除了所做的编辑并保存了文档。分发给用户的文档包含不再存在的编辑内容，并且这些编辑内容应认为从未存在过。如果在第一个编辑人员确定最终更改前任何人都不能读取更改的文档，则可以避免该问题。解决方法：把事务隔离级别调整到 READ COMMITTED，即使用语句 SET TRAN ISOLATION LEVEL READ COMMITTED 进行设置。

3．不可重复读

如果在一个事务中多次读取数据记录，而另一个事务在这期间改变了数据，就会发生非重复性读取，即不可重复读（No-repeatable Reads）。即在一个事务内，多次读同一数据，在这个事务还没有结束时，另外一个事务也访问该同一数据。那么，在第一个事务中的两次读数据之间，由于第二个事务的修改，那么第一个事务两次读到的数据可能是不一样的。这样就发生了在一个事务内两次读到的数据是不一样的，因此称为是不可重复读。例如，一个编辑人员两次读取同一文档，但在两次读取之间，作者重写了该文档。当编辑人员第二次读取文档时，文档已更改。原始读取不可重复。如果只有在作者全部完成编写后编辑人员才可以读取文档，则可以避免该问题。解决方法是把事务隔离级别调整到 REPEATABLE READ。使用 SET TRAN SOLATION LEVEL REPEATABLE READ。

4．幻觉读

幻觉读（Phantom Reads）是指当事务不是独立执行时发生的一种现象，例如第一个事务对一个表中的数据进行了修改，这种修改涉及表中的全部数据行。同时，第二个事务也修改这个表中的数据，这种修改是向表中插入一行新数据。那么，以后就会发生操作第一个事务的用户发现表中还有没有修改的数据行，就好像发生了幻觉一样。例如，一个编辑人员更改作者提交的文档，但当生产部门将其更改内容合并到该文档的主复本时，发现作者已将未编辑的新材料添加到该文档中。如果在编辑人员和生产部门完成对原始文档的处理之前，任何人都不能将新材料添加到文档中，则可以避免该问题。

10.2.2 锁的概念

并发控制的主要方法是封锁，锁就是在一段时间内禁止用户做某些操作以避免产生数据不一致。锁（Lock）是指将指定的数据临时锁起来供用户使用，以防止该数据被别人修改或读取。锁的一个主要作用就是进行并发性控制，并发性控制分为乐观并发性控制与悲观并发性控制。并发性（Concurrency）是指允许多个事务同时进行数据处理的性质。锁影响着数据库应用的并发和性能，更好地了解 Microsoft SQL Server 的锁的原理，有助于我们对系统排错、调优以及开发出更好性能的应用程序。

1. 乐观并发性控制

乐观并发性控制（或称乐观锁定）（Optimistic Concurrency）就是假设发生数据存取冲突的机会很小，因此在事务中并不会持续锁定数据，而只有在更改数据时才会去锁定数据并检查是否发生存取冲突。

2. 悲观并发性控制

悲观并发性控制（或称悲观锁定）（Pessimistic Concurrency）与乐观并发性控制刚好相反，它会在事务中持续锁定要使用的数据，以确保数据可以正确存取。

10.2.3 SQL Server 的锁机制

Microsoft SQL Server 具有多粒度锁定，允许一个事务锁定不同类型的资源。为了使锁定的成本减至最少，Microsoft SQL Server 自动将资源锁定在适合任务的级别。锁定在较小的粒度（如行）可以增加并发但需要较大的开销，因为如果锁定了许多行，则需要控制更多的锁。锁定在较大的粒度（如表）就并发而言是相当昂贵的，因为锁定整个表限制了其他事务对表中任意部分进行访问，但要求的开销较低，因为需要维护的锁较少。SQL Server 可以锁定行、页、扩展盘区、表、库等资源。

行是可以锁定的最小空间，行级锁占用的数据资源最少，所以在事务的处理过程中，允许其他事务继续操纵同一个表或者同一个页的其他数据，大大降低了其他事务等待处理的时间，提高了系统的并发性。

页级锁是指在事务的操纵过程中，无论事务处理数据的多少，每一次都锁定一页，在这个页上的数据不能被其他事务操纵。在 SQL Server 7.0 以前，使用的是页级锁。页级锁锁定的资源比行级锁锁定的数据资源多。在页级锁中，即使是一个事务只操纵页上的一行数据，那么该页上的其他数据行也不能被其他事务使用。因此，当使用页级锁时，会出现数据的浪费现象，也就是说，在同一个页上会出现数据被占用却没有使用的现象。在这种现象中，数据的浪费最多不超过一个页上的数据行。

表级锁也是一个非常重要的锁。表级锁是指事务在操纵某一个表的数据时，锁定了这个数据所在的整个表，其他事务不能访问该表中的其他数据。当事务处理的数据量比较大时，一般使用表级锁。表级锁的特点是使用比较少的系统资源，但是占用比较多的数据资源。与行级锁和页级锁相比，表级锁占用的系统资源例如内存比较少，但是占用的数据资源却是最大。在表级锁时，有可能出现数据的大量浪费现象，因为表级锁锁定整个表，那么其他事务都不能操纵表中的其他数据。

盘区锁是一种特殊类型的锁，只能用在一些特殊的情况下。簇级锁就是指事务占用一个盘区，这个盘区不能同时被其他事务占用。例如在创建数据库和创建表时，系统分配物理空间时使用这种类型的锁。系统是按照盘区分配空间的。当系统分配空间时，使用盘区锁，防止其他事务同时使用同一个盘区。当系统完成分配空间之后，就不再使用这种类型的盘区锁。特别是，当涉及对数据操作的事务时，不使用盘区锁。

数据库级锁是指锁定整个数据库，防止任何用户或者事务对锁定的数据库进行访问。数据库级锁是一种非常特殊的锁，它只用于数据库的恢复操作过程中。这种等级的锁是一种最高等级的锁，因为它控制整个数据库的操作。只要对数据库进行恢复操作，那么就需要设置数据库为单用户模式，这样系统就能防止其他用户对该数据库进行各种操作。

行级锁是一种最优锁，因为行级锁不可能出现数据既被占用又没有使用的浪费现象。但是，如果用户事务中频繁对某个表中的多条记录操作，将导致对该表的许多记录行都加上了行级锁，数据库系统中锁的数目会急剧增加，这样就加重了系统负荷，影响系统性能。因此，在 SQL Server 中，还支持锁升级（Lock Escalation）。所谓锁升级，是指调整锁的粒度，将多个低粒度的锁替换成少数的更高粒度的锁，以此来降低系统负荷。在 SQL Server 中，当一个事务中的锁较多，达到锁升级门限时，系统自动将行级锁和页面锁升级为表级锁。特别值得注意的是，在 SQL Server 中，锁的升级门限以及锁升级是由系统自动来确定的，不需要用户设置。SQL Server 锁的粒度如表 10.2 所示。

表 10.2　SQL Server 锁的粒度

资源	说明
RID	以记录（Row）为单位作锁定
Key	已设置为索引的字段
Page	数据页或索引页（8 KB 大小的页面）
Extent	8 个连续的 Page（分配内存给数据页时的单位）
Table	整个数据表（包含其中所有数据及索引）
DB	整个数据库

10.2.4　SQL Server 的锁模式

在 SQL Server 数据库中加锁时，除了可以对不同的资源加锁，还可以使用不同程度的加锁方式，即锁有多种模式，SQL Server 中锁模式包括以下几类。

1．共享锁

Microsoft SQL Server 中，共享锁用于所有的只读数据操作。共享锁是非独占的，允许多个并发事务读取其锁定的资源。默认情况下，数据被读取后，Microsoft SQL Server 立即释放共享锁。例如，执行查询“SELECT * FROM studinfo”时，首先锁定第一页，读取之后，释放对第一页的锁定，然后锁定第二页。这样，就允许在读操作过程中，修改未被锁定的第一页。但是，事务隔离级别连接选项设置和 SELECT 语句中的锁定设置都可以改变 Microsoft SQL Server 的这种默认设置。例如，“SELECT * FROM studinfo HOLDLOCK”就要求在整个查询过程中，保持对表的锁定，直到查询完成才释放锁定。

2．修改锁

修改锁在修改操作的初始化阶段用来锁定可能要被修改的资源，这样可以避免使用共享锁造成的死锁现象。因为使用共享锁时，修改数据的操作分为两步，首先获得一个共享锁，读取数据，然后将共享锁升级为独占锁，最后再执行修改操作。这样如果同时有两个或多个事务同时对一个事务申请了共享锁，在修改数据的时候，这些事务都要将共享锁升级为独占锁。这时，这些事务都不会释放共享锁，而是一直等待对方释放，这样就造成了死锁。如果一个数据在修改前直接申请修改锁，在数据修改的时候再升级为独占锁，就可以避免死锁。修改锁与共享锁是兼容的，也就是说一个资源用共享锁锁定后，允许再用修改锁锁定。

3. 独占锁

独占锁是为修改数据而保留的。它所锁定的资源，其他事务不能读取，也不能修改。独占锁不能和其他锁兼容。

4. 结构锁

结构锁是指执行表的数据定义语言（DDL）操作（例如添加列或删除表）时使用架构修改（Sch-M）锁。当编译查询时，使用架构稳定性（Sch-S）锁。架构稳定性（Sch-S）锁不阻塞任何事务锁，包括排他锁。因此在编译查询时，其他事务（包括在表上有排他锁的事务）都能继续运行，但不能在表上执行DDL操作。

5. 意向锁

意向锁说明Microsoft SQL Server有在资源的低层获得共享锁或独占锁的意向。例如，表级的共享意向锁说明事务意图将独占锁释放到表中的页或者行。意向锁又可以分为共享意向锁、独占意向锁和共享式独占意向锁。共享意向锁说明事务意图在共享意向锁所锁定的低一级资源上放置共享锁来读取数据。独占意向锁说明事务意图在共享意向锁所锁定的低一级资源上放置独占锁来修改数据。共享式独占锁说明事务允许其他事务使用共享锁来读取顶层资源，并意图在该资源低一级上放置独占锁。

6. 批量修改锁

批量复制数据时使用批量修改锁。可以通过表的TabLock提示或者使用系统存储过程sp_tableoption的“table lock on bulk load”选项设定批量修改锁。

独占式锁（Exclusive Lock）：Exclusive锁可禁止其他事务对数据做存取或锁定操作。

共享式锁（Shared Lock）：Shared锁可将数据设成只读，并禁止其他事务对该数据做Exclusive锁定，但允许其他事务对数据再做Shared锁定。

更改式锁（UPDATE Lock）：UPDATE锁可以和Shared锁共存，但禁止其他UPDATE锁或Exclusive锁。

10.2.5 死锁问题

在数据库系统中，死锁是指多个用户（进程）分别锁定了一个资源，并又试图请求锁定对方已经锁定的资源，这就产生了一个锁定请求环，导致多个用户（进程）都处于等待对方释放所锁定资源的状态。

在SQL Server中，系统能够自动定期搜索和处理死锁问题。系统在每次搜索中标识所有等待锁定请求的进程会话，如果在下一次搜索中该被标识的进程仍处于等待状态，SQL Server就开始递归死锁搜索。

当搜索检测到锁定请求环时，系统将根据各进程会话的死锁优先级别来结束一个优先级最低的事务，此后，系统回滚该事务，并向该进程发出1205号错误信息。这样，其他事务就有可能继续运行了。死锁优先级的设置语句为：

```
SET DEADLOCK_PRIORITY { LOW | NORMAL}
```

其中，LOW说明该进程会话的优先级较低，在出现死锁时，可以首先中断该进程的事务。

另外，各进程中通过设置 LOCK_TIMEOUT 选项能够设置进程处于锁定请求状态的最长等待时间。该设置的语句：

```
SET LOCK_TIMEOUT { timeout_period }
```

其中，timeout_period 以毫秒为单位。

理解了死锁的概念，在应用程序中就可以采用下面的一些方法来尽量避免死锁了：

① 合理安排表访问顺序。

② 在事务中尽量避免用户干预，尽量使一个事务处理的任务少些。

③ 采用脏读技术。脏读由于不对被访问的表加锁，因此避免了锁冲突。在客户机/服务器应用环境中，有些事务往往不允许脏读数据，但在特定的条件下，可以用脏读。

④ 数据访问时域离散法。数据访问时域离散法是指在客户机/服务器结构中，采取各种控制手段控制对数据库或数据库中对象的访问时间段。主要通过以下方式实现：合理安排后台事务的执行时间，采用工作流对后台事务进行统一管理。工作流在管理任务时，一方面限制同一类任务的线程数（往往限制为 1 个），防止资源过多占用；另一方面合理安排不同任务执行时序、时间，尽量避免多个后台任务同时执行，另外，避免在前台交易高峰时间运行后台任务。

⑤ 数据存储空间离散法。数据存储空间离散法是指采取各种手段，将逻辑上在一个表中的数据分散到若干离散的空间上去，以便改善对表的访问性能。主要通过以下方法实现：第一，将大表按行或列分解为若干小表；第二，按不同的用户群分解。

⑥ 使用尽可能低的隔离性级别。隔离性级别是指为保证数据库数据的完整性和一致性而使多用户事务隔离的程度，SQL-92 定义了 4 种隔离性级别：未提交读、提交读、可重复读和可串行。如果选择过高的隔离性级别，如可串行，虽然系统可以因实现更好隔离性而更大程度上保证数据的完整性和一致性，但各事务间冲突而死锁的机会大大增加，严重影响了系统性能。

⑦ 使用 Bound Connections。Bound connections 允许两个或多个事务连接共享事务和锁，而且任何一个事务连接要申请锁如同另外一个事务要申请锁一样，因此可以允许这些事务共享数据而不会有加锁的冲突。

⑧ 考虑使用乐观锁定或使事务首先获得一个独占锁定。一个最常见的死锁情况发生在系列号生成器中，它们通常是这样编写的：

```
--创建测试表 keytab
CREATE TABLE keytab(id int default 0)
--向测试表中添加一条测试记录
INSERT INTO keytab(id) VALUES(1)
--产生新 id 的事务
begin tran
SELECT id FROM keytab with(holdlock)
UPDATE keytab SET id=id+1
commit tran
```

如果有两个用户在同时运行这一事务，他们都会得到共享锁定并保持它。当两个用户都试图得到 studinfo 表的独占锁定时，就会进入死锁。为了避免这种情况的发生，应将上述事务重写成如下形式：

```
begin tran
UPDATE keytab SET id=id+1
SELECT id FROM keytab
commit tran
```

以这种方式改写后，只有一个事务能得到 studinfo 的独占锁定，其他进程必须等到第一个事务的完成，这样虽增加了执行时间，但避免了死锁。

如果要求在一个事务中具有读取的可重复能力，就要考虑以这种方式来编写事务，以获得资源的独占锁定，然后再去读数据。例如，如果一个事务需要检索出 StudsScoreInfo 表中所有成绩的平均成绩，并保证在 UPDATE 被应用前，结果不会改变，优化器就会分配一个独占的表锁定。考虑如下的 SQL 代码：

```
    begin tran
    UPDATE StudScoreInfo SET studno=studno WHERE 1=2
    if (SELECT AVG(studscore) FROM StudScoreInfo )>70
    begin
      SELECT AVG(studscore) FROM StudScoreInfo
    End
    UPDATE StudScoreInfo SET studscore=studscore*1.10 WHERE studscore<(SELECT AVG(studscore)
FROM studscoreinfo)
    commit tran
```

在这个事务中，重要的是没有其他进程修改表中任何行的 studscore，或者说在事务结束时检索的值与事务开始时检索的值不同。这里的 WHERE 子句看起来很奇怪，但是不管你相信与否，这是迄今为止优化器所遇到的最完美有效的 WHERE 子句，尽管计算出的结果总是 false。当优化器处理此查询时，因为它找不到任何有效的 SARG（Searchable Arguments，用于限制搜索的一个操作，因为它通常是指一个特定的匹配，一个取值范围的匹配或者两个以上条件的 AND 连接），它的查询规划就会强制使用一个独占锁定来进行表扫描。此事务执行时，WHERE 子句立即得到一个 false 值，于是不会执行实际上的扫描，但此进程仍得到了一个独占的表锁定。

因为此进程现在已有一个独占的表锁，所以可以保证没有其他事务会修改任何数据行，能进行重复读，且避免了由于 holdlock 所引起的潜在性死锁。但是，要避免死锁，不可能不付出代价。在使用表锁定来尽可能地减少死锁的同时，也增加了对表锁定的争用。因此，在实现这种方法之前，需要权衡一下：避免死锁是否比允许并发地对表进行访问更重要。

PART 11 第 11 章 SQL Server 的数据库安全性管理

本章介绍了数据安全性的重要性、安全访问控制、登录标识管理、角色管理、数据库用户管理、权限设置。以 Microsoft SQL Server 2012 为例介绍了数据库的安全性机制及原理、数据库登录、表的用户、角色管理、权限管理等内容。通过本章介绍，读者应掌握安全性机制概念和原理、管理服务器的安全性、SQL Server 数据库的安全性、表的安全性，重点掌握 SQL Server 2012 的身份验证、创建和管理用户登录的方法、使用固定服务器角色的方法、管理数据库权限的方法。

11.1 SQL Server 的安全性机制

SQL Server 的安全性管理可分为三个等级：操作系统级、SQL Server 级和数据库级。操作系统级的安全性是指用户通过网络使用客户计算机实现 SQL Server 服务器的访问时，首先要获得计算机操作系统的使用权。SQL Server 级的安全性是指 SQL Server 的服务器级安全性建立在控制服务器登录账号和口令的基础上。SQL Server 采用了标准 SQL Server 登录和集成 Windows NT 登录两种方式，无论使用哪种登录方式，用户在登录时提供的登录账号和口令都必须正确。数据库级的安全性是指在用户通过 SQL Server 服务器的安全性检验以后，将直接面对不同的数据库入口，这是用户将接受的第三次安全性检验。

Microsoft SQL Server 对用户的访问进行两个阶段的检验，即验证阶段和许可确认（授权）阶段。验证是指检验用户的身份标识；授权是指允许用户做些什么。验证过程在用户登录 Microsoft SQL Server 的时候出现，授权过程在用户试图访问数据或执行命令的时候出现。

（1）验证阶段（Authentication）

用户在 Microsoft SQL Server 上获得对任何数据库的访问权限之前，必须登录到 SQL Server 上，并且被认为是合法的。Microsoft SQL Server 可以通过 SQL Server 账户或者 Windows 账户对用户身份进行验证。如果验证通过，用户就可以连接到 Microsoft SQL Server 上，否则，服务器将拒绝用户登录，从而保证了系统安全。

（2）许可确认阶段（Permission Validation）

用户验证通过后，登录到 Microsoft SQL Server 上，系统检查用户是否有访问服务器上数据的权限。用户可以防止数据库被未授权的用户故意或无意地修改。SQL Server 为一个用户分配唯一的用户名和密码。可以为不同账号授予不同的安全级别。

11.1.1 SQL Server 的验证模式

Microsoft SQL Server 和 Windows 的身份验证是结合在一起的，因此 SQL Server 有两种验

证模式：Windows 验证模式和混合验证模式。

1. Windows 验证模式

SQL Server 数据库系统通常运行在 NT 服务器平台或基于 NT 构架的 Windows 上，而 NT 作为网络操作系统，本身就具备管理登录、验证用户合法性的能力，所以 Windows 验证模式正是利用这一用户安全性和账号管理的机制，允许 SQL Server 也可以使用 NT 的用户名和口令。在该模式下，用户只要通过 Windows 的验证就可连接到 SQL Server，而 SQL Server 本身也没有必要管理一套登录数据。

Windows 验证模式与 SQL Server 验证模式相比有许多优点，原因在于 Windows 验证模式集成了 NT 或 Windows 的安全系统，并且 NT 安全管理具有众多特征，如安全合法性、口令加密、对密码最小长度进行限制等。所以当用户试图登录到 SQL Server 时，它从 NT 或 Windows 的网络安全属性中获取登录用户的账号与密码，并使用 NT 或 Windows 验证账号和密码的机制来检验登录的合法性，从而提高了 SQL Server 的安全性。

在 Windows NT 中使用了用户组，所以当使用 Windows 验证时，总是把用户归入一定的 NT 用户组，以便在 SQL Server 中对 NT 用户组进行数据库访问权限设置时，能够把这种权限设置传递给单一用户，而且当新增加一个登录用户时，也总把它归入某一 NT 用户组，这种方法可以使用户更为方便地加入到系统中，并消除了逐一为每一个用户进行数据库访问权限设置而带来的不必要的工作量。

如果用户在登录 SQL Server 时未给出用户登录名，则 SQL Server 将自身使用 NT 验证模式，而且如果 SQL Server 被设置为 NT 验证模式，则用户在登录时若输入一个具体的登录名时，SQL Server 将忽略该登录名。

2. 混合验证模式

在混合验证模式下，Windows 验证和 SQL Server 验证这两种验证模式都是可用的。NT 的用户既可以使用 NT 验证，也可以使用 SQL Server 验证。前面已经介绍了 Windows 验证的含义，下面向读者介绍 SQL Server 验证模式。

3. SQL Server 验证模式

在该验证模式下，用户在连接 SQL Server 时必须提供登录名和登录密码，这些登录信息存储在系统表 syslogins 中，与 NT 的登录账号无关。SQL Server 执行验证处理，如果输入的登录信息与系统表 syslogins 中的某条记录相匹配，则表明登录成功。

11.1.2 设置 SQL Server 验证模式

在安装过程中，必须为数据库引擎选择身份验证模式。可供选择的模式有两种：Windows 身份验证模式和混合验证模式。Windows 身份验证模式会启用 Windows 身份验证并禁用 SQL Server 身份验证。混合验证模式会同时启用 Windows 身份验证和 SQL Server 身份验证。Windows 身份验证始终可用，并且无法禁用。如果在安装过程中选择混合验证模式身份验证，则必须为名为 sa 的内置 SQL Server 系统管理员账户提供一个强密码并确认该密码。sa 账户通过使用 SQL Server 身份验证进行连接。

在 Microsoft SQL Server Management Studio 中设置验证模式的步骤如下：

① 打开 SQL Server Management Studio，并连接到目标服务器。

② 在“对象资源管理器”窗口中，选择相应的服务器，单击鼠标右键，选择“属性”命令，打开“服务器属性”对话框，在“服务器属性”对话框中选择“安全性”选项（见图 11.1），进入设置页面。

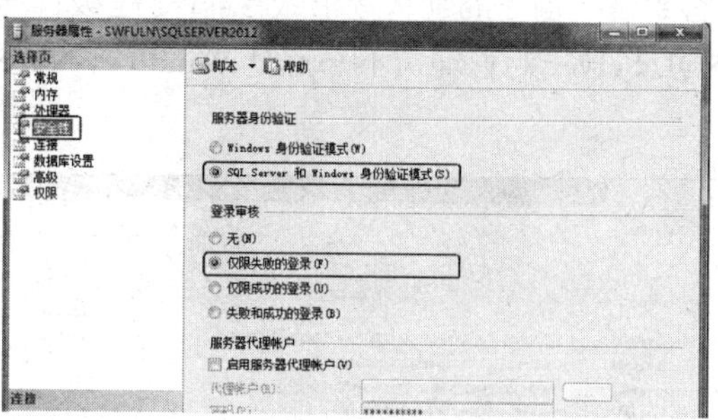

图 11.1 设置 SQL Server 身份验证模式

③ 在“服务器身份验证”中设置是“SQL Server 和 Windows 身份验证模式”还是“Windows 身份验证模式”。

④ 用户还可以选择验证模式前的单选按钮，选中需要的验证模式。

⑤ 最后单击“确定”按钮，完成登录验证模式的设置。

11.2 数据库登录管理

11.2.1 账号和角色

在 SQL Server 中，账号有两种：一种是登录服务器的登录账号（Login Name）；另一种是使用数据库的用户账号（User Name）。登录账号是指能登录到 SQL Server 的账号，属于服务器层面，它本身并不能让用户访问服务器中的数据库。登录者要使用服务器中的数据库，必须要有用户账号才能够存取数据库。如同有人在公司门口先刷卡进入（登录服务器），然后再拿钥匙打开自己的办公室（进入数据库）一样。用户名在特定的数据库内创建，并关联一个登录名（当一个用户创建时，必须关联一个登录名）。用户定义的信息存放在服务器的每个数据库的 sysusers 表中，用户没有密码同它相关联。通过授权给用户指定用户可以访问的数据库对象。

11.2.2 使用 SQL Server Management Studio 查看登录账号

打开“对象资源管理器”，展开“安全性”节点，再展开“登录名”节点即可查看登录账号，如图 11.2 所示。

图 11.2 使用 SQL Server Management Studio 查看登录账号

11.2.3 默认登录账号

打开 SQL Server Management Studio 展开服务器级和服务器。展开“安全性”文件夹，展开“登录名”文件夹，即可看到系统创建的默认登录账号。sa 是超级管理员账号，允许 SQL Server 的系统管理员登录，此 SQL Server 的管理员不一定是 Windows NT Server 的管理员（但通常是），如图 11.3 所示。

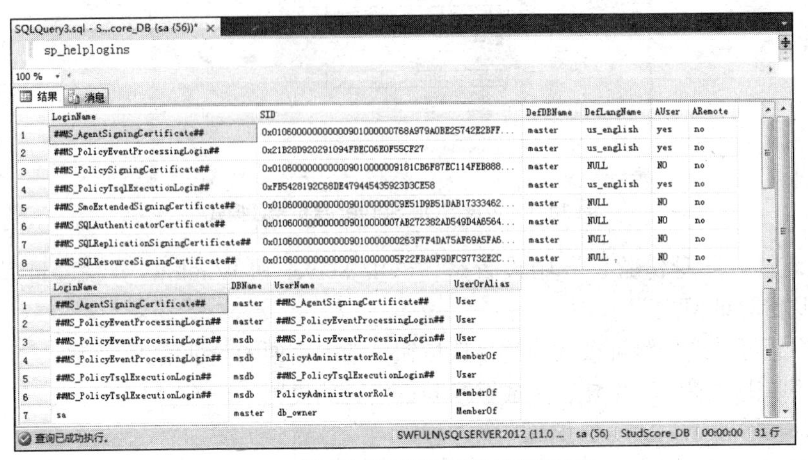

图 11.3 使用存储过程查看登录账号信息

11.2.4 使用存储过程查看登录账号

使用系统存储过程 sp_helplogins 查看登录账号，如图 11.3 所示。新建查询编辑窗口，输入 EXECUTE sp_helplogins，单击“执行”按钮。

11.2.5 使用 SQL Server Management Studio 管理登录账号

利用 SQL Server Management Studio 建立登录账号，可以在相应的服务器实例文件夹中找到安全性文件夹，在安全性文件夹的登录名中完成操作，如图 11.4 所示。

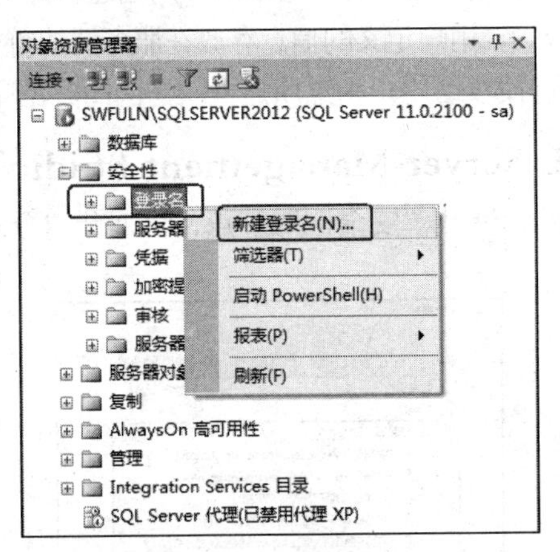

图 11.4 新建登录名

① 创建使用 Windows 身份验证（SQL Server Management Studio）的 SQL Server 登录名。

✧在 SQL Server Management Studio 中，打开“对象资源管理器”并展开要在其中创建新登录名的服务器实例的文件夹。

✧右键单击“安全性”文件夹，然后选择“新建登录名”命令。

✧在“常规”页上的“登录名”框中输入一个 Windows 用户名。

✧选择“Windows 身份验证”。

✧单击“确定”按钮完成建立。

② 创建使用 SQL Server 身份验证(SQL Server Management Studio)的 SQL Server 登录名。

✧在 SQL Server Management Studio 中，打开“对象资源管理器”并展开要在其中创建新登录名的服务器实例的文件夹。

✧右键单击“安全性”文件夹，然后选择“新建登录名”命令。

✧在“常规”页上的“登录名”框中输入一个新登录名的名称。

✧选择“SQL Server 身份验证”。Windows 身份验证是更安全的选择。

✧输入登录名的密码。

✧选择应当应用于新登录名的“密码策略”选项。通常，强制密码策略是更安全的选择。

✧单击“确定”按钮。

③ 在“登录名”文本框中输入账号名“Stud”，选择“SQL Server 身份验证”单选按钮，并输入密码。然后在“默认数据库”选项组中，选择“数据库”列表框中的一个默认数据库，表示该登录账号登录到此数据库中。

④ 单击“服务器角色”选项，打开“服务器角色”选项卡，如图 11.5 所示。在此选项卡中，可以设置登录账号所属的服务器角色，这里选择“dbcreator”服务器角色。

⑤ 打开“用户映射”选项卡，如图 11.6 所示。在此选项卡中可选择登录账号可以访问的数据库。这里选中 StudScore_DB 数据库，并在下面的“数据库角色”框中选中“db_owner”，表示该登录账号可以访问 StudScore_DB 数据库。

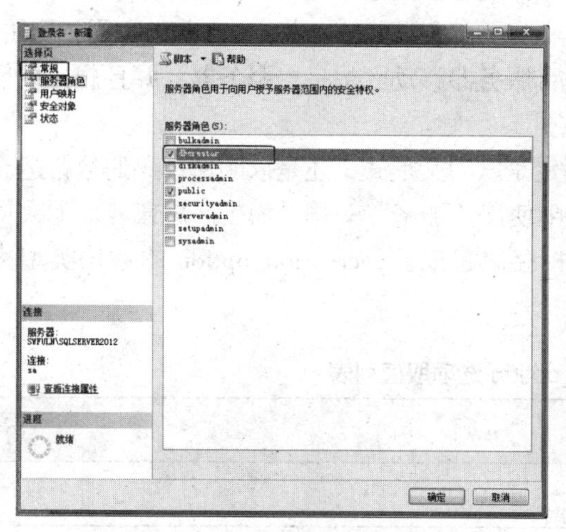

图 11.5 设置账号的服务器角色

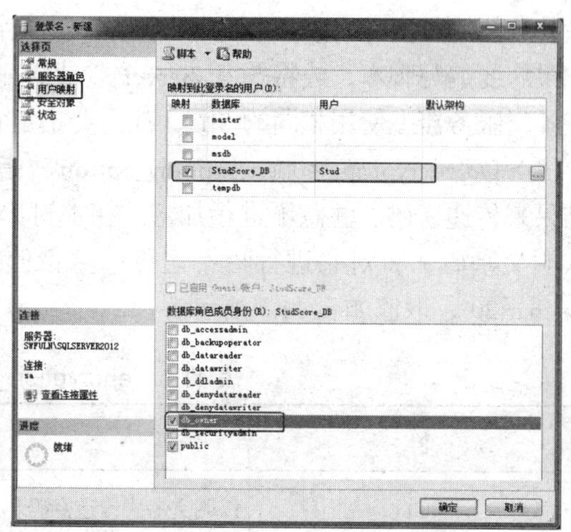

图 11.6 设置账号可访问的数据库

⑥ 设置完成后，单击“确定”按钮，即可创建一个名称为 Stud 的账号。

如果要修改登录账号的属性，可在登录账号上面右键单击鼠标，然后在弹出的快捷菜单中选择“属性”命令，即可打开登录账号的属性对话框，对其进行修改。

如果要删除一个账号，右键单击登录账号，在弹出的快捷菜单中选择“删除”命令，此时会打开一个提示对话框，单击“是”按钮确定删除。

11.2.6 使用 SQL 管理登录账号

1. 创建登录账号

语法：


```
sp_addlogin [ @loginame = ] 'login'
    [ , [ @passwd = ] 'password' ]
    [ , [ @defdb = ] 'database' ]
    [ , [ @deflanguage = ] 'language' ]
    [ , [ @sid = ] sid ]
    [ , [ @encryptopt= ] 'encryption_option' ]
```

功能：创建新的 SQL Server 登录，该登录允许用户使用 SQL Server 身份验证连接到 SQL Server 实例。

参数：

✧ [@loginame =] 'login'：登录的名称。login 的数据类型为 sysname，无默认值。

✧ [@passwd =] 'password'：登录的密码。password 的数据类型为 sysname，默认值为 NULL。

安全说明：不要使用空密码。请使用强密码。

✧ [@defdb =] 'database'：登录的默认数据库（在用户登录后首先连接到该数据库）。database 的数据类型为 sysname，默认值为 master。

✧ [@deflanguage =] 'language'：登录的默认语言。language 的数据类型为 sysname，默认值为 NULL。如果未指定 language，则新登录的默认 language 将设置为服务器的当前默认语言。

✧ [@sid =] 'sid'：安全标识号（SID）。sid 的数据类型为 varbinary(16)，默认值为 NULL。如果 sid 为 NULL，则系统将为新登录生成 SID。不管是否使用 varbinary 数据类型，NULL 以外的值的长度都必须正好是 16 个字节，并且一定不能已经存在。指定 sid 非常有用，例如，如果您要编写脚本，或将 SQL Server 登录从一台服务器移动到另一台服务器，并且想让登录在不同服务器上使用相同的 SID，都需要指定它。

✧ [@encryptopt =] 'encryption_option'：指定是以明文形式，还是以明文密码的哈希运算结果来传递密码。注意不进行加密。在本讨论中使用“加密”一词是为了向后兼容。如果传入明文密码，将对它进行哈希运算。哈希值将存储起来。encryption_option 的数据类型为 varchar(20)，取值如表 11.1 所示。

表 11.1 encryption_option 选项取值列表

值	说明
NULL	以明文形式传递密码。这是默认设置
skip_encryption	密码已经过哈希运算。数据库引擎应存储值，且不对其重新进行哈希运算
skip_encryption_old	所提供的密码由 SQL Server 的早期版本进行哈希运算。数据库引擎应存储值，且不对其重新进行哈希运算。提供该选项只是为了升级

【**例 11.1**】建立一个登录名为“SWFU”，密码为“3018”，默认数据库为“StudScore_DB”，语言使用默认值的登录账号。

```
EXEC sp_addlogin 'SWFU,'3018','StudScore_DB',null
```

2. 修改登录账号密码

语法：

```
sp_password [ [ @old = ] 'old_password' , ]
        { [ @new =] 'new_password' }
        [ , [ @loginame = ] 'login' ]
```

参数：

✧ [@old =] 'old_password'：旧密码。old_password 的数据类型为 sysname，默认值为 NULL。

✧ [@new =] 'new_password'：新密码。new_password 的数据类型为 sysname，无默认值。如果没有使用命名参数，则必须指定 old_password。

安全说明：不要使用空密码。请使用强密码。

✧ [@loginame =] 'login'：受密码更改影响的登录名。login 的数据类型为 sysname，默认值为 NULL。login 必须已经存在，并且只能由 sysadmin 或 securityadmin 固定服务器角色的成员指定。

功能：为 Microsoft SQL Server 登录名添加或更改密码。

【例 11.2】将 SWFU 的密码改为"swfu3018"。

```
EXECUTE sp_password '3018','swfu3018','SWFU'
```

3. 删除登录账号

语法：

```
sp_droplogin [ @loginame = ] 'login'
```

参数：

✧ [@loginame =] 'login'：要删除的登录名。login 的数据类型为 sysname，无默认值。login 必须已存在于 SQL Server 中。

功能：删除 SQL Server 登录名。这样将阻止使用该登录名对 SQL Server 实例进行访问。

【例 11.3】删除 SWFU 登录名。

```
EXECUTE sp_droplogin 'SWFU'
```

11.3 数据库用户管理

11.3.1 用户概述

用户是服务器针对数据库权限的设置位置。管理人员可以自定义用户，也可以设置权限。用户是一个或多个登录对象在数据库中的映射，可以对用户对象进行授权，以便为登录对象提供对数据库的访问权限。用户定义信息存放在每个数据库的 sysusers 表中。一个登录名可以被授权访问多个数据库，但一个登录名在每个数据库中只能映射一次，即一个登录可对应多个用户，一个用户也可以被多个登录使用。如果没有为一个登录指定数据库用户，则登录时系统会试图将该登录名映射成 guest 用户（如果当前的数据库中有 guest 用户的话）。如果还是失败的话，这个用户将无法访问数据库。

11.3.2 dbo 和 guest 用户

1. dbo 用户

dbo 全称为 Database Owner，是具有在数据库中执行所有活动的暗示性权限的用户。将固定服务器角色 sysadmin 的任何成员都映射到每个数据库内称为 dbo 的一个特殊用户上。另外，由固定服务器角色 sysadmin 的任何成员创建的任何对象都自动属于 dbo。

例如，如果用户 stud 是固定服务器角色 sysadmin 的成员，并创建表 T1，则表 T1 属于 dbo，并以 dbo.T1 而不是 stud.T1 进行限定。相反，如果 stud 不是固定服务器角色 sysadmin 的成员，而只是固定数据库角色 db_owner 的成员，并创建表 T1，则 T1 属于 stud，并限定为 stud.T1。该表属于 stud，因为该成员没有将表限定为 dbo.T1。无法删除 dbo 用户，且此用户始终出现在每个数据库中。只有由 sysadmin 固定服务器角色成员（或 dbo 用户）创建的对象才属于 dbo。由任何其他不是 syadmin 固定服务器角色成员的用户（包括 db_owner 固定数据库角色成员）创建的对象属于创建该对象的用户，而不是 dbo，用创建该对象的用户名限定。

2. guest 用户

guest 用户是创建数据库之后自动生成的，它的任务是让未经授权或明确定义的用户具有一定程度的权限，guest 无法删除，但可以通过权限设置更改其权限。

通常而言，数据库用户账号总是与某一登录账号相关联，但有一个例外，那就是 guest 用户。

注意

通常可以像删除或添加其他用户那样删除或添加 guest 用户，但不能从 master 或 tempdb 数据库中删除该用户，并且在一个新建的数据库中不存在 guest 用户，除非手工将其添加进数据库。

11.3.3 利用 SQL Server Management Studio 管理数据库用户

1. 创建新数据库用户

利用 SQL Server Management Studio 创建一个新数据库用户要执行以下步骤：

① 启动 SQL Server Management Studio，打开“对象资源管理器”。

② 展开“数据库”文件夹节点，打开要创建用户的数据库。

③ 右键单击“数据库”图标，在弹出的菜单中选择“新数据库用户”命令，弹出“数据库用户-新建”对话框，如图 11.7 所示。

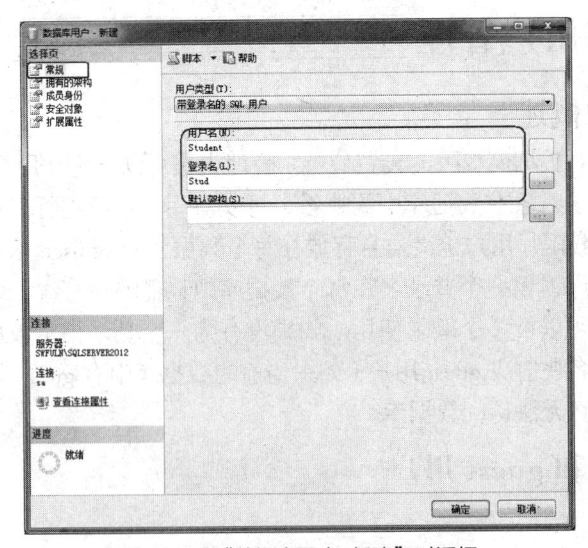

图 11.7 “数据库用户-新建”对话框

④ 在“登录名”选择框内选择已经创建的登录账号，在“用户名”选择框内输入数据库用户名称。

⑤ 在“成员身份”下的“角色成员”选项框中为该用户选择数据库角色。

⑥ 单击“确定”按钮。

当然，在创建一个 SQL Server 登录账号时，就可以先为该登录账号定出其在不同数据库中所使用的用户名称，这实际上也完成了创建新的数据库用户这一任务。在打开的“登录属性–Stud”对话框中选择“用户映射”选项，如图 11.8 所示。

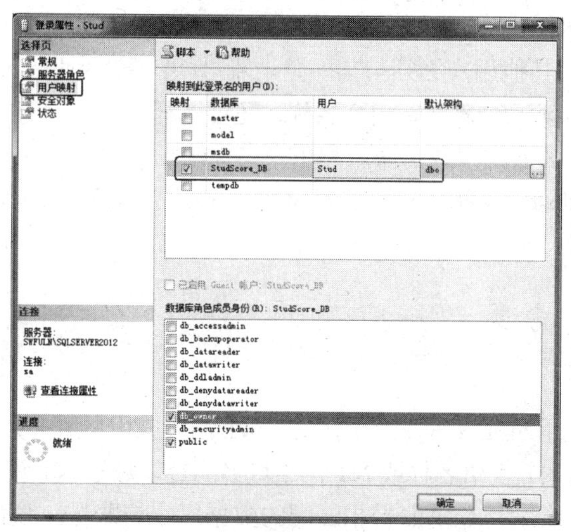

图 11.8 “登录属性–Stud”对话框

2．查看、删除数据库用户

启动“SQL Server Management Studio”，打开“对象资源管理器”并连接到相应的服务器，展开“数据库”文件夹，展开相应的数据库，再展开“安全性”文件夹，展开“用户”，则会显示出当前数据库的所有用户，如图 11.9 所示。

在想要删除的数据库用户上单击鼠标右键，则会弹出快捷菜单，然后选择“删除”命令，则会从当前数据库中删除该数据库用户，如图 11.10 所示。

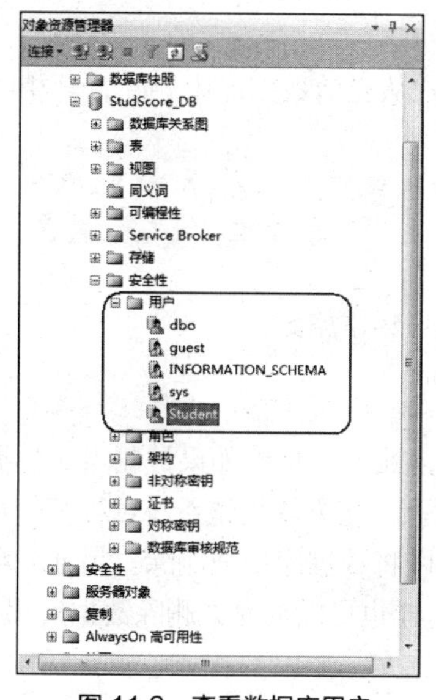

图 11.9 查看数据库用户

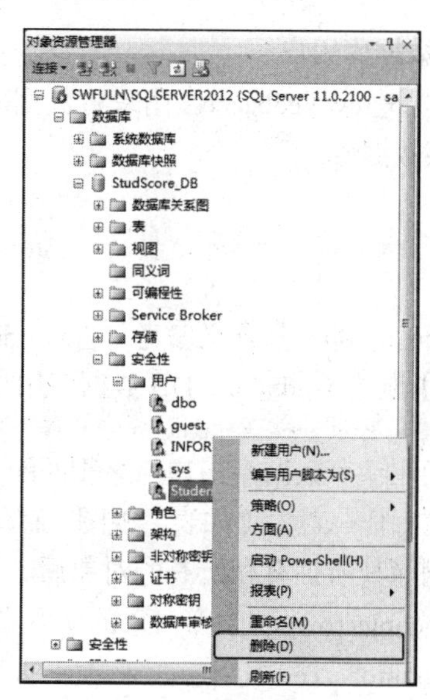

图 11.10 删除数据库用户

11.3.4 利用系统过程管理数据库用户

SQL Server 利用以下系统过程管理数据库用户：

① sp_grantdbaccess。

② sp_revokedbaccess。

③ sp_helpuser。

1. 创建新数据库用户

除了 guest 用户外，其他用户必须与某一登录账号相匹配。所以，正如在图 11.8 中所见到的那样，不仅要输入新创建的数据库用户名称，还要选择一个已经存在的登录账号。同理，当使用系统过程时，也必须指出登录账号和用户名称。

系统过程 sp_grantdbaccess 就是被用来为 SQL Server 登录者、NT 用户或用户组建立一个相匹配的数据用户账号。

语法：

```
Sp_grantdbaccess [@loginname = ] 'login'
      [,[@name_in_db = ] 'name_in_db' [OUTPUT]]
```

参数：

✧ @loginname：表示 SQL Server 登录账号、NT 用户或用户组。如果使用的是 NT 用户或用户组，那么必须给出 NT 主机名称或 NT 网络域名。登录账号 NT 用户或用户组必须存在。

✧ @name_in_db：表示与登录账号相匹配的数据库用户账号。该数据库用户账号并不已存在于当前数据库中，如果不给出该参数值，则 SQL Server 把登录名作为默认的用户名称。

【例 11.4】 将用户 Stud 加到当前数据库中，其用户名为 Stud。

```
EXEC sp_grantdbaccess Stud
```

使用该系统过程总是为登录账号设置一个在当前数据库中的用户账号，如果设置登录者在其他数据库中的用户账号，必须首先使用 Use 命令，将其设置为当前数据库。

2. 删除数据库用户

系统过程 sp_revokedbaccess 用来将数据库用户从当前数据库中删除，其相匹配的登录者就无法使用该数据库。

语法：

```
sp_revokedbaccess [@name_in_db = ] 'name'
```

参数：

✧ @name_in_db：其含义参考 sp_grantdbaccess 语法格式。

【例 11.5】 删除 StudScore_DB 数据库用户 Stud。

```
EXEC sp_revokedbaccess Stud
```

正如不能删除有数据库用户与之相匹配的登录账号一样，如果被删除的数据库用户在当前数据库中拥有任一对象（如表、视图、存储过程），将无法用该系统过程把它从数据库中删除。只有在删除其所拥有和所有的对象后，才可以将数据库用户删除。另外一种解决办法是使用 sp_changeobjectowner 改变对象的所有者，这样也可以被允许删除数据库用户。

对于 sp_grantdbaccess 和 sp_revokedaccess 这两个系统过程，只有 db_owner 和 db_accessadmin 数据库角色才有执行它的权限。

3．查看数据库用户信息

sp_helpuser 被用来显示当前数据库的指定用户信息。

语法：

```
sp_helpuser [[@name_in_db =] 'security_account']
```

参数：

✧如果不指出参数，则显示所有用户信息。

【例 11.6】显示当前数据库中的所有用户信息。

```
EXEC sp_helpuser
```

11.4 角色管理

角色可以将用户集中到一个单元中，然后对该单元应用权限。对一个角色授予、拒绝或废除的权限也适用于该角色的任何成员。可以建立一个角色来代表单位中一类工作人员所执行的工作，然后给这个角色授予适当的权限。当工作人员开始工作时，只需将他们添加为该角色成员，当他们离开工作时，将他们从该角色中删除。而不必在每个人接受或离开工作时，反复授予、拒绝和废除其权限。权限在用户成为角色成员时自动生效。如果根据工作职能定义了一系列角色，并给每个角色指派了适合这项工作的权限，则很容易在数据库中管理这些权限。之后，不用管理各个用户的权限，而只需在角色之间移动用户即可。如果工作职能发生改变，则只需更改一次角色的权限，并使更改自动应用于角色的所有成员，操作比较容易。角色管理示意图如图 11.11 所示。角色（Role）是一组由用户构成的组，可分为服务器角色与数据库角色。服务器角色是负责管理与维护 SQL Server 的组，一般只会指定需要管理服务器的登录账号属于服务器角色。

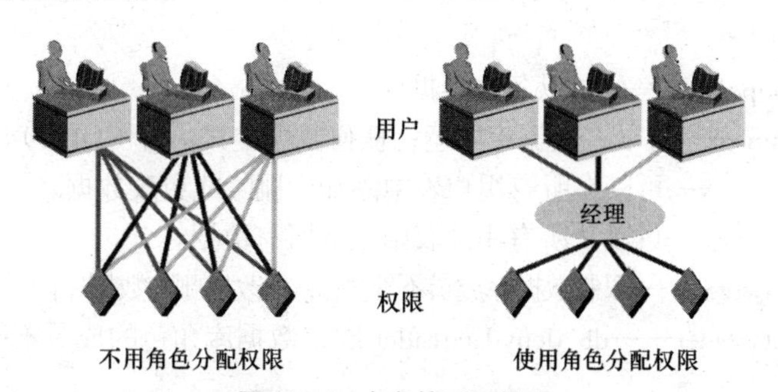

图 11.11 角色管理示意图

11.4.1 固定服务器角色

固定服务器角色独立于各个数据库，具有固定的权限。可以在这些角色中添加用户以获得相关的管理权限。每个 SQL Server 登录名都属于 public 服务器角色。如果未向某个服务器主体授予或拒绝对某个安全对象的特定权限，该用户将继承授予该对象的 public 角色的权限。以下是固定的服务器角色：

① sysadmin——sysadmin 固定服务器角色的成员可以在服务器上执行任何活动。默认情况下，Windows BUILTIN\Administrators 组（本地管理员组）的所有成员都是 sysadmin 固定服务器角色的成员。

② serveradmin——具有更改服务器范围的配置选项和关闭服务器的权限。

③ securityadmin——可以管理登录名及其属性。该角色具有 GRANT、DENY 和

REVOKE 服务器级别的权限，也具有 GRANT、DENY 和 REVOKE 数据库级别的权限，此外还可以重置 SQL Server 登录名的密码。

④ processadmin——可以终止在 SQL Server 实例中运行的进程。

⑤ setupadmin——可以添加和删除连接服务器。

⑥ bulkadmin——可以运行 BULK INSERT 语句。

⑦ diskadmin——用于管理磁盘文件。

⑧ dbcreator——可以创建、更改、删除和还原任何数据库。

11.4.2 固定数据库角色

固定数据库角色是角色所有的管理、访问数据库权限已被 SQL Server 定义，并且 SQL Server 管理者不能对其所具有的权限进行任何修改。SQL Server 中的每一个数据库中都有一组固定数据库角色，在数据库中使用固定数据库角色可以将不同级别的数据库管理工作分给不同的角色，从而很容易实现工作权限的传递。固定数据库角色是在数据库级别定义的，并且存在于每个数据库中。db_owner 和 db_securityadmin 数据库角色的成员可以管理固定数据库角色的成员身份。但是，只有 db_owner 数据库角色的成员能够向 db_owner 固定数据库角色中添加成员。msdb 数据库中还有一些特殊用途的固定数据库角色。可以向数据库级角色中添加任何数据库账户和其他 SQL Server 角色。固定数据库角色的每个成员都可向同一个角色添加其他登录名。以下是固定数据库角色：

① db_owner ——可以执行数据库的所有配置和维护活动，还可以删除数据库。

② db_securityadmin——可以修改角色成员身份和管理权限。向此角色中添加主体可能会导致意外的权限升级。

③ db_accessadmin——可以为 Windows 登录名、Windows 组和 SQL Server 登录名添加或删除数据库访问权限。

④ db_backupoperator ——可以备份数据库。

⑤ db_ddladmin ——可以在数据库中运行任何数据定义语言（DDL）命令。

⑥ db_datawriter ——可以在所有用户表中添加、删除或更改数据。

⑦ db_datareader ——可以从所有用户表中读取所有数据。

⑧ db_denydatawriter——限制数据库成员不能添加、修改或删除数据库内用户表中的任何数据。

⑨ db_denydatareader——db_denydatareader 固定数据库角色的成员不能读取数据库内用户表中的任何数据。

可以从 sp_helpdbfixedrole 获得固定数据库角色的列表，可以从 sp_dbfixedrolepermission 获得每个角色的特定权限。数据库中的每个用户都属于 public 数据库角色。如果想让数据库中的每个用户都能有某个特定的权限，则将该权限指派给 public 角色。如果没有给用户专门授予对某个对象的权限，他们就使用指派给 public 角色的权限。

11.5 权限管理

用户在登录到 SQL Server 之后，其安全账号（用户账号）所归属的 NT 组或角色所被授予的权限决定了该用户能够对哪些数据库对象执行哪种操作以及能够访问、修改哪些数据。在 SQL Server 中包括两种类型的权限，即对象权限和语句权限。

11.5.1 对象权限

对象权限总是针对表、视图、存储过程而言，它决定了能对表、视图、存储过程执行哪些操作（如 UPDATE、DELETE、INSERT、EXECUTE）。如果用户想要对某一对象进行操作，其必须具有相应的操作权限。例如，当用户要成功修改表中数据时，则前提条件是他已经被授予表的 UPDATE 权限。

不同类型的对象支持不同的针对它的操作，例如不能对表对象执行 EXECUTE 操作。针对各种对象的可能操作如表 11.2 所示。

表 11.2 对象权限表

对象	操作
表	SELECT、INSERT、UPDATE、DELETE、REFERENCE
视图	SELECT、UPDATE、INSERT、DELETE
存储过程	EXECUTE
列	SELECT、UPDATE

REFERENCE 允许在 GRANT、DENY、REVOKE 语句中向外键参照表中插入一行数据。

11.5.2 语句权限

语句权限主要指用户是否具有权限来执行某一语句，这些语句通常是一些具有管理性的操作，如创建数据库、表、存储过程等。这种语句虽然仍包含操作（如 CREATE）的对象，但这些对象在执行该语句之前并不存在于数据库中，例如创建一个表，在 CREATE TABLE 语句未成功执行前数据库中没有该表，所以将其归为语句权限范畴。表 11.3 是所有的语句权限清单。

表 11.3 语句权限表

语句	含义
CREATE DATABASE	创建数据库
CREATE TABLE	创建表
CREATE VIEW	创建视图
CREATE RULE	创建规则
CREATE DEFAULT	创建默认值
CREATE PROCEDURE	创建存储过程
BACKUP DATABASE	备份数据库
BACKUP LOG	备份事务日志

在 SQL Server 中使用 Grant、Revoke 和 Deny 三个命令来管理权限。

1. Grant

把权限授予某一用户，以允许该用户执行针对该对象的操作（如 UPDATE、SELECT、

DELETE、EXECUTE）或允许其运行某些语句（如 CREATE TABLE、CREATE DATABASE）。

【例 11.7】将 SELECT 权限授予 StudInfo 表的 public 用户。

```
GRANT SELECT
ON StudInfo
TO public
GO
```

【例 11.8】将 INSERT,UPDATE,DELETE 权限授予 StudInfo 表的 Mary、John、TomGO 用户。

```
GRANT INSERT, UPDATE, DELETE
ON StudInfo
TO Mary, John, TomGO
```

2. Revoke

取消用户对某一对象或语句的权限（这些权限是经过 Grant 语句授予的），不允许该用户执行针对该对象的操作（如 UPDATE、SELECT、DELETE、EXECUTE）或不允许其运行某些语句（如 CREATE TABLE、CREATE DATABASE）。

【例 11.9】删除一个 DENY 权限。

```
REVOKE ALL FROM Adam
```

3. Deny

禁止用户对某一对象或语句的权限，禁止该用户执行针对该对象的操作（如 UPDATE、SELECT、DELETE、EXECUTE）或运行某些语句（如 CREATE TABLE、CREATE DATABASE）。

下面介绍管理语句权限和对象权限的 Grant 语句的使用方法。

语法：

```
GRANT
{ALL [PRIVILEGES] | permission[,…n]}
{
[(column [,…n])] ON { table | view }
| ON { table | view } [(column [,…n])]
| ON { stored_procedure | extended_procedure}
| ON { user_defined_function}
}
TO security_account[,…n]
[ WITH GRANT OPTION]
[AS { group | role }]
```

参数：

✧ ALL：表示具有所有的语句或对象权限。对于语句权限来说，只有 sysadmin 角色才具有所有的语句权限；对于对象权限来说，只有 sysadmin 和 db_owner 角色才具有访问某一数据库所有对象的权限。

✧ statement：表示用户具有使用该语句的权限。这些语句包括：

CREATE DATABASE、CREATE DEFAULT、CREATE PROCEDURE、CREATE RULE、CREATE TABLE、CREATE VIEW、BACKUP DATABASE、BACKUP LOG WITH GRANT OPTION，表示该权限授予者可以向其他用户授予访问数据对象的权限。

REVOKE 和 DENY 语法格式与 GRANT 语法格式一样。

【例 11.10】禁止 guest 用户对 classinfo 表进行查询、添加、修改和删除操作。

```
deny SELECT,INSERT,UPDATE,DELETE
on dbo.ClassInfo
to guest
```

11.5.3 利用 SQL Server Management Studio 管理权限

在 Microsoft SQL Server 中可实现对语句权限和对象权限的管理，从而实现对用户权限的设定。在 SQL Server Management Studio 中的执行步骤为：

① 启动 SQL Server Management Studio，登录到指定的服务器。

② 展开“数据库”文件夹，然后展开“表”文件夹，在某个具体表中单击鼠标右键，选择“属性”命令，打开“表属性-StudInfo”对话框。在“表属性”对话框中选择“权限”选项。

③ 单击“搜索”按钮，搜索数据库用户，在数据库用户清单中选择要进行权限设置的用户，然后在用户列表下面的列表中进行权限设置，如图 11.12 所示。

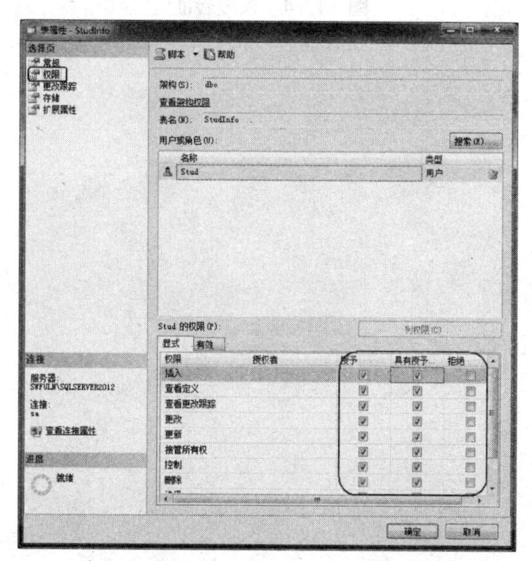

图 11.12　在“表属性-StudInfo”对话框中设置用户权限

④ 使用“列权限”页可以为用户设置对表或视图中的单个列的权限。单击“添加对象”，可将数据库对象添加到上面的“对象”网格。选择“对象”列表框中的各个对象，然后在“权限”列表框中设置相应的权限。在选择了用户的更新、选择、更新权限时，图 11.12 所示的用户权限设置对话框中的“列权限”按钮变得可用，可以单击“列权限”按钮，在打开的“列权限”对话框中可以决定用户对哪些列具有哪些权限，如图 11.13 所示。

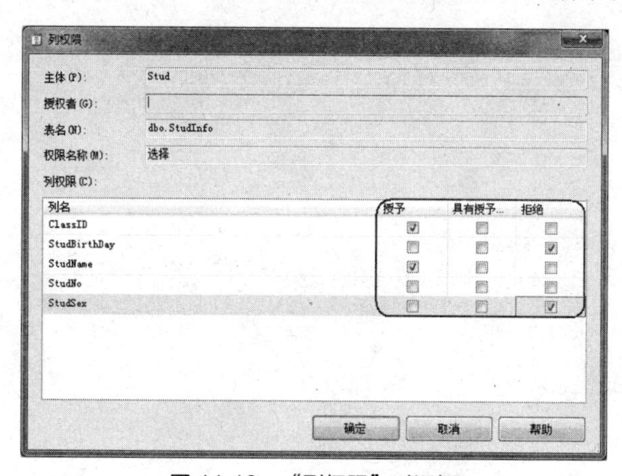

图 11.13　“列权限”对话框

⑤ 根据以上设置，Stud 用户对学生表 StudInfo 的 StudSex 和 StudBirthDay 两个字段没有选择查看的权限，如果用户要对其进行查询，将会被拒绝，如图 11.14 所示。

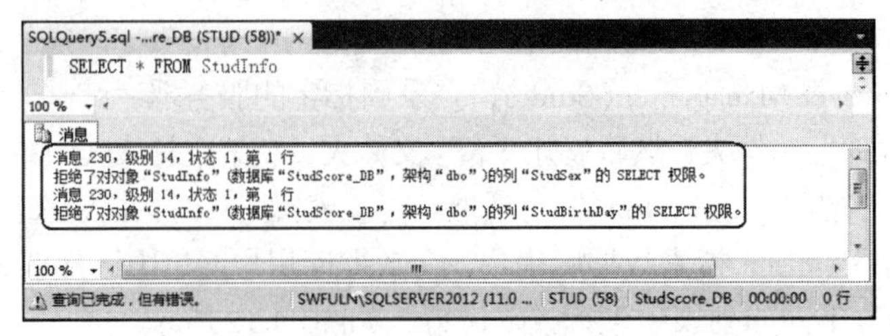

图 11.14 权限验证

PART 12

第 12 章 数据的备份与恢复

数据库的备份和恢复是维护数据库的安全性和完整性的重要组成部分，是保证数据库数据安全的两项密不可分的重要措施。用户的错误操作和蓄意破坏、病毒攻击和自然界不可抗力等，都会造成数据破坏和丢失。通过备份和恢复，可以使数据库继续正常运行。

本章介绍了数据库备份的概念、备份使用的设备及备份的方式、数据库故障的种类、恢复的技术及策略。详细讲解了在 SQL Server 2012 中进行数据库备份和还原的方法和操作步骤。通过本章讲解，要求读者掌握数据库备份和恢复的概念及技术。

12.1 数据的备份

12.1.1 数据库备份的概念

备份是指对 SQL Server 数据库及其他相关信息进行复制，数据库备份记录了在进行备份这一操作时数据库中所有数据的状态，如果数据库因意外被损坏，备份文件将在数据库恢复时用来恢复数据库。

根据备份数据库的大小，可将备份划分为四种类型，分别应用于不同的场合。

1. 完全备份

完全备份可以备份整个数据库，包含用户表、系统表、索引、视图和存储过程等所有数据库对象。但由于这种备份需要花费更多的时间和空间，因此推荐一周做一次完全备份。这是备份常用的方式。

2. 事务日志备份

事务日志是一个单独的文件，它记录数据库的改变，由于备份时复制自上次备份以来对数据库所做的改变，所以只需要很少的时间。为了使数据库具有鲁棒性，推荐每小时甚至更频繁地备份事务日志。

3. 差异备份

差异备份也称为增量备份，它是只备份数据库一部分的另一种方法，它不使用事务日志，而是使用整个数据库的一种新映象。由于它只包含自上次完全备份以来所改变的数据库，因此比完全备份小。它的优点是存储和恢复速度快。推荐每天做一次差异备份。

4. 文件备份

数据库可以由硬盘上的许多文件构成。如果这个数据库非常大，并且一个晚上也不能将它备份完，那么可以使用文件备份每晚备份数据库的一部分。由于一般情况下数据库不会大到必须使用多个文件存储，所以这种备份不是很常用。

按照数据库的状态可分为三种：

① 冷备份，此时数据库处于关闭状态，能够较好地保证数据库的完整性。

② 热备份，此时数据库正处于运行状态，这种方法需要依赖于数据库的日志文件进行备份。

③ 逻辑备份，使用软件从数据库中提取数据并将结果写到一个文件上。

12.1.2 备份设备与备份方式

在创建备份时，必须选择存放备份数据库的备份设备。可以将数据库备份到磁盘设备或磁带设备上。磁盘备份设备是硬盘或其他磁盘存储媒体上的文件，可以像操作系统文件一样进行管理,也可以将数据库备份到远程计算机上的磁盘，使用通用命名规则名称（UNC），以\\Servername\Sharename\Path\File 格式指定文件的位置。

SQL Server 2012 使用物理设备名称或逻辑设备名称标识备份设备。物理备份设备是操作系统用来标识备份设备的名称，如 C:\StudScore_DB_Full.bak。SQL Server 使用系统存储过程 sp_addumpdevice 添加物理备份设备。

语法：

```
sp_addumpdevice[ @devtype = ] 'device_type'
              , [ @logicalname = ] 'logical_name'
              , [ @physicalname = ] 'physical_name'
```

参数：

✧ [@devtype =] 'device_type'：备份设备的类型。device_type 的数据类型为 varchar(20)，无默认值，可取 Disk（硬盘文件作为备份设备）和 Tape（Windows 支持的任何磁带设备）。

✧ [@logicalname =] 'logical_name'：在 BACKUP 和 RESTORE 语句中使用的备份设备的逻辑名称。logical_name 的数据类型为 sysname，无默认值，且不能为 NULL。

✧ [@physicalname =] 'physical_name'：备份设备的物理名称。物理名称必须遵从操作系统文件名规则或网络设备的通用命名约定，并且必须包含完整路径。physical_name 的数据类型为 nvarchar(260)，无默认值，且不能为 NULL。

【例 12.1】在 D 盘创建一个逻辑名称为“StudScore_DB_Bak”的磁盘备份设备。

```
sp_addumpdevice @devtype='disk',
                @logicalname='StudScore_DB_Bak',
                @physicalname='D:\StudScore_DB_Back.bak'
```

在 SQL Server 中可以使用 sp_dropdevice 删除数据库设备或备份设备，并从 master.dbo.sysdevices 中删除相应的项。

语法：

```
sp_dropdevice[ @logicalname = ] 'device'
           [ , [ @delfile = ] 'delfile' ]
```

参数：

✧ [@logicalname =] 'device'：在 master.dbo.sysdevices.name 中列出的数据库设备或备份设备的逻辑名称。device 的数据类型为 sysname，无默认值。

✧ [@delfile =] 'delfile'：指定物理备份设备文件是否应删除。delfile 的数据类型为 varchar(7)。如果指定为 DELFILE，则删除物理备份设备磁盘文件。

【例 12.2】删除备份设备 StudScore_DB_Bak，并不删除相关的物理文件。

```
sp_dropdevice 'StudScore_DB_Bak'
```

【例 12.3】删除备份设备并将相关的物理文件删除。

```
sp_dropdevice 'StudScore_DB_Bak','DELFILE'
```

12.1.3 备份数据库

下面介绍 SQL Server 2012 中使用 T-SQL 语句和 SQL Server Management Stdio 创建备份的两种方法。

1. 使用 T-SQL 语句创建永久备份

SQL Server 2012 提出多种备份方式，其中主要的有四种：完全备份、事务日志备份、差异备份、文件和文件组备份。

（1）完全备份

语法：

```
BACKUP DATABASE database_name  TO<backup_device> [ ,...n ]
```

功能：完全备份整个数据库到磁盘文件或逻辑备份设备。

【**例 12.4**】直接完全备份数据库到磁盘。

```
BACKUP DATABASE StudScore_DB TO DISK='D:\StudScore_DB_Full.Bak'
```

【**例 12.5**】完全备份数据库到逻辑设备。

```
--在执行逻辑备份数据库之前，需要创建逻辑备份设备
sp_addumpdevice 'disk','StudScore_DB_Full_Bak',
              'D:\StudScore_DB_Full_Bak.bak'
--备份到逻辑设备
BACKUP DATABASE StudScore_DB TO StudScore_DB_Full_Bak
```

（2）事务日志备份

语法：

```
BACKUP LOG database_name  TO<backup_device> [ ,...n ]
```

功能：仅复制事务日志到磁盘或逻辑备份设备。

【**例 12.6**】直接备份日志到磁盘。

```
BACKUP LOG StudScore_DB TO DISK='D:\StudScore_DB_Log.bak'
```

【**例 12.7**】备份日志到逻辑设备。

```
sp_addumpdevice 'disk','StudScore_DB_Log','D:\StudScore_DB_Log_Bak.bak'
BACKUP LOG StudScore_DB TO StudScore_DB_Log
```

在 BACKUP LOG 语句中可以使用 WITH NO_TRUNCATE 参数，指定在完成事务日志备份以后，并不清空原有日志的数据。

（3）差异备份

语法：

```
BACKUP DATABASE database_name  TO<backup_device> [ ,...n ] WITH DIFFERENTIAL
```

功能：仅复制自上一次完整数据库备份之后修改过的数据库页。

【**例 12.8**】差异备份数据库到磁盘。

```
BACKUP DATABASE StudScore_DB TO DISK='D:\StudScore_DB_Diff.Bak' WITH DIFFERENTIAL
```

【**例 12.9**】差异备份数据库到逻辑备份设备。

```
--在执行逻辑备份数据库之前，需要创建逻辑备份设备
sp_addumpdevice 'disk','StudScore_DB_Diff_Bak','D:\StudScore_DB_Diff_Bak.bak'
--备份到逻辑设备
BACKUP DATABASE StudScore_DB TO StudScore_DB_Diff_Bak WITH DIFFERENTIAL
```

进行数据库恢复时，先恢复数据库全备份，再恢复数据库差异备份，最后才恢复日志备份。差异备份是与上一次全备份紧密相连的，不管期间有多少次日志备份和差异备份，差异备份还是会从上一次全备份开始备份。差异备份并不意味着磁盘空间肯定会少，这取决于实际情况。当期间大量操作发生时，差异备份还是会变得很大。

（4）文件和文件组备份

可以在 BACKUP DATABASE 语句中使用“FILE=逻辑文件名”或“FILEGROUP=逻辑文件组名”执行一个文件和文件组备份。

语法：

```
BACKUP DATABASE database_name FILE=logical_file_name TO <backup_device>[ ,...n ]
BACKUP DATABASE database_name FILEGROUP=logical_filegroup_name TO <backup_device>[ ,...n ]
```

功能：备份文件或文件组到磁盘或逻辑备份设备。

【**例 12.10**】备份数据库数据文件 StudScore_DB_Data 到 D 盘。

```
BACKUP DATABASE StudScore_DB FILE='StudScore_DB_Data'
 TO DISK='D:\StudScore_DB_Data.bak'
```

【**例 12.11**】备份文件组文件到 D 盘。

```
BACKUP DATABASE StudScore_DB FILEGROUP='PRIMARY'
 TO DISK='D:\StudScore_DB_PriFileGroup.bak'
```

2. 使用 SQL Server Management Studio 创建数据库备份

打开 SQL Server Management Studio，展开“数据库”文件夹，选中要备份的数据库（如 StudScore_DB），右键单击数据库，指向“任务”子菜单，选择“备份”命令，如图 12.1 所示。

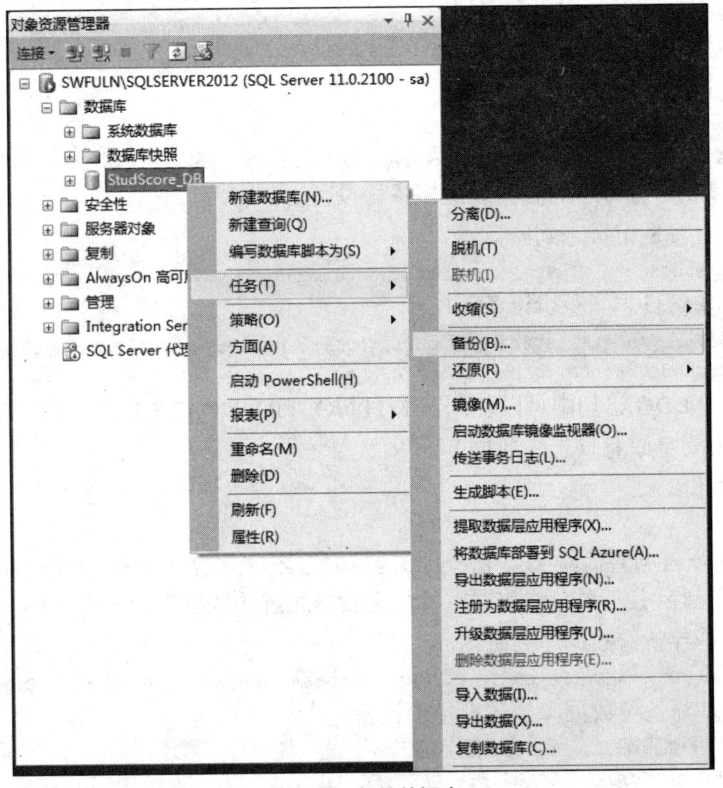

图 12.1 备份数据库

在弹出的“备份数据库”对话框中，在备份类型一栏选择“完整”“差异”或“事务日志”备份类型。在备份集“名称”一栏，输入备份集名称（如 StudScore_DB_bak）。在“说明”一栏中输入对备份集的描述（可选），如图 12.2 所示。

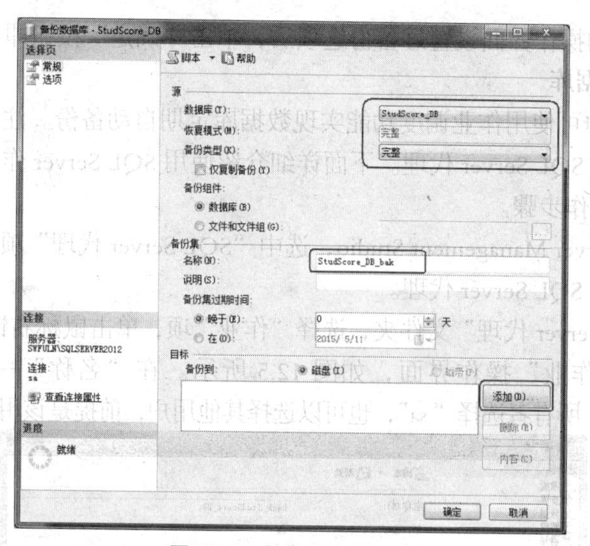

图 12.2 备份数据库选项

在“目标”选项下的“备份到：”一栏中选中“磁盘”。如果没出现备份目的地，则单击“添加”按钮以添加现有的目的地或创建新目的地，如图 12.3 所示。

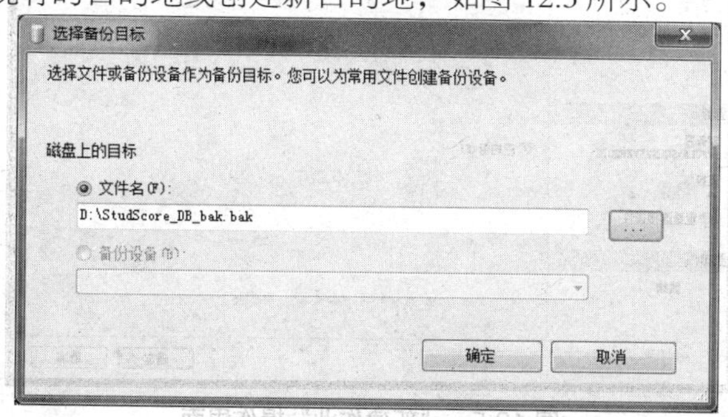

图 12.3 选择备份目标

在图 12.2 所示的操作界面的选项页中单击“选项”选项，打开图 12.4 所示的操作界面，可进行备份媒体选项设置。

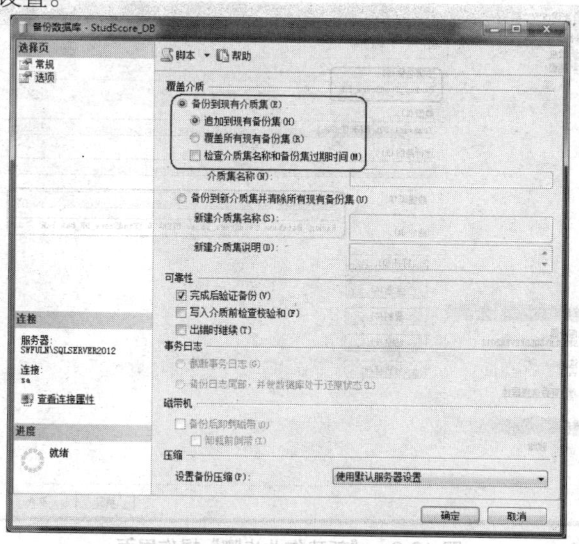

图 12.4 备份媒体选项

在图 12.4 所示的操作界面设置好备份选项后，单击“确定”按钮即可完成数据库备份。

3. 自动备份数据库

在 SQL Server 中可使用作业调度功能实现数据库定期自动备份。注意：要执行作业调度功能，需要首先启动 SQL Server 代理。下面详细介绍使用 SQL Server 作业调度功能实现数据库定期自动备份的操作步骤。

① 打开 SQL Server Management Studio，选中“SQL Server 代理”项，单击鼠标右键，选择“启动”命令启动 SQL Server 代理。

② 展开“SQL Server 代理”文件夹，选择“作业”项，单击鼠标右键，选择“新建作业”命令，打开“新建作业”操作界面，如图 12.5 所示。在“名称”一栏输入作业名（如 Back_StudScore_DB），所有者选择“sa”，也可以选择其他用户，前提是该用户有执行作业的权限。

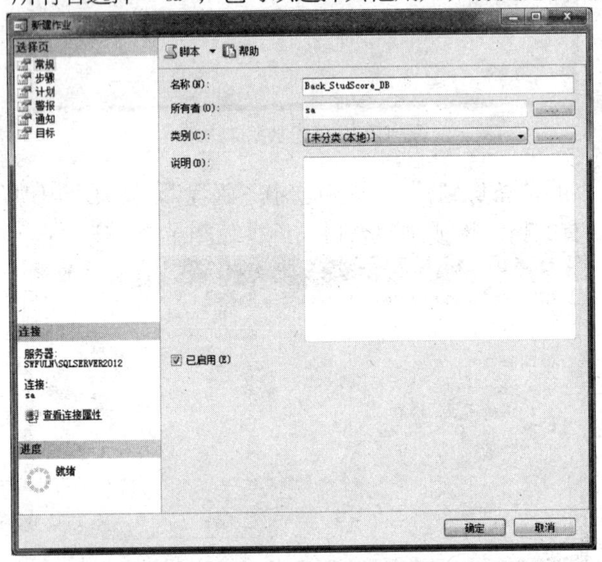

图 12.5　“新建作业”操作界面

③ 在“选择页”一栏中单击“步骤”标签，进入“步骤”界面，单击“新建”按钮打开“新建作业步骤”操作界面，如图 12.6 所示。

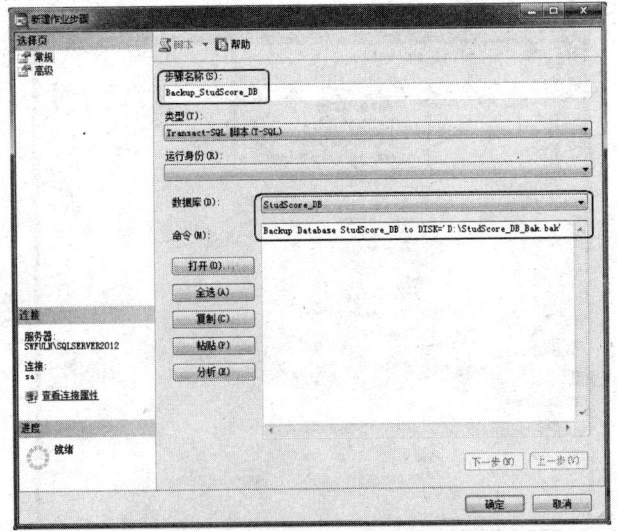

图 12.6　“新建作业步骤”操作界面

输入步骤名称（如 Backup_StudScore_DB），选择自己的数据库（如 StudScore_DB），在命令一栏输入如下备份数据库语句：

```
Backup Database StudScore_DB to DISK='D:\StudScore_DB_Bak.bak'
```

单击“确定”按钮完成新建备份作业步骤，如图 12.7 所示。

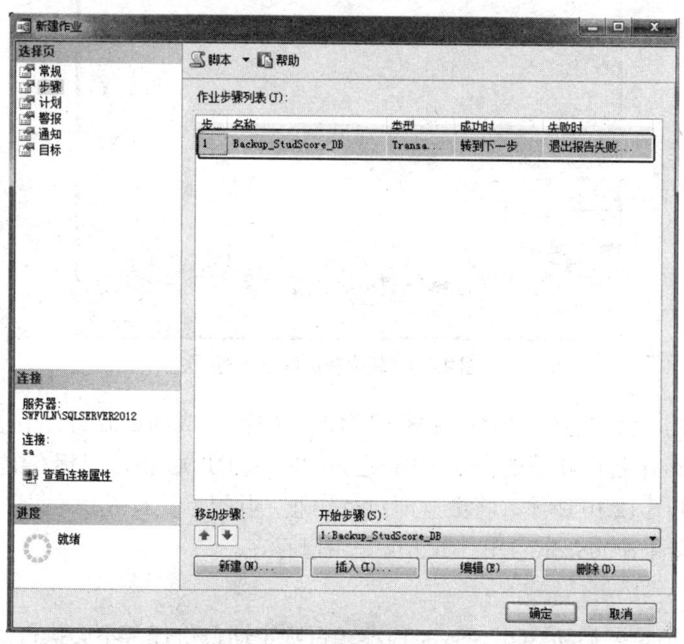

图 12.7　备份数据库作业

④ 在“选择页”一栏中单击“计划”标签，进入“计划”界面，单击“新建”按钮，打开“新建作业计划”操作界面，如图 12.8 所示。输入步骤名称（如 Exec_Backup_StudScore_DB），设置计划类型、频率、每天频率、持续时间等选项后，单击“确定”按钮完成“新建备份作业计划”，如图 12.9 所示。

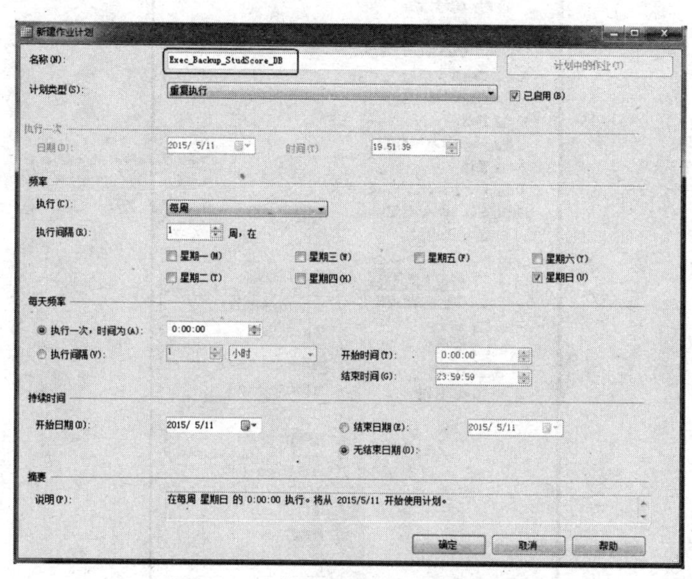

图 12.8　“新建作业计划”操作界面

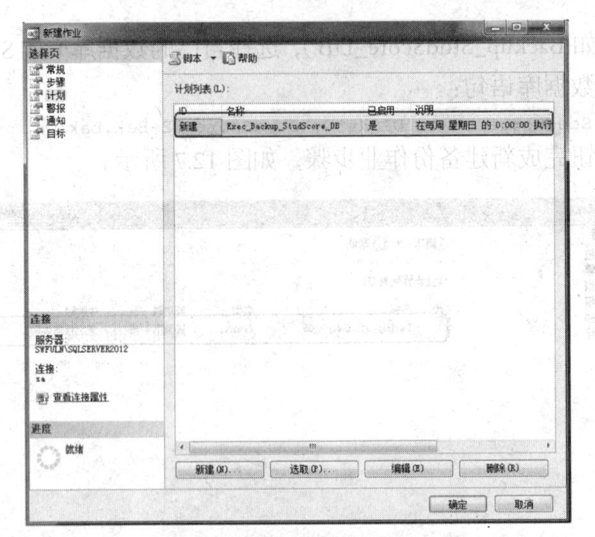

图 12.9 新建备份作业计划

⑤ 在图 12.9 所示的操作界面中单击“确定”按钮完成新建作业工作。在 SQL Server Management Studio 中选中新建的作业（Back_StudScore_DB），单击鼠标右键，选择“作业开始步骤”命令，如图 12.10 所示，将会立即执行作业，并提示执行成功（见图 12.11），可打开 D 盘查看备份的文件 StudScore_DB_Bak.bak 是否已存在。

一定要启动 SQL Server 代理，否则定期备份任务不会执行。

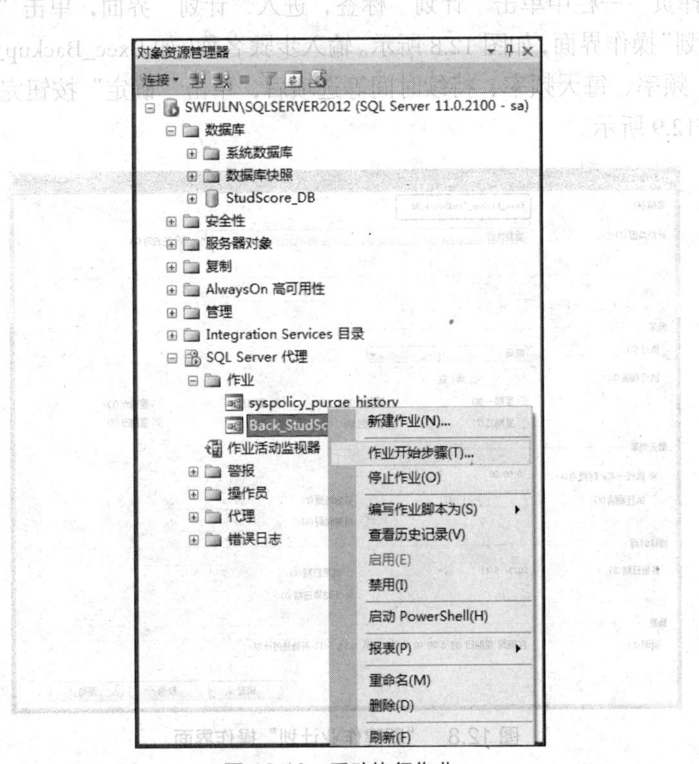

图 12.10 手动执行作业

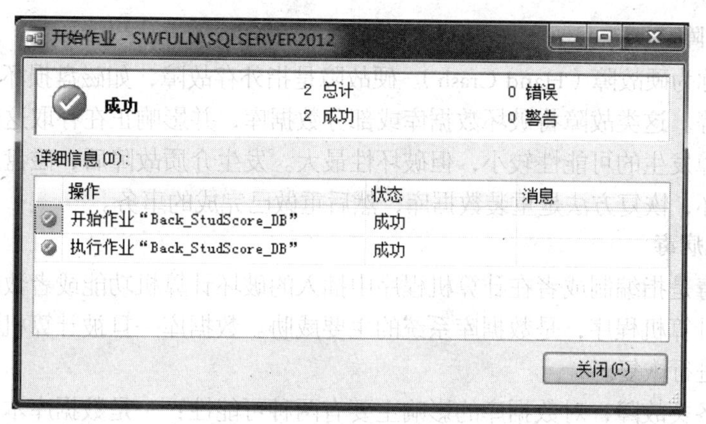

图 12.11 作业手动成功执行

12.2 数据的恢复

计算机系统中硬件的故障、软件的错误、操作员的失误以及恶意的破坏仍是不可避免的，这些故障可造成运行事务非正常中断，影响数据库中数据的正确性，甚至破坏数据库，使数据库中部分或全部数据丢失。当系统运行过程中发生故障，利用数据库后备副本和日志文件就可以将数据库恢复到故障前的某个一致性状态。数据库恢复即数据库管理系统必须具有把数据库从错误状态恢复到某一已知的正确状态（也称为一致状态或完整状态）的功能。

数据库恢复是保证数据库安全性和完整性的重要组成部分。数据库系统所采用的恢复技术是否有效，不仅对系统的可靠程度起着决定性作用，对系统的运行效率也有很大影响，是衡量系统性能优劣的重要指标。

12.2.1 故障的种类

不同故障的恢复策略和方法也不一样，数据库系统中可能发生的故障大致可以分为以下几类。

1．事务内部的故障

事务故障意味着事务没有正常结束，因此数据库可能出于不正常的状态。恢复这类故障，应该在不影响其他事务运行的情况下，强行撤销（UNDO）该事务，使数据库恢复到未发生该事务的状态，这种恢复称为事务撤销。

2．系统故障

系统故障常称为软故障（Soft Crash），是指造成系统停止运转的任何事件，使得系统要重新启动。例如，操作系统故障、突然停电等。

此类故障并不破坏数据库，其对数据库的影响在于影响正在运行的事务。这时主存内容丢失，所有运行事务都非正常终止。发生系统故障时，一些尚未完成的事务的结果可能已送入物理数据库，从而造成数据库可能处于不正确的状态。为保证数据一致性，需要消除这些事务对数据库的修改。

恢复子系统应在系统重新启动时让所有非正常终止的事务回滚，强行撤销所有未完成事务。此外，还需要重做（REDO）所有已提交的事务，将数据库恢复到一致状态。

3. **介质故障**

介质故障称为硬故障（Hand Crash）。硬故障是指外存故障，如磁盘损坏、磁头碰撞、瞬时强磁场干扰等。这类故障将破坏数据库或部分数据库，并影响正在存取这部分数据的所有事务。此类故障发生的可能性较小，但破坏性最大。发生介质故障后，磁盘上的物理数据和日志文件被破坏，恢复方法是重装数据库，然后重做已完成的事务。

4. **计算机病毒**

计算机病毒是指编制或者在计算机程序中插入的破坏计算机功能或者数据，影响计算机使用的恶意的计算机程序，是数据库系统的主要威胁。数据库一旦被计算机病毒破坏，也要使用恢复技术进行恢复。

总结上述各类故障，对数据库的影响主要有两种可能性：一是数据库本身被破坏；二是数据库没有破坏，但数据可能不正确，这是因为事务的运行被非正常终止。

12.2.2 恢复技术

数据库恢复的基本原理就是使用冗余数据实现数据库的恢复，数据库中任何一部分被破坏的或不正确的数据可以根据冗余数据来重建，因此，恢复机制涉及的两个关键问题是：一是如何建立冗余数据；二是如何利用这些冗余数据对数据库进行恢复。

建立冗余数据主要使用数据转储和登记日志文件两种技术。

1. **数据转储**

数据转储就是由 DBA 定期将整个数据库复制到磁带或另一个磁盘上保存起来的过程，是数据库恢复中采用的基本技术。备用的数据文本称为后备副本或后援副本，当数据库遭到破坏后可以将后备副本重新装入，先将数据库恢复到转储时的状态，再重新运行自转储以后的所有更新事务，才能把数据库恢复到故障发生前的一致状态。

2. **登记日志文件**

日志文件是记录了事物对数据库更新操作的文件，在数据库恢复中起着非常重要的作用，可以用来进行事务故障恢复和系统故障恢复，并协助后备副本进行介质故障恢复。

为保证数据库是可恢复的，登记日志文件时必须遵循两条原则：

① 登记的次序严格按并发事务执行的时间次序。

② 必须先写日志文件，后写数据库。将数据写到数据库中和将对数据库的修改操作写到日志文件中，是两项不同的操作，故障很有可能发生在这两个操作之间，如果已先修改了数据库，而没有将这个操作写到日志文件中，那么在恢复时，就没有记录这项操作，也就不会对这项操作进行恢复。而如果是先写了日志文件，那么恢复时，只需再根据日志文件执行一次撤销操作，不会影响数据库中数据的正确性。

12.2.3 恢复策略

前面介绍过造成数据库发生故障的原因有很多，不同故障的恢复策略和方法也不一样，下面对各种恢复策略进行介绍。

1. **事务故障的恢复**

事务故障是指事务在运行至正常终止点前被中止，这时可利用日志文件撤销此事务已对数据库进行的修改。恢复步骤为：

① 反向扫描文件日志（即从最后向前扫描日志文件），查找该事务的更新操作。

② 对该事务的更新操作执行逆操作，继续反向扫描日志文件，查找该事务的其他更新操

作，并做同样处理。

③ 继续同样处理下去，直至读到该事务的开始标记，事务故障恢复完成。

2. 系统故障的恢复

系统故障造成数据库不一致状态的原因有二：一是未完成事务对数据库的更新可能已写入数据库；二是已提交事务对数据库的更新可能还留在缓冲区没来得及写入数据库。因此恢复操作就是要撤销故障发生时未完成的事务，重做已完成的事务。

系统的恢复步骤是：

① 正向扫描日志文件，找出在故障发生前已经提交的事务，将其事务标识记入重做队列。同时找出故障发生时尚未完成的事务，将其事务标识记入撤销队列。

② 对撤销队列中的各个事务进行撤销处理。

③ 对重做队列中的各个事务进行重做处理。

3. 介质故障的恢复

介质故障是最严重的一种故障，发生介质故障后，磁盘上的物理数据和日志文件被破坏。恢复方法是重装数据库，然后重做已完成的事务。恢复步骤是：

① 装入最新的数据库后备副本，使数据库恢复到最近一次转储时的一致性状态。

② 装入相应的日志文件副本，重做已完成的事务。

这样就可以将数据库恢复至故障前某一时刻的一致状态了。

12.2.4 数据库镜像技术

根据前面所述，介质故障是对系统影响最为严重的一种故障。系统出现介质故障后，用户应用全部中断，恢复起来也比较费时。而且 DBA 必须周期性地转储数据库，这也加重了 DBA 的负担。如果不及时而正确地转储数据库，一旦发生介质故障，会造成较大的损失。

随着磁盘容量越来越大，价格越来越低廉，为避免磁盘介质出现故障而影响数据库的可用性，许多数据库管理系统提供了数据库镜像功能用于数据库恢复，即根据 DBA 的要求，自动把整个数据库或其中的关键数据复制到另一个磁盘上。每当主数据库更新时，DBMS 自动把更新后的数据复制过去，即 DBMS 自动保证镜像数据与主数据一致。这样，一旦出现介质故障，可由镜像磁盘继续提供使用，同时 DBMS 自动利用镜像磁盘数据进行数据库的恢复，不需要关闭系统和重装数据库副本。

在没有出现故障时，数据库镜像还可以用于并发操作，即当一个用户对数据加排他锁修改数据时，其他用户可以读镜像数据库上的数据，而不必等待该用户释放锁。但是由于数据库镜像是通过复制数据实现的，频繁地复制数据自然会降低系统的运行效率，因此在实际应用中用户往往只选择对关键数据和日志文件镜像，而不是对整个数据库进行镜像。

12.3 恢复数据库示例

12.3.1 使用 SQL Server Management Studio 恢复数据库

如果存在数据库备份，数据库一旦出现故障，比如误删除了学生成绩管理数据库的部分记录或表，则可以使用备份文件来恢复数据库。下面介绍使用备份文件进行数据库恢复的操作步骤。

① 打开 SQL Server Management Studio，选中需要恢复的数据库（如 StudScore_DB），单

击鼠标右键，选择“任务”→“还原”→“数据库”命令，如图 12.12 所示。

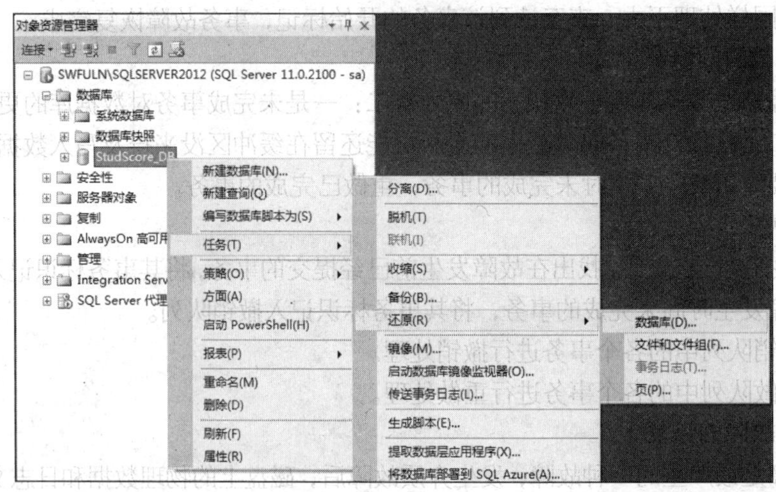

图 12.12　还原数据库

② 在打开的“还原数据库”操作界面中，列出了可用于还原的备份集，选择需要还原的备份集，单击“确定”按钮即可，如图 12.13 所示。如果没有列出当前可用的备份集，可选择“源设备”，在打开的“选择备份设备”对话框中选择“文件”，单击“添加”按钮，从磁盘选择备份的文件即可，如图 12.14 所示。

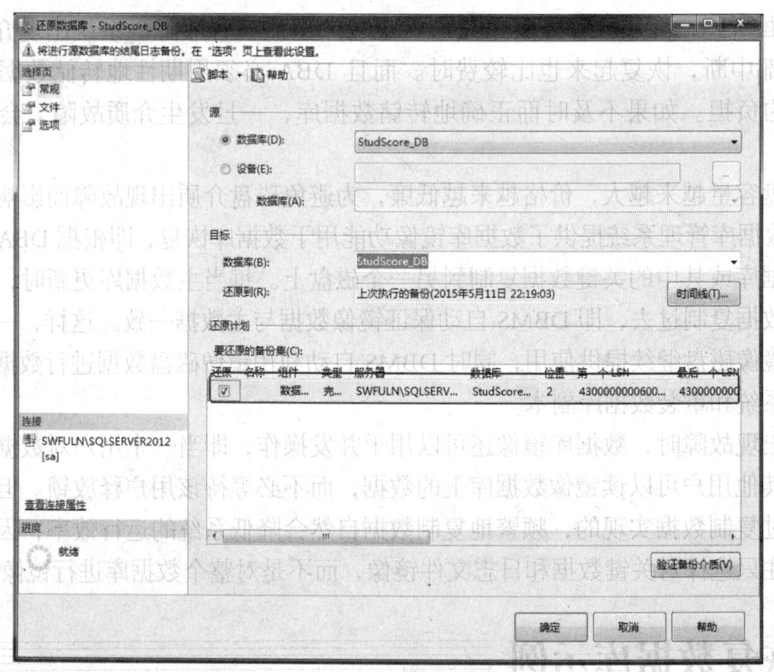

图 12.13　“还原数据库”操作界面

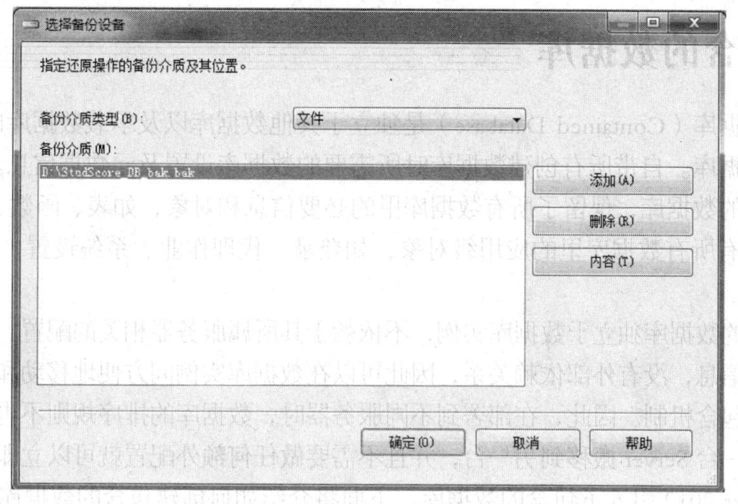

图 12.14 选择备份文件或备份设备

12.3.2 使用语句进行数据恢复

在 SQL Server 中使用 RESTORE DATABASE 语句进行数据库恢复。

语法：

```
RESTORE DATABASE database_name[ FROM<backup_device> [ ,...n ] ]
```

功能：从备份磁盘或逻辑备份设备恢复数据库。

【**例 12.12**】备份数据库。

```
BACKUP DATABASE StudScore_DB TO DISK ='D:\StudScore_DB.bak'
```

【**例 12.13**】还原数据库。

```
--返回由备份集内包含的数据库和日志文件列表组成的结果集
RESTORE FILELISTONLY FROM DISK = 'D:\StudScore_DB.bak'
```

【**例 12.14**】还原由 BACKUP 备份的数据库。

```
RESTORE DATABASE StudScore_DB FROM DISK = 'D:\StudScore_DB.bak'
```

【**例 12.15**】指定还原后的数据库物理文件名称及路径。

```
RESTORE DATABASE TestDB
   FROM DISK = 'D:\StudScore_DB.bak'
   WITH
   MOVE 'StudScore_DB' TO 'C:\StudScore_DB_Data.mdf',
   MOVE 'StudScore_DB_log' TO 'C:\StudScore_DB_Log.ldf'
```

注意

MOVE 'logical_file_name' TO 'operating_system_file_name'指定应将给定的 logical_file_name 移到 operating_system_file_name。默认情况下，logical_file_name 将还原到其原始位置。如果使用 RESTORE 语句将数据库复制到相同或不同的服务器上，则可能需要使用 MOVE 选项重新定位数据库文件以避免与现有文件冲突。可以在不同的 MOVE 语句中指定数据库内的每个逻辑文件。

【**例 12.16**】强制还原，加上 REPLACE 参数，则在现有数据库基础上强制还原。

```
RESTORE DATABASE TestDB
   FROM DISK = 'D:\StudScore_DB.bak'
   WITH REPLACE,
   MOVE 'StudScore_DB' TO 'C:\StudScore_DB_Data.mdf ',
   MOVE 'StudScore_DB_log' TO 'C:\StudScore_DB_Log.ldf '
```

12.4 包含的数据库

包含的数据库（Contained Database）是独立于其他数据库以及承载数据库的 SQL Server 实例的一种数据库。自带所有创建数据库时所需要的数据库设置及元数据信息。

一个包含的数据库，保留了所有数据库里的必要信息和对象，如表、函数、限制、架构、类型等，也存有所有数据库里的应用级对象，如登录、代理作业、系统设置、链接服务器信息等。

由于包含的数据库独立于数据库实例，不依赖于其所属服务器相关的配置、管理、排序规则和安全认证信息，没有外部依赖关系，因此可以在数据库实例间方便地移动和部署，自带授权用户的自我包含机制。因此，在部署到不同服务器时，数据库的排序规则不再是一个问题，可以轻松地从一台 Server 搬移到另一台，并且不需要做任何额外配置就可以立即使用它。

SQL Server 2012 引入了包含的数据库，下面将介绍如何创建包含的数据库，如何将数据库转换为部分包含的数据库，如何将用户迁移为包含的数据库用户，以及如何备份包含的数据库。

12.4.1 创建包含的数据库

通过四个步骤可以使用 SQL Server Management Studio 创建包含的数据库。

步骤一：启用包含的数据库。

在对象资源管理器中，右键单击服务器名称，选择“属性”命令，如图 12.15 所示。在“高级”页面上的“包含”部分中，将“启用包含的数据库”设置为“True”（默认为“False”），如图 12.16 所示。

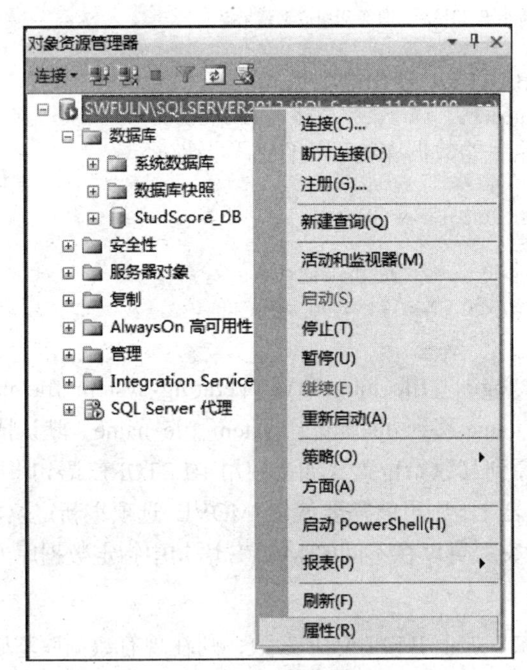

图 12.15 设置服务器“属性”

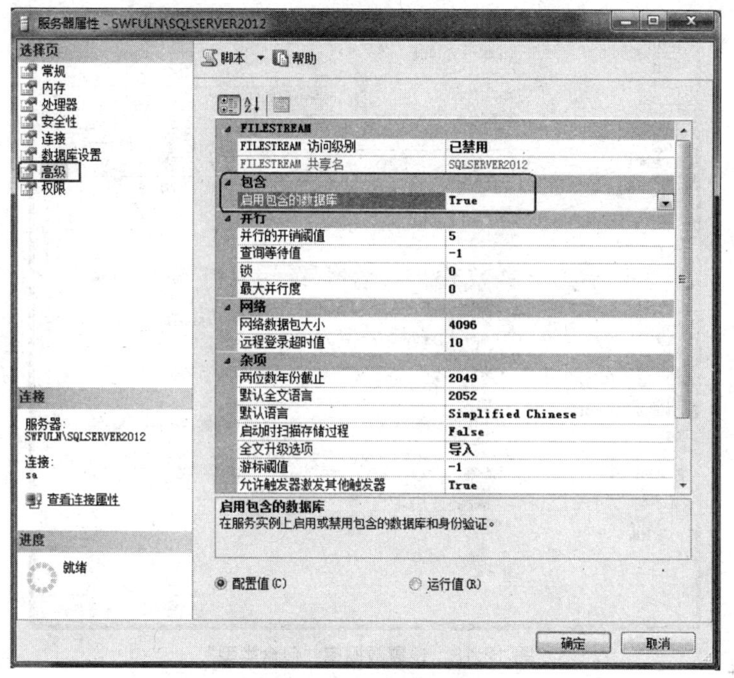

图 12.16 设置“启用包含的数据库”

步骤二：创建一个数据库，并将它的包含类型设置为“部分”。

创建一个名为“TestContainedDB”的数据库，右键单击该数据库，选择“属性”命令，如图 12.17 所示。选择“选项”页面，将“包含类型”设置为“部分”，然后单击“确定”按钮，如图 12.18 所示。

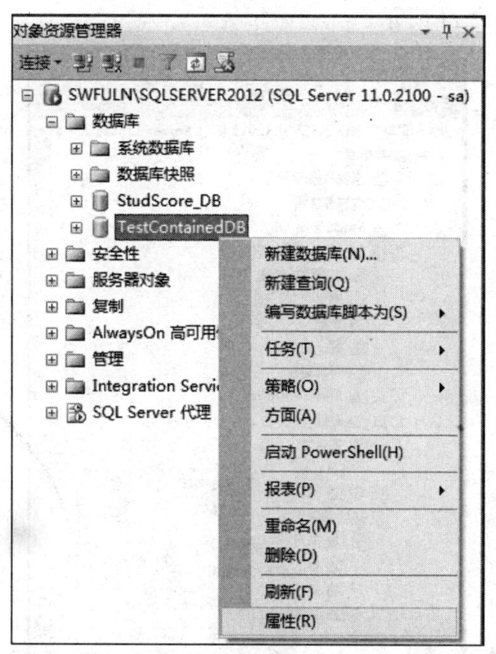

图 12.17 设置数据库“属性”

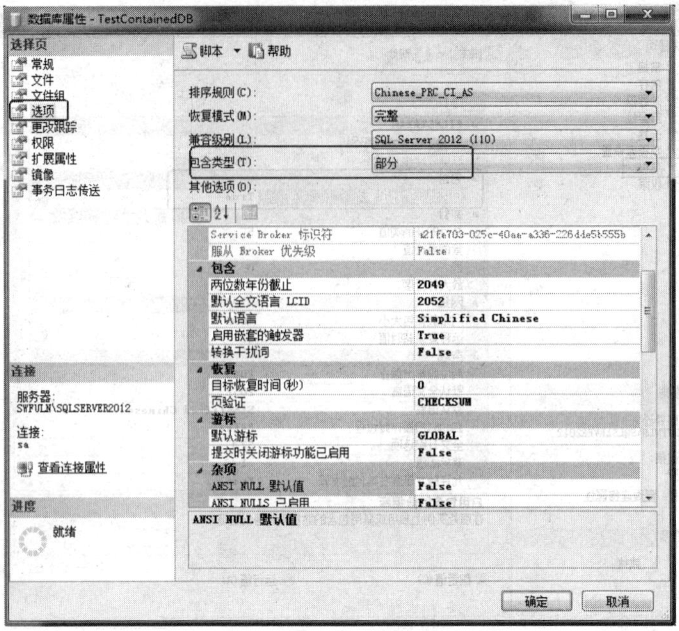

图 12.18　设置数据库“包含类型”

步骤三：创建一个包含的用户。

打开数据库“TestContainedDB”，在“安全性”中右键单击“用户”，选择“新建用户”命令，如图 12.19 所示。在打开的窗口中，选择选项页中的“常规”，创建用户名和密码，如图 12.20 所示。假设用户名为 TestUser，密码是 Test@swfu（注意：密码需要达到复杂度要求，如英文字母、数字、特殊符号等，否则在创建时可能会遇到报错）。在“成员身份”选项页中，选择“db_owner”，如图 12.21 所示。

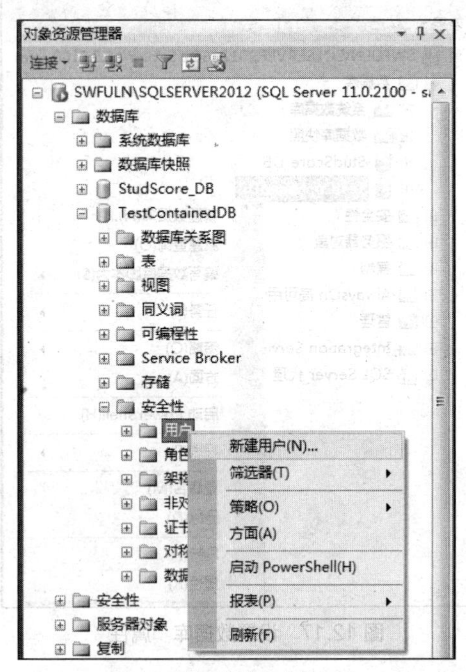

图 12.19　创建包含的用户

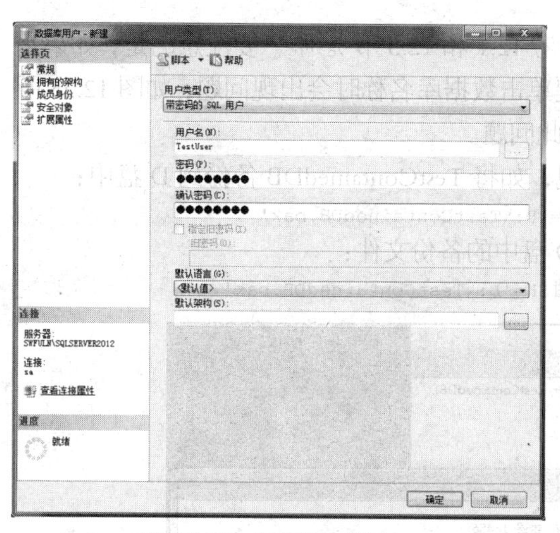

图 12.20　创建包含的用户

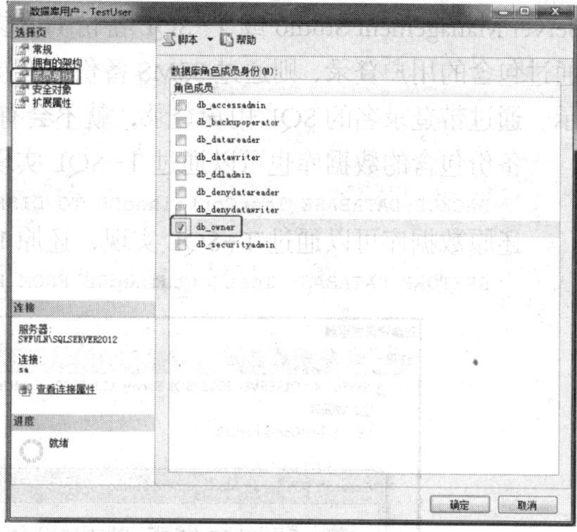

图 12.21　创建包含的用户

步骤四：用包含的用户登录包含的数据库。

重新登录数据库，在登录栏输入登录名和密码（TestUser，Test@swfu），如图 12.22 所示。然后单击登录界面的“选项”按钮，在“连接属性”栏，输入要连接的数据库名称 TestContainedDB，单击“连接”按钮，如图 12.23 所示，登录成功，如图 12.24 所示。

图 12.22　登录时输入用户名密码

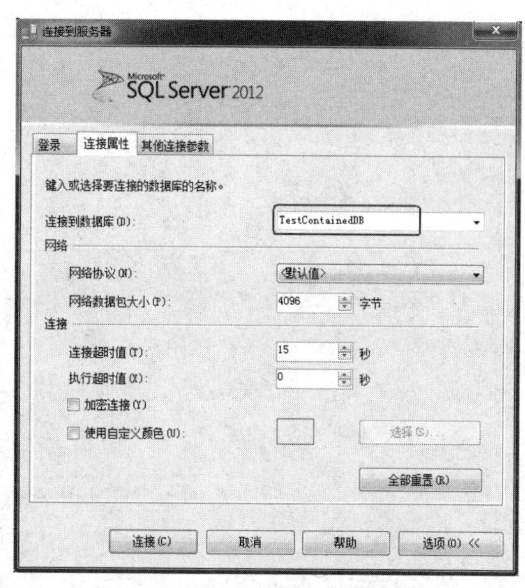

图 12.23　登录时设置“连接属性”

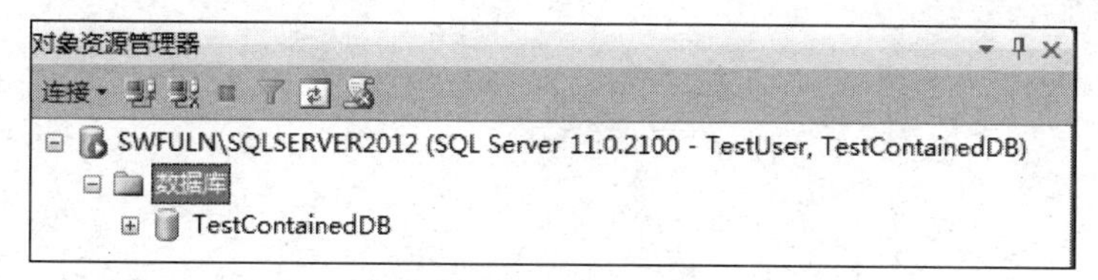

图 12.24　登录成功

12.4.2　备份及还原包含的数据库

备份包含的数据库可以以备份非包含的数据库的方式来实现，有两种办法：可以通过 SQL

Server Management Studio 或 T-SQL 备份（请参考 12.1 和 12.3 节）。唯一要注意的是，如果是通过包含的用户登录，则通过 SSMS 备份在右键单击数据库名称时会出现问题，如图 12.25 所示。通过带登录名的 SQL 用户登录，就不会有此问题。

备份包含的数据库也可以通过 T-SQL 实现，如将 TestContainedDB 备份到 D 盘中：

```
BACKUP DATABASE TestContainedDB TO DISK='D:\TestContainedDB.bak'
```

还原数据库可以通过 T-SQL 实现，还原 D 盘中的备份文件：

```
RESTORE DATABASE TestContainedDB FROM DISK='D:\TestContainedDB.bak'
```

图 12.25　登录出错信息

PART 13 第13章 关系数据库规范化理论

本章介绍了关系数据库规范化理论，通过一个例子，引出为什么要以数据库规范化理论为依据进行数据库的设计，介绍了数据依赖、函数依赖，第一范式、第二范式、第三范式、BCNF 范式。通过本章讲解，要求读者在设计数据库时，应该根据具体的情况，以范式理论对数据库的设计进行规范，从而减少数据的冗余和数据库操作异常。

13.1 规范化问题的提出

一个好的数据库设计决定了系统设计的成败及其运行效率，如何设计一个结构良好的关系数据库系统，关键在于对关系数据库模式的设计。一个好的关系数据库模型应该包括多少关系模式，每一个关系模式又应该包括哪些属性，如何将这些相互关联的关系模式组建一个适合关系模型，必须在关系数据库的规范化理论的指导下逐步完成。

关系数据库的规范化理论最早是由关系数据库的创始人 E.F.Codd 于 1971 年提出的，后经许多专家学者深入的研究和发展，形成了一整套有关关系数据库设计的理论。

关系数据库规范化理论主要包括三方面的内容：

① 函数依赖（Functional Dependency）。

② 范式（Normal Form）。

③ 模式设计（Model Design）。

其中，函数依赖起着核心的作用，是模式分解和模式设计的基础，范式是模式分解的标准。

13.2 数据依赖

首先简单介绍一下数据依赖的概念。数据依赖是关系模式中的各属性之间相互依赖、相互制约的联系。它是现实世界属性间相互联系的抽象，是数据内在的性质，是语义的体现。数据依赖中最重要的是函数依赖（Functional Dependency，FD）和多值依赖（Multivalued Dependency，MVD）。

下面通过一个具体的例子来说明关系模式的存储异常问题：

① 数据库的逻辑设计为什么要遵循一定的规范化理论？

② 什么是好的关系模式？

③ 某些不好的关系模式可能导致哪些问题？

学生成绩管理系统数据库（StudScore_DB），要求存储学生学号、学生姓名、学生性别、出生日期、所在班级、班级描述、课程编号、课程名称、课程类型、课程学分、课程描述、学生选课成绩信息，同时实现对这些信息的查询、修改、插入、删除操作。关系模式为SCS：

```
U=SCS(StudNo, StudName, StudSex, StudBirthDay, ClassID, ClassName, ClassDesc, CourseID, CourseName, Course Type, Course Credit, Course Desc, Stud Score)
```

其中，StudNo 表示学生学号，StudName 表示学生姓名，StudSex 表示学生性别，StudBirthDay 表示学生出生日期，ClassID 表示班级编号，ClassName 表示班级名称，ClassDesc 表示班级描述，CourseID 表示课程编号，CourseName 表示课程名称，CourseType 表示课程类别，CourseCredit 课程学分，CourseDesc 表示课程描述，StudScore 表示成绩。

根据实际情况，这些数据有如下语义规定：

① 一个班可以有若干名学生，一个学生只能属于一个班。

② 一个学生可以选修多门功课，每门课程可有若干学生选修。

③ 每个学生学习一门课程有一个成绩。

于是得到属性组 U 上的一组函数依赖：

F={StudNo→ClassID,(StudNo,CourseID)→StudScore}

这组依赖关系如图 13.1 所示。

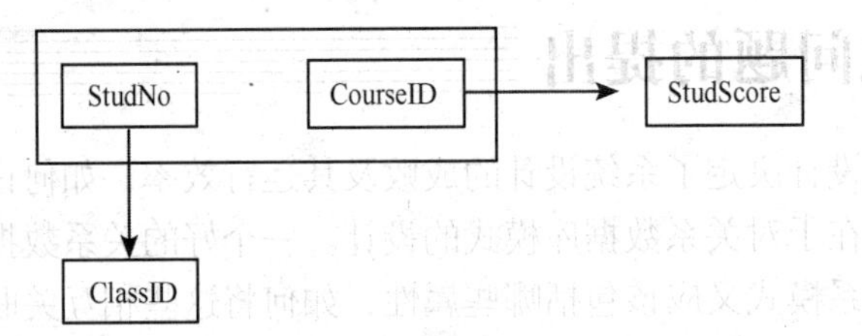

图 13.1 成绩管理系统依赖关系图

假定学生成绩表如表 13.1 所示。

表 13.1 学生成绩管理信息表

StudNo	Stud Name	Stud Sex	StudBirth Day	ClassID	ClassName	ClassDesc	CourseID	Course Name	Course Type	Course Credit	Course Desc	Stud Score
20050319001	任××	女	1984-12-7	20050319	工商管理2005 级	优秀班级	A010016	邓小平理论	A	2	Good	79
20050319001	任××	女	1984-12-7	20050319	工商管理2005 级	优秀班级	A020701	体育	A	1	Good	79
20050319001	任××	女	1984-12-7	20050319	工商管理2005 级	优秀班级	B010292	大学语文	B	2	Good	76
20050319002	刘××	男	1984-6-11	20050319	工商管理2005 级	优秀班级	A010016	邓小平理论	A	2	Good	72
20050319002	刘××	男	1984-6-11	20050319	工商管理2005 级	优秀班级	B010292	大学语文	B	2	Good	65
20050319002	刘××	男	1984-6-11	20050319	工商管理2005 级	优秀班级	B020101	英语	B	4	Good	67

续表

StudNo	Stud Name	Stud Sex	StudBirth Day	ClassID	ClassName	ClassDesc	CourseID	Course Name	Course Type	Course Credit	Course Desc	Stud Score
20050704003	李×	男	1985-1-30	20050704	计算机2005级	NULL	A010016	邓小平理论	A	2	Good	76
20050704003	李×	男	1985-1-30	20050704	计算机2005级	NULL	A020701	体育	A	1	Good	60

表13.1所示的学生成绩管理数据表如果以这样的表格存储数据，在进行数据库的操作时，会出现以下几方面的问题。

① 数据冗余。学生学号、姓名、性别、出生年月、班级信息，课程信息等字段重复，数据的冗余度很大，浪费了存储空间。

② 插入异常。新建班级没有招生，则班级信息无法插入到数据库，某门课程没有学生选课，则课程信息无法插入到数据库中。

在这个关系模式中（StudNo,CourseID）是主关系键，根据关系的实体完整性约束，主关系键的值不能为空，如果没有学生，StudNo和CourseID均无值，不能进行插入操作。

当某个学生尚未选课，即CourseID未知，实体完整性约束主关系键的值不能部分为空，不能进行插入操作。

③ 删除异常。某班级学生全部毕业时，删除全部学生的记录则班级信息也随之删除，如果某门课程只有这个班的学生选过，则该课程信息也随之删除，而该课程依然存在，却无法在数据库中查到。

如果取消某门课程，为保证实体完整性，必须将整个元组一起删掉，这样，选过该门课的学生的其他信息也随之丢失。

④ 更新异常。某学生更改姓名信息，则必须将该学生的所有记录都要逐一修改StudName。

某门课程更换学分，则所有选过该课程的学生的记录都需要进行修改，稍有不慎，就有可能漏改某些记录，这就会造成数据的不一致性，破坏了数据的完整性。

由于存在以上问题，SCS是一个不好的关系模式。产生上述问题的原因，是因为关系中的内容太复杂了，可以把关系模式SCS分解为下面四个结构简单的关系模式。

学生关系：StudInfo (StudNo, StudName, StudSex, StudBirthDay, ClassID)

班级关系：ClassInfo (ClassID, ClassName, ClassDesc)

课程关系：CourseInfo (CourseID, CourseName, CourseType, CourseCredit)

选课关系：StudScoreInfo (StudNo, CourseID, StudScore)

上述关系分别如表13.2～表13.5所示。

表13.2 学生关系（StudInfo）

StudNo	StudName	StudSex	StudBirthDay	ClassID
20050319001	任××	女	1984-12-7	20050319
20050319002	刘××	男	1984-6-11	20050319
20050704003	李×	男	1985-1-30	20050704

表 13.3 班级关系（ClassInfo）

ClassID	ClassName	ClassDesc
20050319	工商管理 2005 级	优秀班级
20050704	计算机 2005 级	NULL

表 13.4 课程关系（CourseInfo）

CourseID	CourseName	CourseType	CourseCredit	CourseDesc
A010016	邓小平理论	A	2	Good
A020701	体育	A	1	Good
B010292	大学语文	B	2	Good
B020101	英语	B	4	Good

表 13.5 选课关系（StudScoreInfo）

StudNo	CourseID	StudScore
20050319001	A010016	79
20050319001	A020701	79
20050319001	B010292	76
20050319002	A010016	72
20050319002	B010292	65
20050319002	B020101	67
20050704003	A010016	76
20050704003	A020701	60

在以上四个关系模式中，实现了信息的某种程度的分离：

① StudInfo 中存储学生基本信息，与所选课程及班级信息无关。

② ClassInfo 中存储班级的有关信息，与学生无关。

③ CourseInfo 中存储课程的有关信息，与学生无关。

④ StudScoreInfo 中存储学生选课的信息，而与学生及班级的有关信息无关。

与 SCS 相比，分解为四个关系模式后，数据的冗余度明显降低。当新插入一个班级时，只要在关系 ClassInfo 中添加一条记录。当某个学生尚未选课，只要在关系 StudInfo 中添加一条学生记录，而与选课关系无关，这就避免了插入异常。当一个班级的学生全部毕业时，只需在 StudInfo 中删除该班级的全部学生记录，而关系 ClassInfo 中有关该班的信息仍然保留，从而不会引起删除异常。由于数据冗余度的降低，数据没有重复存储，不会引起更新异常。

经过上述分析，分解后的关系模式是一个好的关系数据库模式。由此可得出结论，一个好的关系模式应该具备以下四个条件：

① 尽可能少的数据冗余。

② 没有插入异常。

③ 没有删除异常。

④ 没有更新异常。

注意

一个好的关系模式不是在任何情况下都是最优的。比如查询某个学生选修课程名及所在班级的信息时，要通过连接来实现，而连接所需要的系统开销非常大，因此要以实际目标出发进行设计。

13.3 函数依赖

13.3.1 函数依赖的概念

一个关系模式通常看作一个三元组：

```
R<U, F>
```

① 关系名R，它是符号化的元组语义。

② 一组属性U。

③ 属性组U上的一组数据依赖F。

当且仅当U上的一个关系r满足F时，r称为关系模式R<U,F>的一个关系。

函数依赖（Functional Dependency）是关系模式中属性之间的一种逻辑依赖关系，是最重要的数据依赖，分为完全函数依赖、部分函数依赖和传递函数依赖三类，它们是规范化理论的依据和规范化程度的准则。

定义13.1　设关系模式R(U，F)，U是属性全集，F是U上的函数依赖集，X和Y是U的子集，如果对于R(U)的任意一个可能的关系r，对于X的每一个具体值，Y都有唯一的具体值与之对应，则称X决定函数Y或Y函数依赖于X，记作X→Y。我们称X为决定因素，Y为依赖因素。当Y不函数依赖于X时，记作X↛Y。当X→Y且Y→X时，则记作X↔Y。

例如，在上节所述关系模式SCS中，StudNo与StudName、StudBirthDay、ClassID之间都有一种依赖关系。由于一个StudNo只对应一个学生，而一个学生只能属于一个班，所以当StudNo的值确定之后，StudName、StudSex、StudBirthDay、ClassID的值也随之被唯一地确定了。

这类似于变量之间的单值函数关系。设单值函数Y=F(X)，自变量X的值可以决定一个唯一的函数值Y。

在这里，StudNo决定函数(StudName, StudSex, StudBirthDay, ClassID)，或者说(StudName, StudSex, StudBirthDay, ClassID)函数依赖于StudNo。对于关系模式SCS有依赖关系：

```
F={StudNo→StudName, StudNo→StudSex, StudNo→StudBirthDay, StudNo→ClassID}
```

而一个StudNo有多个StudScore的值与其对应，因此StudScore不能唯一地确定，即StudScore函数不能依赖于StudNo，所以有StudNo↛StudScore。但是StudScore可以被(StudNo, CourseID)唯一地确定，表示为(StudNo, CourseID)→StudScore。

13.3.2 函数依赖的性质

1．投影性

一组属性函数决定它的所有子集。

例如：在关系SCS中，(StudNo, CourseID)→StudNo和(StudNo, CourseID)→CourseID。

2．扩张性

若X→Y且W→Z，则(X，W)→(Y，Z)。

例如：StudNo→(StudName, StudSex, StudBirthDay)，ClassID→ClassName，则有(StudNo, ClassID)→(StudName, StudSex, ClassName, ClassDesc)。

3．合并性

若 X→Y 且 X→Z，则必有 X→(Y，Z)。

例如：在关系 SCD 中，StudNo→(StudName, StudSex, StudBirthDay)，StudNo→(ClassID, ClassName, ClassDesc)，则有 StudNo→(studName, StudSex, StudBirthDay, ClassID, ClassName, ClassDesc)。

4．分解性

若 X→(Y，Z)，则 X→Y 且 X→Z。很显然，分解性为合并性的逆过程。

由合并性和分解性，很容易得到以下事实：

X→A1，A2，…,An 成立的充分必要条件是 X→Ai（i=1,2,…,n）成立。

定义 13.2　关系模式 R(U)，U 是属性全集，X 和 Y 是 U 的子集，如果 X→Y，并且对于 X 的任何一个真子集 X′，都有 X′↛Y，则称 Y 对 X 完全函数依赖（Full Functional Dependency），记作 $X \xrightarrow{f} Y$。如果对 X 的某个真子集 X′，有 X′→Y，则称 Y 对部分函数依赖（Partial Functional Dependency），记作 $X \xrightarrow{p} Y$。

例如：在关系模式 SCD 中，StudNo↛StudScore，CourseID↛StudScore，有：(StudNo, CourseID) $\xrightarrow{f}$ StudScore，StudNo→StudSex，有（StudNo，CourseID）$\xrightarrow{p}$ StudSex。

只有当决定因素是组合属性时，讨论部分函数依赖才有意义，当决定因素是单属性时，只能是完全函数依赖。

例如：在关系模式 S(StudNo, StudName, StudSex, StudBirthDay, ClassID)，决定因素为单属性 StudNo，有 StudNo→(StudName, StudSex, StudBirthDay, ClassID)，不存在部分函数依赖。

定义 13.3　设有关系模式 R（U），U 是属性全集，X，Y，Z 是 U 的子集，若 X→Y，但 Y↛X，而 Y→Z（$Y \notin X, Z \notin Y$），则称 Z 对 X 传递函数依赖（Transitive Functional Dependency），记作 $X \xrightarrow{t} Z$。如果 Y→X，则 X↔Y，这时称 Z 对 X 直接函数依赖，而不是传递函数依赖。

例如：在关系模式 SCS 中，StudNo→ClassID，但 ClassID↛StudNo，而 ClassID→ClassName，则有 StudNo $\xrightarrow{t}$ ClassName。当学生不重名，有 StudNo→StudName，StudName→StudNo，StudNo↔StudName，StudName→ClassName，这时 ClassName 对 StudNo 是直接函数依赖，而不是传递函数依赖。

13.4　范式理论

规范化的基本思想是消除关系模式中的数据冗余，消除数据依赖中的不合适的部分，解决数据插入、删除时发生的异常现象。

范式（Normal Form）：关系数据库的规范化过程中为不同程度的规范化要求设立的不同标准。

规范化又可以根据不同的要求而分成若干级别，范式的概念最早由 E.F.Codd 提出，从 1971 年起，Codd 相继提出了关系的三级规范化形式，即第一范式（1NF）、第二范式（2NF）、第三范式（3NF）。1974 年，Codd 和 Boyce 共同提出了一个新的范式的概念，即 Boyce-Codd 范式，简称 BC 范式。1976 年，Fagin 提出了第四范式，后来又有人提出了第五范式。每种范式都规定了一些限制约束条件，如图 13.2 所示。下面介绍每一种范式。

各级别的范式间关系为：$5NF \subset 4NF \subset BCNF \subset 3NF \subset 2NF \subset 1NF$。

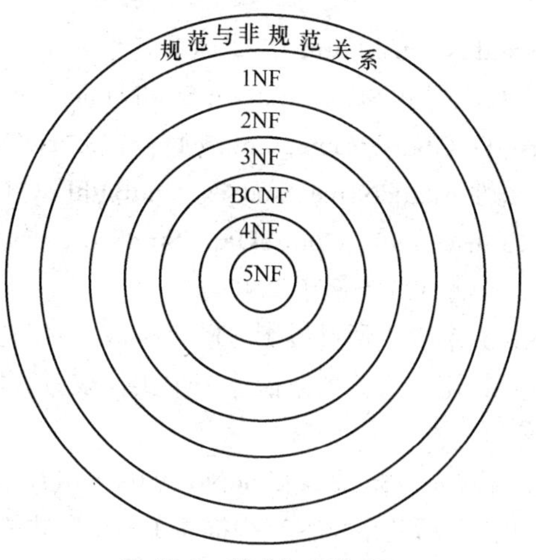

图 13.2 范式包含关系图

13.4.1 第一范式

第一范式（First Normal Form）是最基本的规范形式，即关系中每个属性都是不可再分的简单项。

定义 13.4 如果关系模式 R，其所有的属性均为简单属性，即每个属性都是不可再分的，则称 R 属于第一范式，简称 1NF，记作 R∈1NF。

在非规范化的关系中去掉组合项就能化成规范化的关系，每个规范化的关系都属于 1NF。

一个关系模式仅仅属于第一范式是不适用的，关系模式 SCS 属于第一范式，但其具有大量的数据冗余，具有插入异常、删除异常、更新异常等弊端。

这里还用关系模式 SCS 来举例，SCS 中的函数依赖关系如图 13.3 所示。

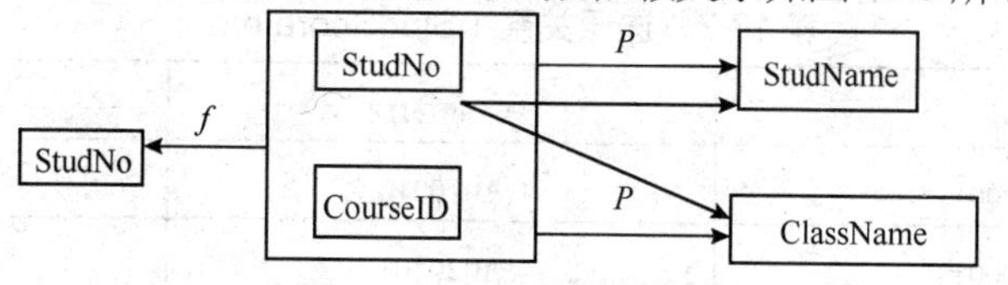

图 13.3 SCS 函数的依赖关系

关系模式 SCS 的关系键是(StudNo, CourseID)的属性组合。

```
(StudNo, CourseID) --f--> StudScore
StudNo→StudName, (StudNo, CourseID) --p--> StudName
StudNo→StudSex, (StudNo, CourseID) --p--> StudSex
StudNo→StudBirthDay, (StudNo, CourseID) --p--> StudBirthDay
StudNo→ClassID, (StudNo, CourseID) --p--> ClassID
StudNo --t--> ClassName, (StudNo, CourseID) --p--> ClassName
```

在这个关系模式中，既存在完全函数依赖，又存在部分函数依赖和传递函数依赖。这种情况在数据库中是不允许的，由于关系中存在着复杂的函数依赖，导致数据操作中出现了种种弊端。

克服这些弊端的方法是用投影运算将关系分解，去掉过于复杂的函数依赖关系，向更高一级的范式进行转换。

13.4.2 第二范式

定义 13.5 如果关系模式 R∈1NF，且每个非主属性都完全函数依赖于 R 的每个关系键，则称 R 属于第二范式（Second Normal Form），简称 2NF，记作 R∈2NF。

根据这个定义分析，在关系模式 SCS (StudNo, StudName, StudSex, StudBirthDay, ClassID, ClassName, ClassDesc, CourseID, CourseName, CourseType, CourseCredit, CourseDesc, StudScore) 中，(StudNo, CourseID)为主属性，(StudName, StudSex, StudBirthDay, ClassID, ClassName, ClassDesc, CourseName, CourseType, CourseCredit, CourseDesc, StudScore)均为非主属性，存在非主属性对关系键的部分函数依赖，所以 SCS 不属于 2NF。

2NF 规范化是指把 1NF 关系模式通过投影分解转换成 2NF 关系模式的集合。分解时遵循的基本原则就是“一事一地”，让一个关系只描述一个实体或者实体间的联系。如果多于一个实体或联系，则进行投影分解。

由 StudNo→StudName, StudNo→StudSex, StudNo→StudBirthDay, StudNo→ClassID, (StudNo, CourseID) $\xrightarrow{f}$ StudScore，可以判断关系 SCS 至少描述了一个实体和一个联系，一个为学生实体，如表 13.6 所示，其函数依赖关系如图 13.4 所示，属性有 StudNo、StudName、StudSex、StudBirthDay、ClassID、ClassName、ClassDesc；另一个是学生与课程的联系（选课关系），如表 13.7 所示，属性有 StudNo、CourseID 和 StudScore。该关系的函数依赖关系如图 13.5 所示。

表 13.6　学生实体（StudInfo）

StudNo	StudName	StudSex	ClassID	ClassName	ClassDesc
20050319001	任××	女	20050319	工商管理 2005 级	优秀班级
20050319002	刘××	男	20050319	工商管理 2005 级	优秀班级
20050704003	李×	男	20050704	计算机 2005 级	NULL

表 13.7　选课关系（StudScoreInfo）

StudNo	CourseID	StudScore
20050319001	A010016	79
20050319001	A020701	79
20050319001	B010292	76
20050319002	A010016	72
20050319002	B010292	65
20050319002	B020101	67
20050704003	A010016	76
20050704003	A020701	60

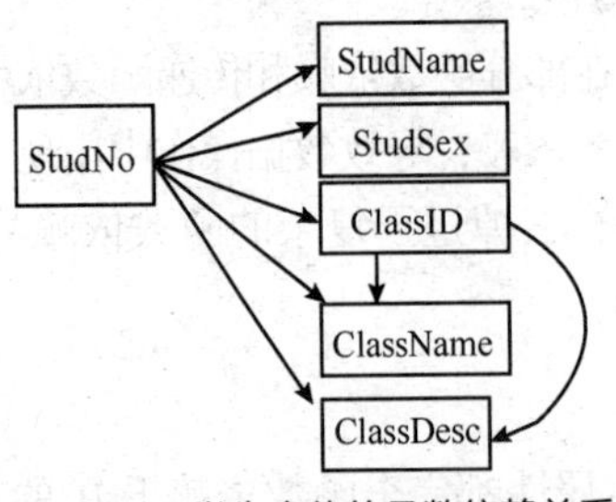

图 13.4　学生实体的函数依赖关系

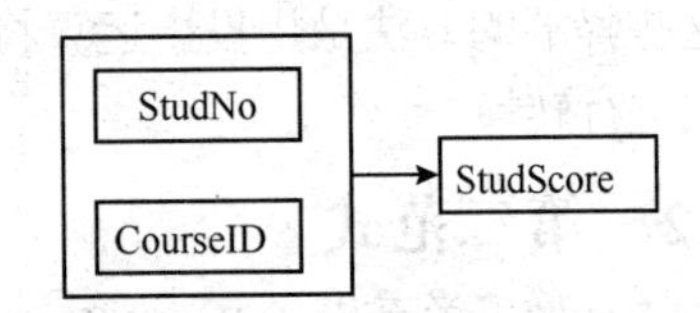

图 13.5　选课关系的函数依赖关系

对于分解后的两个关系 StudInfo 和 StudScoreInfo，主键分别为 StudNo 和(StudNo, CourseID)，非主属性对主键完全函数依赖。因此 StudInfo∈2NF，StudScoreInfo∈2NF。

还有一种情况称为全码，即一个关系中所有的属性的组合为这个关系的关系键，无非主属性。例如，关系模式 TCS(T, C, S)，T 为教师编号，C 为课程编号，S 为学生编号，一个教师可以讲授多门课程，一门课程可以为多个教师讲授，同样一个学生可以选修多门课程，一门课程可以被多个学生选修，(T, C, S)三个属性的组合是关系键，T、C、S 都是主属性，而无非主属性，所以也就不可能存在非主属性对关系键的部分函数依赖，TCS∈2NF。

通过上述分析，得出如下结论：

① 从 1NF 关系中消除非主属性对关系键的部分函数依赖，则可得到 2NF 关系。

② 如果 R 的关系键为单属性，或 R 的全体属性均为主属性，则 R∈2NF。

2NF 由上述分析得出如下结论：

① 1NF 的关系模式经过投影分解转换成 2NF 后，消除了一些数据冗余，如学生的姓名、出生日期不需要重复存储多次，在一定程度上避免数据更新所造成的数据不一致的问题。

② 由于学生的基本信息与选课信息分开存储，则学生的基本信息因没有选课而不能插入的问题得到了解决，插入异常得到了部分改善。

③ 如果某个学生不再选修 A010016 课程，在选课关系 StudScoreInfo 中删去该学生选修 A010016 的记录即可，而 StudInfo 中有关该学生的信息不会受到影响，解决了部分删除异常问题。

因此关系模式 StudInfo 和 StudScoreInfo 在性能上比 SCS 有了显著提高。

2NF 的关系模式解决了 1NF 中存在的一些问题，但仍然存在着一些问题：

① 数据冗余。每个班的班级名称和班级描述存储的次数等于该班的学生人数。

② 插入异常。当一个新班没有招生时，有关该班的信息无法插入。

③ 删除异常。某班学生全部毕业时，删除全部学生的记录也随之删除了该班的有关信息。

④ 更新异常。更改班级名称时，仍需改动较多的学生记录。

存在这些问题的原因是由于在 StudInfo 关系中存在着非主属性对主键的传递依赖。

分析 StudInfo 关系中的函数依赖关系，StudNo→StudName，StudNo→StudSex，StudNo→ClassID，ClassID→ClassName，ClassID→ClassDesc，StudNo $\xrightarrow{t}$ ClassName，StudNo $\xrightarrow{t}$ ClassDesc，非主属性 ClassName 和 ClassDesc 对主键 StudNo 传递依赖，因此还需进一步简化，消除这种传递依赖。

13.4.3 第三范式

定义 13.6 如果关系模式 R∈2NF，且每个非主属性都不传递依赖于 R 的每个关系键，则称 R 属于第三范式（Third Normal Form），简称 3NF，记作 R∈3NF。

3NF 具有如下性质：

① 如果 R∈3NF，则 R∈2NF。

② 如果 R∈2NF，则 R 不一定是 3NF。

在上一节中，已将关系模式 SCS 分解为学生实体（StudInfo）和选课关系（StudScoreInfo），都为 2NF。其中，StudScoreInfo∈3NF，但在 StudInfo 中存在着非主属性 ClassName 和 ClassDesc 对主键 StudNo 传递依赖，StudInfo∉3NF。因此对于 StudInfo，应该进一步进行分解，使其符合 3NF。

3NF 规范化是指把 2NF 关系模式通过投影分解转换成 3NF 关系模式的集合，和 2NF 的规范化时遵循的原则相同，即"一事一地"，让一个关系只描述一个实体或者实体间的联系。

下面依然通过上述例子介绍 3NF，将 StudInfo(StudNo, StudName, StudSex, StudBirthDay,

ClassID, ClassName, ClassDesc)规范到 3NF。分析 StudInfo 的属性组成，StudInfo 实际上描述了两个实体：一个为学生实体（见表 13.8），属性有 StudNo、StudName、StudSex、StudBirthDay、ClassID；一个是班级实体（见表 13.9），其属性有 ClassID、ClassName、ClassDesc。根据分解的原则，将 StudInfo 关系分解成如下两个关系：

① 学生实体：StudInfo(StudNo, StudName, StudSex, StudBirthDay, ClassID)。

② 班级实体：ClassInfo(ClassID, ClassName, ClassDesc)。

表 13.8　学生实体（StudInfo）

StudNo	StudName	StudSex	StudBirthDay	ClassID
20050319001	任××	女	1984-12-7	20050319
20050319002	刘××	男	1984-6-11	20050319
20050704003	李×	男	1985-1-30	20050704

表 13.9　班级实体（ClassInfo）

ClassID	ClassName	ClassDesc
20050319	工商管理 2005 级	优秀班级
20050704	计算机 2005 级	NULL

主键为 StudNo，函数依赖关系如图 13.6 所示，不存在非主属性对主键的传递函数依赖。

主键为 ClassID，函数依赖关系如图 13.7 所示，不存在非主属性对主键的传递函数依赖。

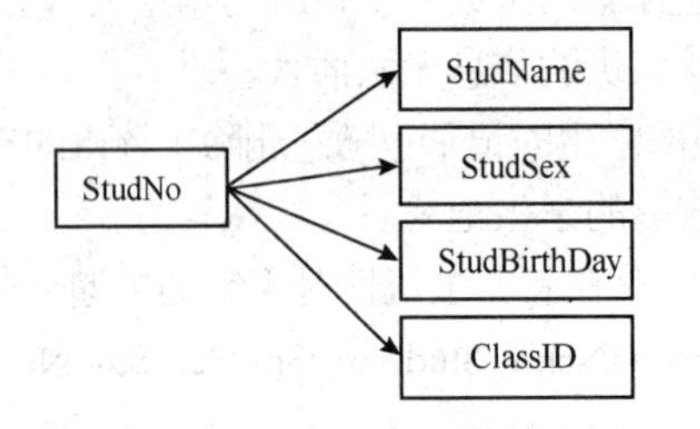

图 13.6　学生实体函数依赖关系图

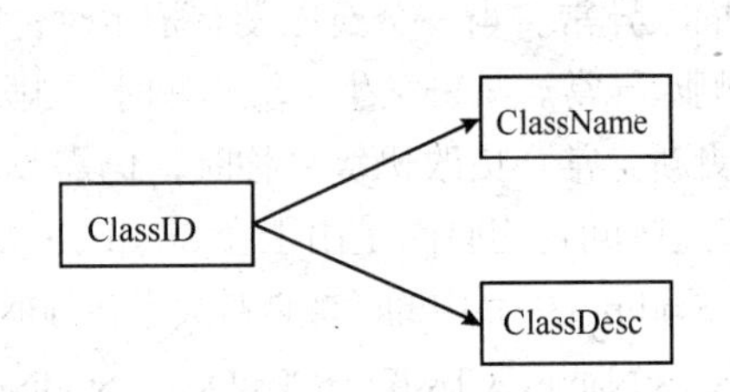

图 13.7　系实体中的函数依赖关系图

关系模式 StudInfo 由 2NF 分解为 3NF 后，函数依赖关系变得更加简单，既没有非主属性对键的部分依赖，也没有非主属性对键的传递依赖，解决了 2NF 中存在的四个问题。

3NF 由上述分析得出如下结论：

① 数据冗余降低。班级名称和班级描述信息的存储次数与该班的学生人数无关，只在关系 ClassInfo 中存储一次。

② 不存在插入异常。当一个新班没有学生时，该班的信息可以直接插入到关系 ClassInfo 中，而与学生关系 StudInfo 无关。

③ 不存在删除异常。要删除某班的全部学生而仍然保留该班的有关信息时，可以只删除学生关系 StudInfo 中的相关学生记录，而不影响关系 ClassInfo 中的数据。

④ 不存在更新异常。当变更班级名称和班级描述时，只需修改关系 ClassInfo 中两个相应元组的 ClassName 和 ClassDesc 属性值，从而不会出现数据的不一致现象。

关系 SCS 规范到 3NF 后，所存在的异常现象已经全部消失。然而，3NF 只限制了非主属性对键的依赖关系，而没有限制主属性对键的依赖关系。仍有可能存在数据冗余、插入异常、删除异常和修改异常。

对 3NF 进一步规范化，消除主属性对键的依赖关系，Boyce 与 Codd 共同提出了一个新范式的定义，这就是 Boyce−Codd 范式，通常简称 BCNF 或 BC 范式。它弥补了 3NF 的不足。

13.4.4 BCNF 范式

定义 13.7 如果关系模式 R∈1NF，且所有的函数依赖 X→Y（Y∉X），决定因素 X 都包含了 R 的一个候选键，则称 R 属于 BC 范式（Boyce−Codd Normal Form），记作 R∈BCNF。

BCNF 具有如下性质：

① 满足 BCNF 的关系将消除任何属性（主属性或非主属性）对键的部分函数依赖和传递函数依赖，如果 R∈BCNF，则 R∈3NF。

② 如果 R∈3NF，则 R 不一定是 BCNF。

比如下述示例，设关系模式 StudCourseInfo(StudNo, StudName, CourseID, StudScore)，其中 StudNo 代表学号，StudName 代表学生姓名并假设没有重名，CourseID 代表课程号，StudScore 代表成绩。可以判定，StudCourseInfo 有两个候选键 (StudNo, CourseID) 和 (StudName, CourseID)，其函数依赖如下：

```
StudNo ↔ StudName
(StudNo, CourseID)→StudScore
(StudName, CourseID)→StudScore
```

唯一的非主属性 StudScore 对键不存在部分函数依赖，也不存在传递函数依赖，StudCourseInfo∈3NF。

这样的 3NF 函数依赖依然存在问题，因 StudNo↔StudName，即决定因素 StudNo 或 StudName 不包含候选键，从另一个角度说，存在着主属性对键的部分函数依赖：

(StudNo, CourseID) $\xrightarrow{p}$ StudName，(StudName, CourseID) $\xrightarrow{p}$ StudNo，所以 StudCourseInfo 不是 BCNF。

因存在主属性对键的部分函数依赖关系，造成了关系 StudCourseInfo 中存在着较大的数据冗余，学生姓名的存储次数等于该生所选的课程数，从而会引起修改异常。比如当更改某个学生的姓名时，则必须搜索出该姓名学生的每个选课记录，并对其姓名逐一修改，容易造成数据的不一致问题。

解决这一问题的办法是通过投影分解进一步提高 StudCourseInfo 的范式等级，将 StudCourseInfo 规范到 BCNF。

BCNF 规范化是指把 3NF 关系模式通过投影分解转换成 BCNF 关系模式的集合。

将 StudCourseInfo(StudNo,StudName,CourseID, StudScore)规范到 BCNF。分析该关系存在数据冗余的原因是在这一个关系中存在两个实体，一个为学生实体，属性有 StudNo、StudName；另一个是选课实体，属性有 StudNo、CourseID 和 StudScore。根据分解的原则，将 StudCourseInfo 分解成如下两个关系：

学生实体：StudInfo(StudNo,StudName)，有两个候选键 StudNo 和 StudName。

学生与课程的联系：StudScoreInfo(StudNo,CourseID,StudScore)，主键为(StudNo, CourseID)。

Studinfo 和 Studscoreinfo 的函数依赖如图 13.8 和图 13.9 所示，在这两个关系中，无论主属性还是非主属性，都不存在对键的部分依赖和传递依赖，StudInfo∈BCNF，StudScoreInfo∈BCNF。

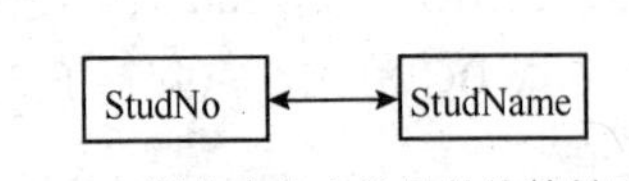

图 13.8 学生实体中的函数依赖关系

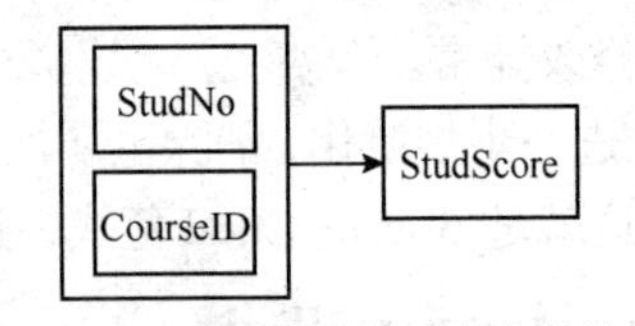

图 13.9 选课关系中的函数依赖关系

【**例 13.1**】设关系模式 TCS(T, C, S)，T 表示教师，C 表示课程，S 表示学生。

语义假设：每一位教师只讲授一门课程；每门课程由多个教师讲授；某一学生选定某门课程，就对应于一位确定的教师。

根据语义假设，TCS 的函数依赖如图 13.10 所示。

(S, C)→T, (S, T)→C，T→C

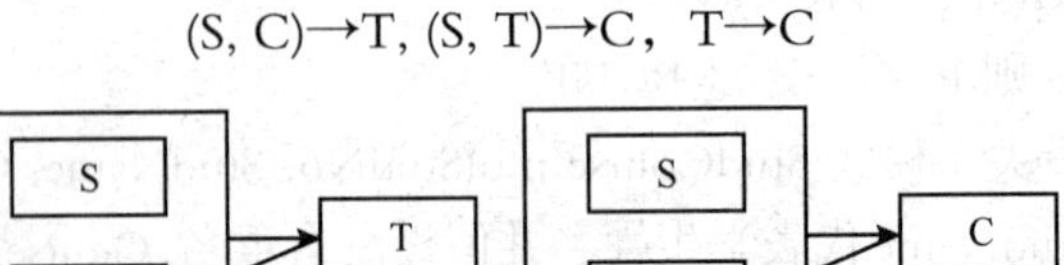

图 13.10 TCS 中的函数依赖关系

对于 TCS，(S, C)和(S, T)都是候选键，两个候选键相交，有公共的属性 S。TCS 中不存在非主属性，也就不可能存在非主属性对键的部分依赖或传递依赖，所以 TCS∈3NF，如表 13.10 所示。

表 13.10 TCS 关系实例

T	C	S
T1	C1	S1
T1	C1	S2
T2	C1	S3
T2	C1	S4
T3	C2	S2
T4	C2	S2
T4	C3	S2

关系 TCS 存在的问题是：

① 数据冗余。虽然每个教师只开一门课，但每个选修该教师这门课程的学生元组都要记录这一信息。

② 插入异常。当某门课程本学期不开，自然就没有学生选修。没有学生选修，因为主属性不能为空，教师上该门课程的信息就无法插入。同样原因，学生刚入校，尚未选课，有关信息也不能输入。

③ 删除异常。如果选修某门课程的学生全部毕业，删除学生记录的同时，随之也删除了教师开设该门课程的信息。

④ 更新异常。当某个教师开设的某门课程改名后，所有选修该教师该门课程的学生元组都要进行。

分析出现上述问题的原因在于主属性部分依赖于键(S, T)C，因此关系模式还继续分解，转换成更高一级的范式 BCNF，以消除数据库操作中的异常现象。

将 TCS 分解为两个关系模式 ST(S, T)和 TC(T, C)，消除函数依赖(S, T)C。其中 ST 的键为 S，TC 的键为 T。ST∈BCNF，TC∈BCNF，如图 13.11 和图 13.12 所示。

图 13.11　ST 中的函数依赖关系　　图 13.12　TC 中的函数依赖关系

关系 STC 转换成 BCNF 后，数据冗余度明显降低。学生的姓名只在关系 S1 中存储一次，学生要改名时，只需改动一条学生记录中的相应的 S 值，从而不会发生修改异常。

由上述分析 BCNF 得出如下结论：

① 数据冗余降低。每个教师开设课程的信息只在 TC 关系中存储一次。

② 不存在插入异常。对于所开课程尚未有学生选修的教师信息可以直接存储在关系 TC 中，而对于尚未选修课程的学生可以存储在关系 ST 中。

③ 不存在删除异常。如果选修某门课程的学生全部毕业，可以只删除关系 ST 中的相关学生记录，而不影响关系 TC 中相应教师开设该门课程的信息。

④ 不存在更新异常。当某个教师开设的某门课程改名后，只需修改关系 TC 中的一个相应元组即可，不会破坏数据的完整性。

如果一个关系数据库中所有关系模式都属于 BCNF，那么在函数依赖的范畴内，已经实现了模式的彻底分解，消除了产生插入异常和删除异常的根源，而且数据冗余也减少到极小程度。

13.4.5　规范化总结

规范化的基本原则：遵从概念单一化“一事一地”的原则，即一个关系只描述一个实体或者实体间的联系。若多于一个实体，就把它“分离”出来。

所谓规范化，实质上是概念的单一化，即一个关系表示一个实体。

关系模式规范化就是对原关系进行投影，消除决定属性不是候选键的任何函数依赖。具体可以分为以下几个步骤：

① 对 1NF 关系进行投影，消除原关系中非主属性对键的部分函数依赖，将 1NF 关系转换成若干个 2NF 关系。

② 对 2NF 关系进行投影，消除原关系中非主属性对键的传递函数依赖，将 2NF 关系转换成若干个 3NF 关系。

③ 对 3NF 关系进行投影，消除原关系中主属性对键的部分函数依赖和传递函数依赖，也就是说，使决定因素都包含一个候选键，得到一组 BCNF 关系。

关系模式规范化过程如图 13.13 所示。

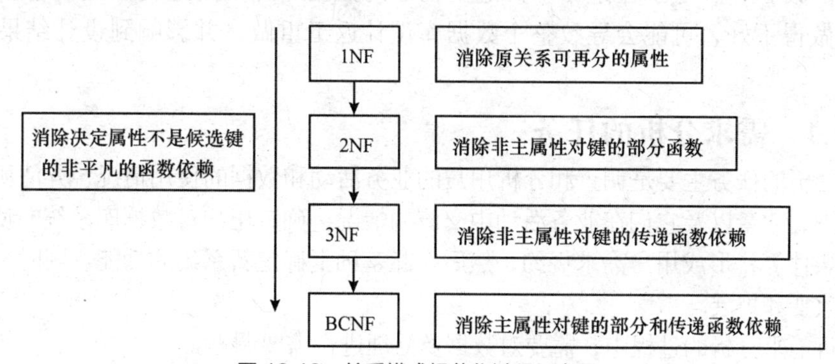

图 13.13　关系模式规范化过程示意图

PART 14 第14章 关系数据库设计理论

数据库是信息系统的核心和基础，数据库设计（Database Design）是指对于一个给定的应用环境，构造最优的数据库模式，建立数据库及其应用系统，使之能够有效地存储数据，满足各种用户的应用需求（信息要求和处理要求），是规划和结构化数据库中的数据对象以及这些数据对象之间关系的过程，是信息系统开发和建设的核心技术。

数据库设计是根据用户的需求，在某一具体的数据库管理系统上，设计数据库的结构和建立数据库的过程。因此，开发数据库系统时，需要应用软件工程的原理和方法。此外，开发数据库系统还应当具备计算机科学的基础知识和程序设计技术，同时还应当具备应用领域的知识。

按照规范设计的方法，结合软件工程的思想，可将数据库设计分为以下六个阶段：需求分析阶段、概念结构设计阶段、逻辑结构设计阶段、物理结构设计阶段、数据库实施阶段、数据库运行和维护阶段。

本章各节主要按照上述软件工程的思想，分别详细介绍了数据库设计的每个阶段的详细任务及目标。

14.1 需求分析

需求分析就是了解并分析用户的需求。设计一个性能良好的数据库系统，明确应用环境对系统的要求是首要的和基本的。因此，应该把对用户需求的收集和分析作为数据库设计的第一步。需求分析的结果是否准确地反映了用户的实际要求，直接影响到后面各个阶段的设计，决定了在这个基础之上构建的数据库开发的速度和完成的质量。如果需求分析做得不好，可能会导致整个数据库设计返工重做，并影响到设计结果是否合理和实用。

14.1.1 需求分析的任务

需求分析的任务主要是调查和分析用户的业务活动和数据的使用情况，弄清所用数据的种类、范围、数量以及它们在业务活动中交流的情况，确定用户对数据库系统的使用要求和各种约束条件等，形成用户需求规约，然后在此基础上确定新系统的功能，同时考虑系统可能存在的改变和扩展。

在进行需求分析的过程中，需要对数据及处理进行需要调查。

① 需要调查用户对数据信息的要求，即在数据库中需要存储哪些数据，并详细了解这些信息的内容与性质。

② 需要调查用户要完成什么处理功能。

确定用户的最终需求是一件很困难的事，用户缺少计算机知识，往往不能准确地表达自己的需求，而设计人员缺少用户的专业知识，不易理解用户的真正需求，因此设计人员必须不断深入地与用户交流，才能逐步确定用户的实际需求。

14.1.2 需求分析的方法

1. 调查方法

进行需求分析首先是调查清楚用户的实际要求，与用户达成共识，然后分析与表达这些需求。调查、收集用户要求的具体做法是：

① 了解组织机构的情况，调查这个组织由哪些部门组成，各部门的职责是什么，为分析信息流程做准备。

② 了解各部门的业务活动情况，调查各部门输入和使用什么数据，如何加工处理这些数据，输出什么信息，输出到什么部门，输出的格式等。在调查活动的同时，要注意对各种资料的收集，如票证、单据、报表、档案、计划、合同等，要特别注意了解这些报表之间的关系，各数据项的含义等。

③ 确定新系统的边界。确定哪些功能由计算机完成或将来准备让计算机完成，哪些活动由人工完成。由计算机完成的功能就是新系统应该实现的功能。

在调查过程中，根据不同的问题和条件，可采用的调查方法很多，如跟班作业、咨询业务权威、设计调查问卷、查阅历史记录等。但无论采用哪种方法，都必须有用户的积极参与和配合。强调用户的参与是数据库设计的一大特点。

2. 需求分析方法

用于需求分析的方法有多种，主要方法有自顶向下和自底向上两种。

自顶向下分析方法（Structured Analysis，SA），是最简单实用的方法。SA 方法从最上层的系统组织机构入手，采用逐层分解的方式分析系统，如图 14.1 所示。用数据流图（Data Flow Diagram，DFD）和数据字典（Data Dictionary，DD）描述系统。而自底向上分析方法的分析方向正好相反，如图 14.2 所示。

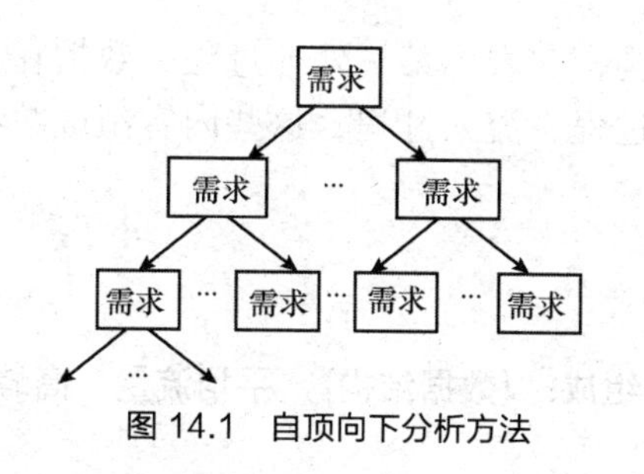

图 14.1 自顶向下分析方法

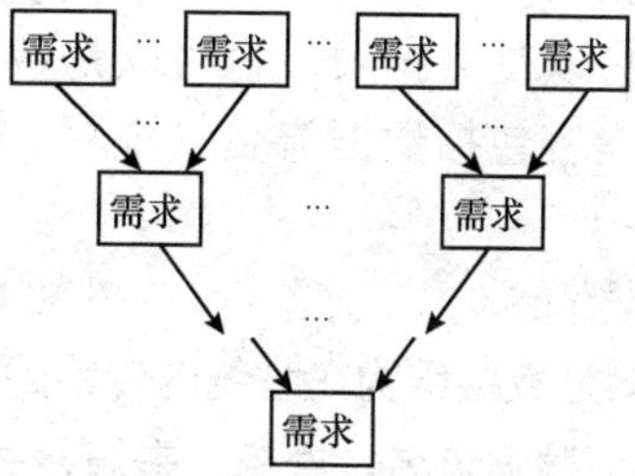

图 14.2 自底向上分析方法

3. 数据流图与数据字典

数据流图（DFD），就是采用图形方式来表达系统的逻辑功能、数据在系统内部的逻辑流向和逻辑变 换过程，是结构化系统分析方法的主要表达工具及用于表示软件模型的一种图示方法，表达了数据和处理的关系，如图 14.3 和图 14.4 所示。

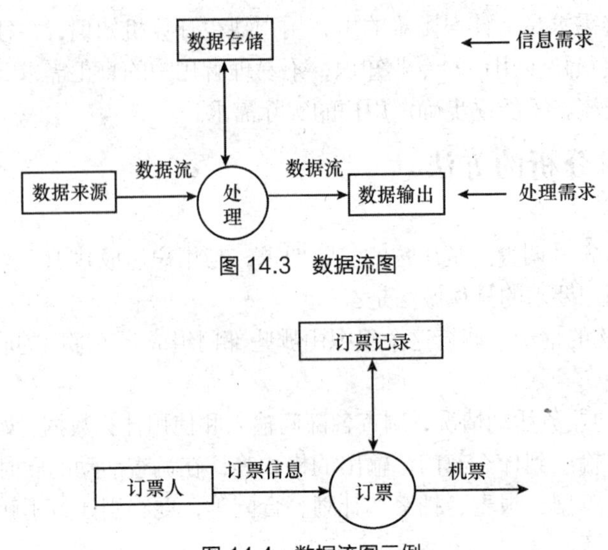

图 14.3　数据流图

图 14.4　数据流图示例

数据字典是对系统中数据的详细描述，是各类数据结构和属性的清单，它与数据流图互为注释。数据字典贯穿于数据库需求分析直到数据库运行的全过程，在不同的阶段，其内容和用途各有区别。在需求分析阶段，它通常包含以下五部分内容。

（1）数据项

数据项是不可再分的数据单位，对数据项的描述包括若干项。

数据项描述={数据项名，含义说明，别名，数据类型，长度，取值范围，取值含义，与其他数据项的逻辑关系}

（2）数据结构

数据结构反映了数据之间的组合关系，一个数据结构可以由若干个数据项组成。

数据结构描述={数据结构名，含义说明，组成}

（3）数据流

数据流可以是数据项，也可以是数据结构，它表示某一处理过程中数据在系统内传输的路径，内容包括数据流名、说明、流出过程、流入过程，这些内容组成数据项或数据结构。

（4）数据存储

数据存储是数据结构在系统内传输的路径。

数据流描述={数据流名，说明，来源，去向，组成：{数据结构}，平均流量，高峰期流量}

（5）处理过程

处理过程的具体处理逻辑一般用判定表或判定树来描述。

处理过程描述={名字，说明，输入：{数据流}，输出：{数据流}，处理：{简要说明}}

这里以建立一个学籍管理系统为例，其数据流和数据字典如表 14.1 至表 14.5 所示。

表 14.1 数据流定义表

编号	数据流名	组成	备注
L01	学生情况	E02 + E03 + E04 + E05 + E06	
L02	学生成绩	E01 + E02 + E03 + E07 + E08 + E09	
L03	新生信息	E02 + E03 + E04 + E05 + E06 + E07 + E10	
L04	分类信息	E01 + E02 + E03 + E04 + E05 + E06 + E07	
L05	各门成绩	E01 + E08 + E09	
L06	科目成绩	E01 + E02 + E03 + E07 + E08 + E09	
L07	查询结果	L05 | L06	
L08	统计分析	L05 + L06	

表 14.2 数据元素定义

编号	数据元素名	内部名	值域	值义	类长	备注
E01	学生学号				N/8	
E02	学生姓名				C/8	
E03	学生性别				D/10	
E04	家庭住址				N/5/2	
E05	政治面貌				C/30	
E06	联系电话				D/10	
E07	就读班级				C/8	
E08	科目名称				N/5/2	
E09	科目成绩				C/8	
E10	是否新生					

表 14.3 文件定义表

编号	文件名	内部名	组成	组织方式
F01	学生档案		{E01 + E02 + E03 + E04 + E05 + E06 + E07 + E10}	E01，升序
F02	学生成绩		{E01 + E02 + E03 + E07 + E08 + E09}	E01，升序

表 14.4 外部项定义表

编号	名称	输出数据流数	输入数据流数	备注
W1	学生处		L01	
W2	教师		L02	
W3	查询者	L07		
W4	办公者	L08 | L07		

表 14.5　加工定义表

编号	名称	输入数据	输出数据	前加工	后加工	关联文件	加工逻辑	备注
P1.1	添加修改	L01	L01	L01	L03	F01	IF E10 = yes DO P1.1 ENDIF	P1.1

P1.2	班级分类	L01	L04	L01	L07	空	从 P1.1 中读出，添加学生信息
							IF 够条件
							DO P1.2
							ELSE
							显示“不够条件”
							ENDIF	

P1.3	删除修改	L01				F01	IF L01 要改动 DO P1.3 ENDIF	P1.3
P2.1	添加修改	L02	L05	L02	L05	F02	有新成绩就添加	P2.1
P2.2	科目管理	L05	L06	L05	L07	空	从 L05 读入，根据 F01 进行管理	P2.2
P2.3	删除修改	L06				F02	IF L01 要改动 DO P2.3 ENDIF	P2.3
P3	统计分析	L06	L08	L06	L08	F02	从 F02 读入数据，统计分析	

需求分析阶段是一个重要而困难的阶段，设计人员应在用户的参与下，积极详细地了解用户的需求，为后续阶段奠定良好的基础。

14.2　概念设计

概念设计就是将需求分析得到的用户需求抽象为信息结构，即概念模型。概念模型使设计人员先从用户角度观察数据及处理要求和约束，然后再把概念模型转换成逻辑模型。这样做有三个好处：

① 从逻辑设计中分离出概念设计以后，各阶段的任务相对单一化，设计复杂程度大大降低，便于组织管理。

② 概念模型不受特定的 DBMS 的限制，也独立于存储安排和效率方面的考虑，因而比逻辑模型更为稳定。

③ 概念模型不含具体的 DBMS 所附加的技术细节，更容易为用户所理解，因而更有可能准确反映用户的信息需求。

14.2.1 概念模型的特点

概念模型作为概念设计的表达工具，为数据库提供一个说明性结构，是设计数据库逻辑结构即逻辑模型的基础。因此，概念模型必须具备以下特点：

① 语义表达能力丰富。概念模型能表达用户的各种需求，充分反映现实世界，包括事物和事物之间的联系、用户对数据的处理要求，它是现实世界的一个真实模型。

② 易于交流和理解。概念模型是 DBA、应用开发人员和用户之间的主要界面，因此，概念模型要表达自然、直观和容易理解，以便和不熟悉计算机的用户交换意见，用户的积极参与是保证数据库设计和成功的关键。

③ 易于修改和扩充。概念模型要能灵活地加以改变，以反映用户需求和现实环境的变化。

④ 易于向各种数据模型转换。概念模型独立于特定的 DBMS，因而更加稳定，能方便地向关系模型、网状模型或层次模型等各种数据模型转换。

人们提出了许多概念模型，其中最著名、最实用的一种是 E−R 模型，它将现实世界的信息结构统一用属性、实体以及它们之间的联系来描述。

14.2.2 概念结构设计的方法与步骤

1．概念结构设计的方法

设计概念结构通常有四类方法:

① 自顶向下，即首先定义全局概念结构的框架，然后逐步细化，如图 14.5 所示。

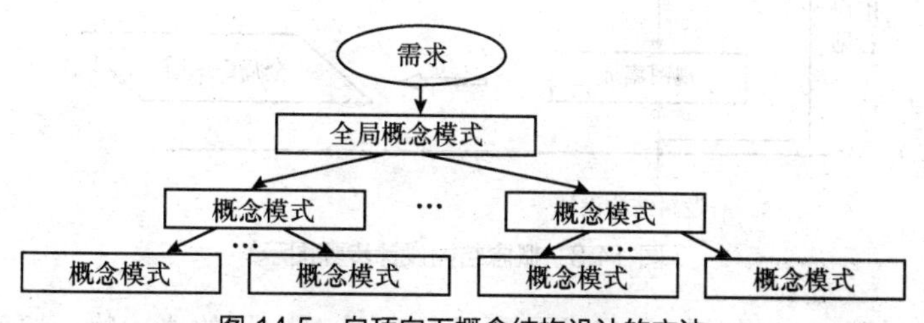

图 14.5 自顶向下概念结构设计的方法

② 自底向上，即首先定义各局部应用的概念结构，然后将它们集成起来，得到全局概念结构，如图 14.6 所示。

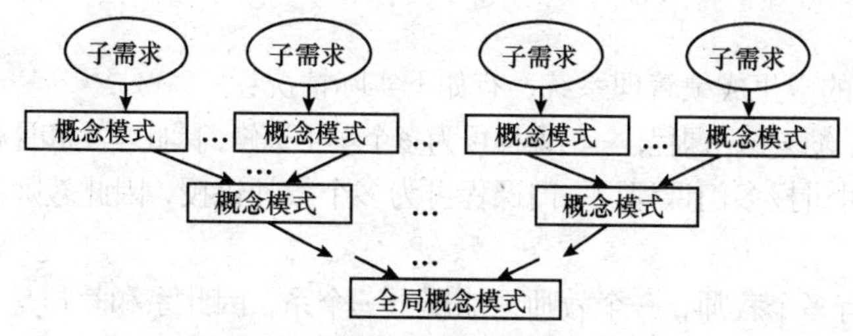

图 14.6 自底向上概念结构设计的方法

③ 逐步扩张。首先定义最重要的核心概念结构，然后向外扩充，以滚雪球的方式逐步生成其他概念结构，直至总体概念结构，如图 14.7 所示。

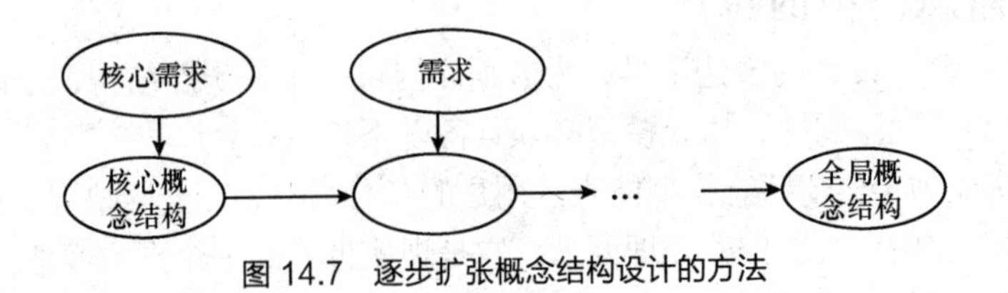

图 14.7 逐步扩张概念结构设计的方法

④ 混合策略，即将自顶向下和自底向上相结合，用自顶向下策略设计一个全局概念结构的框架，以它为骨架集成由自底向上策略中设计的各局部概念结构。

其中最经常采用的策略是自底向上方法，即自顶向下地进行需求分析，然后再自底向上地设计概念结构。

2．概念结构设计的步骤

这里主要以自底向上的设计方法介绍概念结构设计，可分为如下两步（见图 14.8）：

① 进行数据抽象，设计局部 E-R 模型，即设计用户视图。

② 集成各局部 E-R 模型，形成全局 E-R 模型，即视图的集成。

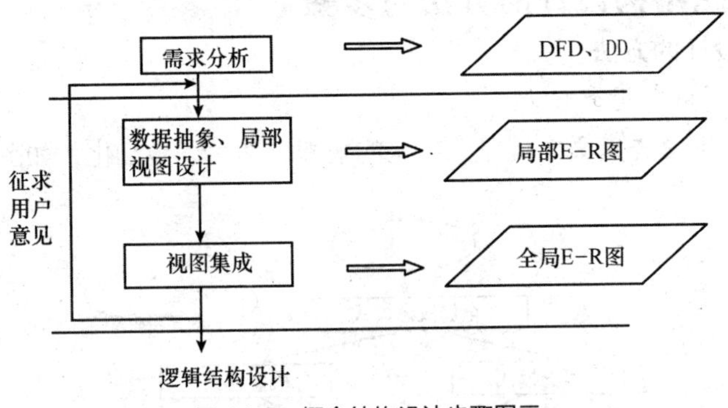

图 14.8 概念结构设计步骤图示

概念结构是对现实世界的一种抽象。所谓抽象是对实际的人、物、事和概念进行人为处理，抽取人们关心的共同特性，忽略非本质的细节，并把这些特性用各种概念精确地加以描述，这些概念组成了某种模型概念，结构设计首先要根据需求分析得到的结果（数据流图、数据字典等）对现实世界进行抽象，设计各个局部 E-R 模型。下面通过一个例子加以说明。

设计一个简单的学生成绩管理系统，有如下实际情况：

① 一个学生可选修多门课程，一门课程可为多个学生选修，因此学生和课程是多对多的联系。

② 一个教师可讲授多门课程，一门课程可为多个教师讲授，因此教师和课程也是多对多的联系。

③ 一个系可有多个教师，一个教师只能属于一个系，因此系和教师是一对多的联系，同样系和学生也是一对多的联系。

数据抽象后得到了实体和属性，实际上实体和属性是相对而言的，往往要根据实际情况进行必要的调整。在调整中要遵循两条原则：

① 实体具有描述信息，而属性没有。属性必须是不可分的数据项，不能再由另一些属性组成。

② 属性不能与其他实体具有联系，联系只能发生在实体之间。

例如：学生是一个实体，学号、姓名、性别、出生日期、班级等是学生实体的属性，班级只表示学生属于哪个班，不涉及班的具体情况，换句话说，没有需要进一步描述的特性，即不可分的数据项，则根据原则 1 可以作为学生实体的属性。但如果考虑一个班的班主任、学生人数等，则班级应看作一个实体，如图 14.9 所示。

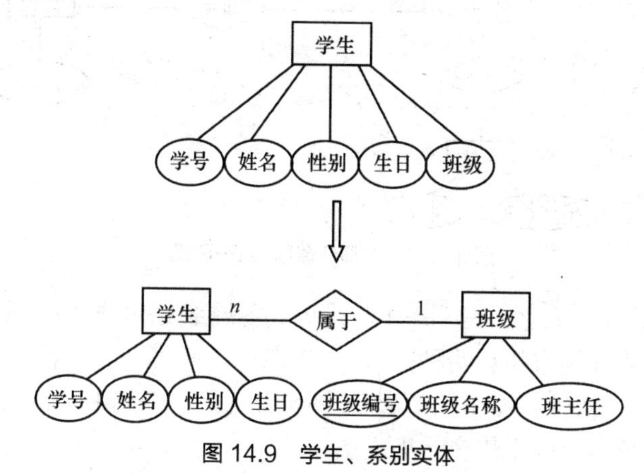

图 14.9　学生、系别实体

又如，“职称”为教师实体的属性，但在涉及住房分配时，由于分房与职称有关，即职称与住房实体之间有联系，则根据原则 2，职称应作为一个实体，如图 14.10 所示。

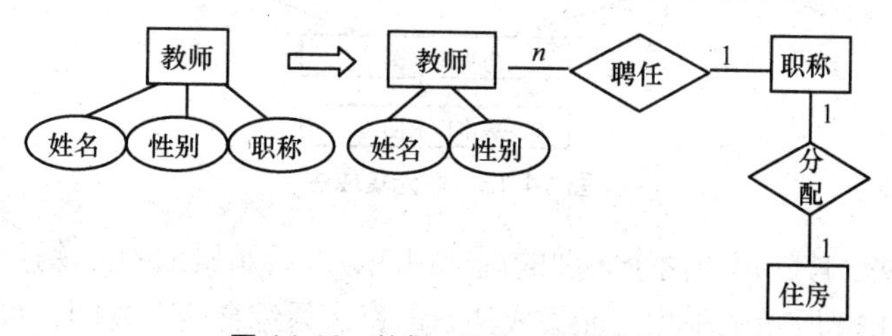

图 14.10　教师、职称、住房实体

根据上述语义约束，可以得到学生选课局部 E-R 图（见图 14.11 ）和教师任课局部 E-R 图（见图 14.12）。形成局部 E-R 模型后，应该返回去征求用户意见，以求改进和完善，使之如实地反映现实世界。

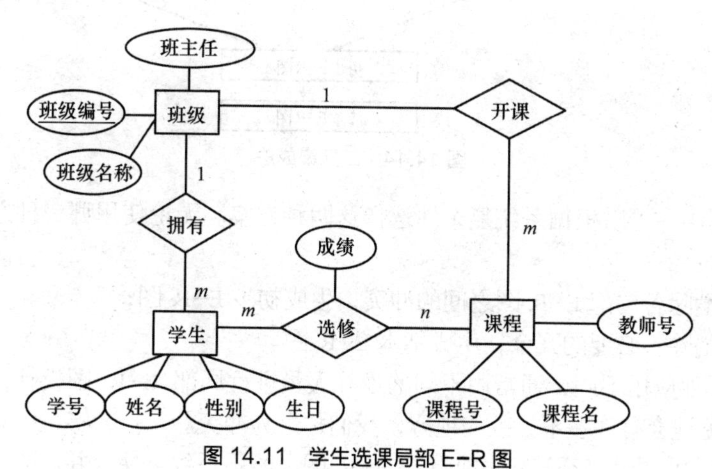

图 14.11　学生选课局部 E-R 图

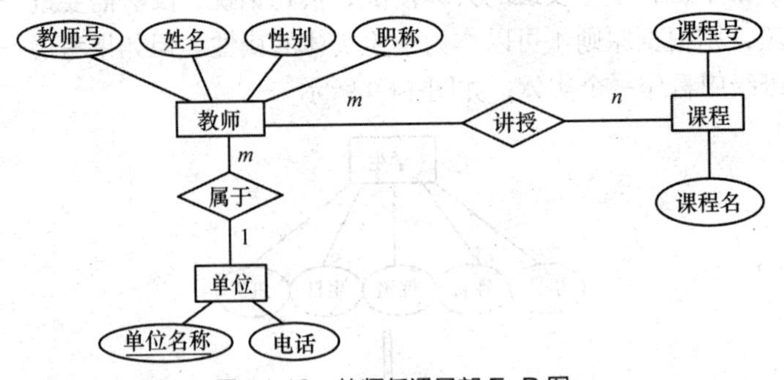

图 14.12　教师任课局部 E-R 图

局部 E-R 模型设计完成之后，下一步就是集成各局部 E-R 模型，形成全局 E-R 模型，即视图的集成。视图集成的方法有两种：

① 多元集成法。一次性将多个局部 E-R 图合并为一个全局 E-R 图，如图 14.13 所示。如果局部视图比较简单，可以采用多元集成法。

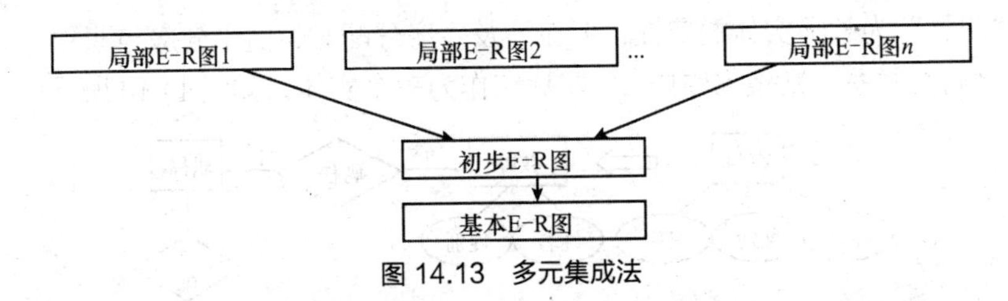

图 14.13　多元集成法

② 二元集成法。首先集成两个重要的局部视图，以后用累加的方法逐步将一个新的视图集成进来，如图 14.14 所示。采用二元集成法，即每次只综合两个视图，可降低难度。

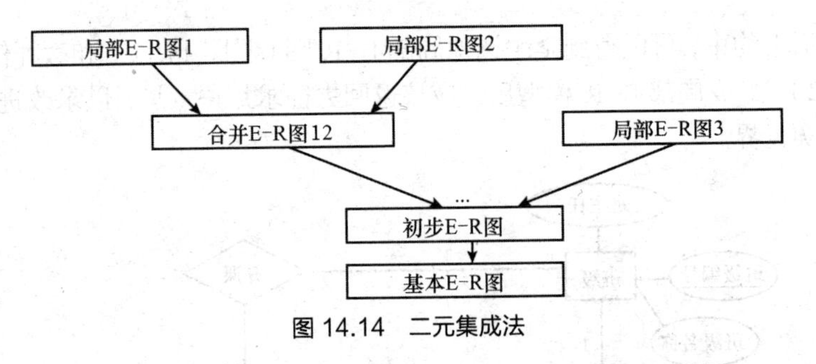

图 14.14　二元集成法

在实际应用中，可以根据系统复杂性选择这两种方案。无论使用哪一种方法，视图集成均分成两个步骤：

① 合并，消除各局部 E-R 图之间的冲突，生成初步 E-R 图；

② 优化，消除不必要的冗余，生成基本 E-R 图。

由于各个局部应用不同，通常由不同的设计人员进行局部 E-R 图设计，因此，各局部 E-R 图不可避免地会有许多不一致的地方，我们称之为冲突。

合并局部 E-R 图时必须消除各个局部 E-R 图中的不一致，使合并后的全局概念结构不仅支持所有的局部 E-R 模型，而且必须是一个能为全系统中所有用户共同理解和接受的完整的概念模型。因此，合并局部 E-R 图的关键就是合理消除各局部 E-R 图中的冲突。

E-R 图中的冲突有三种：属性冲突、命名冲突和结构冲突。

① 属性冲突，又分为属性值域冲突和属性的取值单位冲突，包括：

✧属性值域冲突，即属性值的类型、取值范围或取值集合不同。比如学号，有的将其定义为数值型，而有的将其定义为字符型。又如生日，有的可能用出生年月表示，有的则用整数表示。

✧属性的取值单位冲突。比如零件的重量，有的以公斤为单位，有的以斤为单位，有的则以克为单位。

属性冲突属于用户业务上的约定，必须与用户协商后解决。

② 命名冲突，命名不一致可能发生在实体名、属性名或联系名之间，其中属性的命名冲突更为常见。一般表现为同名异义或异名同义（实体、属性、联系名）：

✧同名异义，即同一名字的对象在不同的部门中具有不同的意义。例："单位"在某些部门表示为人员所在的部门，而在某些部门可能表示物品的重量、长度等属性。

✧异名同义，即同一意义的对象在不同的部门中具有不同的名称。例：对于"房间"这个名称，在教务管理部门中对应为教室，而在后勤管理部门对应为学生宿舍。

命名冲突的解决方法同属性冲突，需要与各部门协商、讨论后加以解决。

③ 结构冲突，例如：

✧同一对象在不同应用中有不同的抽象，可能为实体，也可能为属性。例如，教师的职称在某一局部应用中被当作实体，而在另一局部应用中被当作属性。

解决办法：使同一对象在不同应用中具有相同的抽象，或把实体转换为属性，或把属性转换为实体。

✧同一实体在不同应用中的属性组成不同，可能是属性个数或属性次序不同。

解决办法：合并后实体的属性组成为各局部 E-R 图中的同名实体属性的并集，然后再适当调整属性的次序。

✧同一联系在不同应用中呈现不同的类型。比如 E1 与 E2 在某一应用中可能是一对一联系，而在另一应用中可能是一对多或多对多联系，也可能是在 E1、E2、E3 三者之间有联系。

解决办法：根据应用的语义对实体联系的类型进行综合或调整。

以上述教务管理系统中的两个局部 E-R 图为例，下面介绍概念结构设计的具体步骤。

（1）消除各局部 E-R 图之间的冲突，进行局部 E-R 模型的合并，生成初步 E-R 图

首先，这两个局部 E-R 图中存在着命名冲突，学生选课局部 E-R 图中的实体"系"与教师任课局部 E-R 图中的实体"单位"，都是指"系"，即所谓的异名同义，合并后统一改为"系"，这样属性"名称"和"单位"即可统一为"系名"。

其次，还存在着结构冲突，实体"系"和实体"课程"在两个不同应用中的属性组成不同，合并后这两个实体的属性组成为原来局部 E-R 图中的同名实体属性的并集。解决上述冲突后，合并两个局部 E-R 图，生成初步的全局 E-R 图，如图 14.15 所示。

（2）消除不必要的冗余，生成基本 E-R 图

所谓冗余，是指冗余的数据和实体之间冗余的联系。冗余的数据是指可由基本的数据导出的数据，冗余的联系是由其他的联系导出的联系，冗余的存在容易破坏数据库的完整性，给数据库的维护增加困难，应该消除。

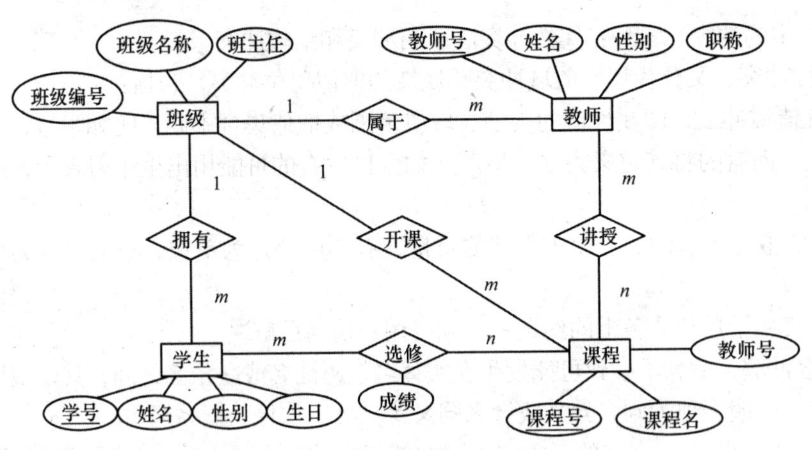

图 14.15　初步全局 E-R 图

把消除了冗余的初步 E-R 图称为基本 E-R 图。通常采用分析的方法消除冗余。数据字典是分析冗余数据的依据，还可以通过数据流图分析出冗余的联系。

图 14.15 所示的初步 E-R 图中，“课程”实体中的属性“教师号”可由“讲授”这个教师与课程之间的联系导出，因此“教师号”这个属性属于冗余数据，而“开课”这个联系则属于冗余联系，因为可通过授课教师属于哪个系来确定由哪个系来开这门课程。上例消除了冗余后的基本 E-R 图如图 14.16 所示。

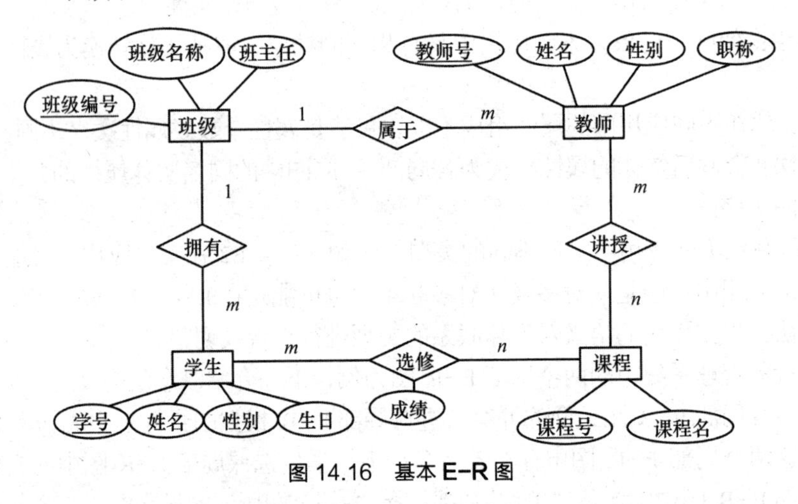

图 14.16　基本 E-R 图

14.3　逻辑设计

概念结构是独立于任何一种数据模型的信息结构。逻辑结构设计的任务就是把概念结构设计阶段设计好的基本 E-R 图转换为与选用 DBMS 产品所支持的数据模型相符合的逻辑结构。

从理论上讲，设计逻辑结构应该选择最适于相应概念结构的数据模型，然后对支持这种数据模型的各种 DBMS 进行比较，从中选出最合适的 DBMS。但实际情况往往是已给定了某种 DBMS，设计人员没有选择的余地。目前 DBMS 产品一般支持关系、网状、层次三种模型中的某一种，对某一种数据模型，各个机器系统又有许多不同的限制，提供不同的环境与工具。所以设计逻辑结构时一般要分三步进行（见图 14.17）。

① 将概念结构转换为一般的关系、网状、层次模型。

② 将转换来的关系、网状、层次模型向特定 DBMS 支持下的数据模型转换。

③ 对数据模型进行优化。

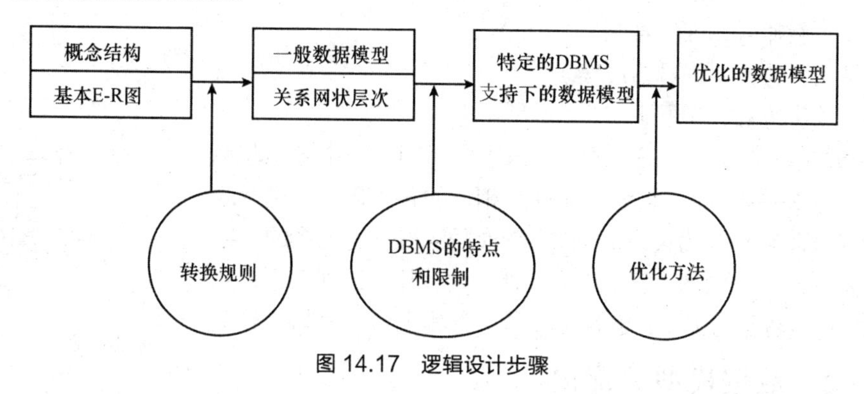

图 14.17 逻辑设计步骤

目前的数据库应用系统普遍采用支持关系数据模型的 RDBMS，所以这里只介绍 E-R 图向关系数据模型的转换原则与方法。

14.3.1 E-R 图向关系模型的转换

E-R 图向关系模型的转换主要是如何将实体和实体间的联系转换为关系模式，如何确定这些关系模式的属性和码。

关系模型的逻辑结构是一组关系模式的集合。E-R 图则是由实体、实体的属性和实体之间的联系三个要素组成的。所以将 E-R 图转换为关系模型，实际上就是要将实体、实体的属性和实体之间的联系转换为关系模式，这种转换一般遵循如下原则：

① 一个实体型转换为一个关系模式。实体的属性就是关系的属性，实体的码就是关系的码。

② 一个 1:1 联系可以转换为一个独立的关系模式，也可以与任意一端对应的关系模式合并。如果转换为一个独立的关系模式，则与该联系相连的各实体的码以及联系本身的属性均转换为关系的属性，每个实体的码均是该关系的候选码。如果与某一端实体对应的关系模式合并，则需要在该关系模式的属性中加入另一个关系模式的码和联系本身的属性。

③ 一个 1:n 联系可以转换为一个独立的关系模式，也可以与 n 端对应的关系模式合并。如果转换为一个独立的关系模式，则与该联系相连的各实体的码以及联系本身的属性均转换为关系的属性，而关系的码为 n 端实体的码。

④ 一个 m:n 联系转换为一个关系模式。与该联系相连的各实体的码以及联系本身的属性均转换为关系的属性，而关系的码为各实体码的组合。

⑤ 三个或三个以上实体间的一个多元联系可以转换为一个关系模式。与该多元联系相连的各实体的码以及联系本身的属性均转换为关系的属性。而关系的码为各实体码的组合。

⑥ 具有相同码的关系模式可合并。

根据上述原则，上例的 E-R 图可转化为如下关系：

① 把每一个实体转换为一个关系，四个实体分别转换成四个关系模式。其中，有下画线者表示主键。

✧学生（学号，姓名，性别，生日）。

✧课程（课程号，课程名）。

✧教师（教师号，姓名，性别，职称）。

✧班级（班级号，班级名称，班主任）。

② 把每一个联系转换为关系模式，四个联系也分别转换成四个关系模式：

✧属于（教师号，系名）。

✧讲授（教师号，课程号）。

✧选修（学号，课程号，成绩）。

✧拥有（班级号，学号）。

③ 特殊情况的处理，三个或三个以上实体间的一个多元联系在转换为一个关系模式时，与该多元联系相连的各实体的主键及联系本身的属性均转换成为关系的属性，转换后所得到的关系的主键为各实体键的组合。例如，表示学生、课程、教师的选课关系，如图 14.18 所示，转换为关系：选修（学号，课程编号，教师编号）。

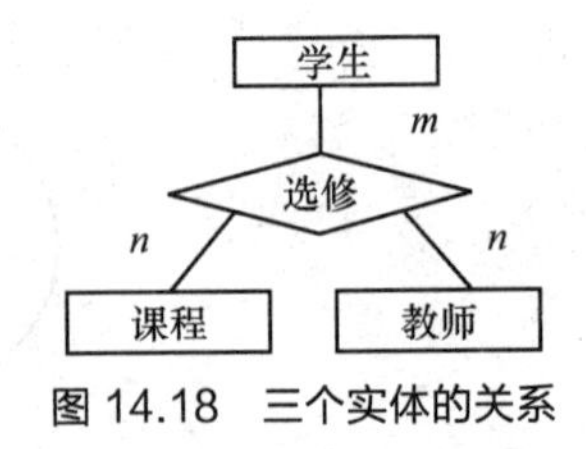

图 14.18　三个实体的关系

14.3.2　数据模型的优化

在第 13 章中介绍过，数据库逻辑设计的结果不是唯一的。为了进一步提高数据库应用系统的性能，还应该根据应用需要适当地修改、调整数据模型的结构，这就是数据模型的优化。关系数据模型的优化通常以规范化理论为指导，方法为：

① 确定数据依赖。

② 对于各个关系模式之间的数据依赖进行极小化处理，消除冗余的联系。

③ 按照数据依赖的理论对关系模式逐一进行分析，考察是否存在部分函数依赖、传递函数依赖、多值依赖等，确定各关系模式分别属于第几范式。

④ 按照需求分析阶段得到的处理要求，分析这些模式对于这样的应用环境是否合适，确定是否要对某些模式进行合并或分解。

⑤ 对关系模式进行必要的分解，提高数据操作的效率和存储空间的利用率。

并不是规范化程度越高的关系就越优。例如，当查询经常涉及两个或多个关系的连接运算，可以考虑将这几个关系合并为一个关系。因此在这种情况下，第二范式甚至第一范式更为合适。

14.3.3　设计用户子模式

将概念模型转换为全局逻辑模型后，还应该根据局部应用需求，结合具体 DBMS 的特点，设计用户的外模式。

目前关系数据库管理系统一般都提供了视图（View）概念，可以利用这一功能设计更符合局部用户需要的用户外模式。

定义数据库全局模式主要是从系统的时间效率、空间效率、易维护等角度出发。由于用户外模式与模式是相对独立的，因此在定义用户外模式时可以注重考虑用户的习惯与方便。包括：

① 使用更符合用户习惯的别名。

② 可以对不同级别的用户定义不同的 View，以保证系统的安全性。

③ 简化用户对系统的使用。

14.4 物理设计

数据库最终要存储在物理设备上。对于给定的逻辑数据模型，选取一个最适合应用环境的物理结构的过程，称为数据库物理设计。物理设计的任务是为了有效地实现逻辑模式，确定所采取的存储策略。设计物理数据库结构的准备工作主要有两点：

① 充分了解应用环境，详细分析要运行的事务，以获得物理数据库设计所需的参数。

② 充分了解所用 RDBMS 的内部特征，特别是系统提供的存取方法和存储结构。

数据库物理设计的内容主要包括以下几项。

14.4.1 确定关系模型的存取方法

确定数据库的存取方法，就是确定建立哪些存储路径以实现快速存取数据库中的数据。现行的 DBMS 一般都提供了多种存取方法，如索引法、HASH 法等。其中，最常用的是索引法。

索引虽然能提高查询的速度，但是为数据库中的每张表都设置大量的索引并不是一个明智的做法。这是因为增加索引也有其不利的一面：首先，每个索引都将占用一定的存储空间，如果建立聚簇索引（会改变数据物理存储位置的一种索引），占用需要的空间就会更大；其次，当对表中的数据进行增加、删除和修改的时候，索引也要动态地维护，这样就降低了数据的更新速度。

在创建索引的时候，一般遵循以下的一些经验性原则：

① 在经常需要搜索的列上建立索引。

② 在主关键字上建立索引。

③ 在经常用于连接的列上建立索引，即在外键上建立索引。

④ 在经常需要根据范围进行搜索的列上创建索引，因为索引已经排序，其指定的范围是连续的。

⑤ 在经常需要排序的列上建立索引，因为索引已经排序，这样查询可以利用索引的排序，加快排序查询的时间。

⑥ 在经常成为查询条件的列上建立索引。也就是说，在经常使用于 WHERE 子句中的列上面建立索引。

14.4.2 确定数据库的存储结构

确定数据库的存储结构主要指确定数据的存放位置和存储结构，包括确定关系、索引、日志、备份等的存储安排及存储结构，以及确定系统存储参数的配置。

确定数据存放位置是按照数据应用的不同将数据库的数据划分为若干类，并确定各类数据的大小和存放位置。数据的分类可依据数据的稳定性、存取响应速度、存取频度、数据共享程度、数据保密程度、数据生命周期的长短、数据使用的频度等因素加以区别。

确定数据存放的位置主要是从提高系统性能的角度考虑。由于不同的系统和不同应用环境有不同的应用需求，所以在此只列出一些启发性的规则：

① 在大型系统中，数据库的数据备份、日志文件备份等数据只在故障恢复时才使用，而且数据量很大，可以考虑放在磁带上。

② 对于拥有多个磁盘驱动器或磁盘阵列的系统，可以考虑将表和索引分别存放在不同的磁盘上，在查询时，由于两个磁盘驱动器分别工作，因而可以保证物理读写速度比较快。

③ 将比较大的表分别存放在不同的磁盘上，可以加快存取的速度，特别是在多用户的环

境下。

④ 将日志文件和数据库对象（表、索引等）分别放在不同的磁盘可以改进系统的性能。

由于各个系统所能提供的对数据进行物理安排的手段、方法差异很大，因此设计人员应该在仔细了解给定的 DBMS 在这方面提供了什么方法、系统的实际应用环境的基础上进行物理安排。

14.4.3 确定系统存储参数的配置

现行的许多 DBMS 都设置了一些系统的配置变量，供设计人员和 DBA（数据库管理员）进行物理的优化。在初始情况下，系统都为这些变量赋予了合理的初值。但是这些值只是从产品本身特性出发，不一定能适应每一种应用环境，在进行物理结构设计时，可以重新对这些变量赋值以改善系统的性能。以 Microsoft 公司的 SQL Server 2012 为例，它为用户提供的配置变量包括：同时使用数据库的用户数、同时打开的数据库对象数，使用的缓冲区长度、个数，数据库的大小，索引文件的大小，锁的数目等。

应该指出，物理结构设计对系统配置变量的调整只是初步的，在系统运行时还需要根据系统实际的运行情况做进一步的调整，以获得最佳的系统性能。

14.5 数据库的实施

数据库实施是指根据逻辑设计和物理设计的结果，在计算机上建立起实际的数据库结构、装入数据、进行测试和试运行的过程。数据库的实施主要包括以下工作：

① 建立实际数据库结构。DBMS 提供的数据定义语言（DDL）可以定义数据库结构。可使用第 3 章所讲的 SQL 定义语句中的 CREATE TABLE 语句定义所需的基本表，使用 CREATE VIEW 语句定义视图。

② 装入数据。装入数据又称为数据库加载（Loading），是数据库实施阶段的主要工作。在数据库结构建立好之后，就可以向数据库中加载数据了。

在加载数据时，必须先把这些数据收集起来加以整理，去掉冗余并转换成数据库所规定的格式，这样处理之后才能装入数据库。

③ 应用程序编码与调试。数据库结构建立好之后，就可以开始编制与调试数据库的应用程序，这时由于数据入库尚未完成，调试程序时可以先使用模拟数据。

④ 数据库试运行。应用程序编写完成，并有了一小部分数据装入后，应该按照系统支持的各种应用分别试验应用程序在数据库上的操作情况，这就是数据库的试运行阶段，或者称为联合调试阶段。在这一阶段要完成两方面的工作：

✧**功能测试**。实际运行应用程序，测试它们能否完成各种预定的功能。

✧**性能测试**。测量系统的性能指标，分析系统是否符合设计目标。

系统的试运行对于系统设计的性能检验和评价是很重要的，因为有些参数的最佳值只有在试运行后才能找到。如果测试的结果不符合设计目标，则应返回到设计阶段，重新修改设计和编写程序，有时甚至需要返回到逻辑设计阶段，调整逻辑结构。

⑤ 整理文档。完整的文件资料是应用系统的重要组成部分，在程序的编码调试和试运行中，应该将发现的问题和解决方法记录下来，将它们整理存档作为资料，供以后正式运行和改进时参考。

14.6 数据库的运行和维护

数据库试运行合格后，数据库开发工作就基本完成，可以投入正式运行了。在数据库运行阶段，对数据库经常性的维护工作主要由 DBA 完成。数据库运行和维护阶段的主要任务包括以下三项内容。

1. 维护数据库的安全性与完整性

按照设计阶段提供的安全规范和故障恢复规范，DBA 要经常检查系统的安全是否受到侵犯，根据用户的实际需要授予用户不同的操作权限。

数据库在运行过程中，由于应用环境发生变化，对安全性的要求可能发生变化，DBA 要根据实际情况及时调整相应的授权和密码，以保证数据库的安全性。

同样，数据库的完整性约束条件也可能会随着应用环境的改变而改变，这时 DBA 也要对其进行调整，以满足用户的要求。

另外，为了确保系统在发生故障时，能够及时地进行恢复，DBA 要针对不同的应用要求制订不同的转储计划，定期对数据库和日志文件进行备份，以使数据库在发生故障后恢复到某种一致性状态，保证数据库的完整性。

2. 监测并改善数据库性能

目前许多 DBMS 产品都提供了监测系统性能参数的工具，DBA 可以利用系统提供的这些工具，经常对数据库的存储空间状况及响应时间进行分析评价；结合用户的反应情况确定改进措施；及时改正运行中发现的错误；按用户的要求对数据库的现有功能进行适当的扩充。但要注意在增加新功能时应保证原有功能和性能不受损害。

3. 组织和构造数据库

数据库建立后，除了数据本身是动态变化以外，随着应用环境的变化，数据库本身也必须变化以适应应用要求。

数据库运行一段时间后，由于记录的不断增加、删除和修改，会改变数据库的物理存储结构，使数据库的物理特性受到破坏，从而降低数据库存储空间的利用率和数据的存取效率，使数据库的性能下降。因此，需要对数据库进行重新组织，即重新安排数据的存储位置，回收垃圾，减少指针链，改进数据库的响应时间和空间利用率，提高系统性能。这与操作系统对“磁盘碎片”的处理的概念相类似。

只要数据库系统在运行，就需要不断地进行修改、调整和维护。一旦应用变化太大，数据库重新组织也无济于事，这就表明数据库应用系统的生命周期结束，应该建立新系统，重新设计数据库。从头开始数据库设计工作，标志着一个新的数据库应用系统生命周期的开始。

PART 15 第15章 数据库应用程序设计

本章介绍数据库访问技术，分别介绍了使用VB语言、C#语言和Java语言操作SQL Server数据库，实现数据的查询、添加、修改、删除、读取等内容。通过本章的介绍，要求读者结合实际，能应用C#语言进行数据库应用程序开发。

15.1 数据库访问架构介绍

15.1.1 ODBC技术简介

ODBC（Open Database Connectivity）即开放数据库互联，是微软公司开放服务结构（Windows Open Services Architecture，WOSA）中有关数据库的一个组成部分，它建立了一组规范，并提供了一组对数据库访问的标准API（应用程序编程接口）。这些API利用SQL来完成其大部分任务。ODBC本身也提供了对SQL语言的支持，用户可以直接将SQL语句送给ODBC。

一个基于ODBC的应用程序对数据库的操作不依赖任何DBMS，不直接与DBMS打交道，所有的数据库操作由对应的DBMS的ODBC驱动程序完成。开放数据库互联（ODBC）为数据库应用程序访问异构型数据库提供了统一的数据存取API，应用程序不必重新编译、链接，就可以与不同的数据库管理系统（DBMS）相连。目前支持ODBC的有SQL Server、Oracle、Access、X-Base等10多种流行的DBMS。由此可见，ODBC的最大优点是能以统一的方式处理所有的数据库。

一个完整的ODBC由下列几个部件组成。

① 应用程序（Application），包括：

✧ ODBC管理器（Administrator）。该程序位于Windows控制面板（Control Panel）的32位ODBC内，其主要任务是管理安装的ODBC驱动程序和管理数据源。

✧驱动程序管理器（Driver Manager）。驱动程序管理器包含在ODBC32.DLL中，对用户是透明的，其任务是管理ODBC驱动程序，是ODBC中最重要的部件。

② ODBC API，如ODBC驱动程序，是一些DLL，提供了ODBC和数据库之间的接口。

③ 数据源。数据源包含数据库位置和数据库类型等信息，实际上是一种数据连接的抽象。

15.1.2 ADO技术简介

ADO（ActiveX Data Objects）是微软的强大的数据访问接口。它被设计用来同新的数据访问层OLE DB Provider一起协同工作，以提供通用数据访问(Universal Data Access)。OLE DB是一个低层的数据访问接口，用它可以访问各种数据源，包括关系型数据库、非关系型数据库、电子邮件、文件系统、文本和图形以及自定义业务对象等。

ADO 是高层数据库访问技术，相对于 ODBC 来说，具有面向对象的特点。下面介绍一下最重要的三个 ADO 的对象：

① Connection，用于表示和数据源的连接，以及处理一些命令和事务。

② Command，用于执行某些命令来进行诸如查询、添加、删除或更新记录的操作。

③ Recordset，用于处理数据源的记录集，它是在表中修改、检索数据的最主要的方法。一个 Recordset 对象由记录和列（字段）组成。

15.1.3 ADO.NET 简介

ADO.NET 是一组访问数据源的面向对象的类库。简单地理解，数据源就是数据库，它同时也能够是文本文件、Excel 表格或者 XML 文件。

ADO.NET 是用于和数据源打交道的.NET 技术，它包含了许多 Data Providers，分别用于访问不同的数据源，取决于它们所使用的数据库或者协议。ADO.NET 提供了访问数据源的公共方法，对于不同的数据源，它采用不同的类库，这些类库称为 Data Providers，并且通常是以数据源的类型以及协议来命名的。Data Providers 是一组提供访问指定数据源的基本类库（见表 15.1）。API 的开头字符表明它们支持的协议。

表 15.1 ADO.NET Data Providers

Data Provider	API 前缀	数据源描述
ODBC	Odbc	提供 ODBC 接口的数据源。一般是比较老的数据库
OleDb	OleDb	提供 OleDb 接口的数据源，比如 Access 或 Excel
Oracle	Oracle	Oracle 数据库
SQL	Sql	Microsoft SQL Server 数据库
Borland	Bdp	通用的访问方式能访问许多数据库，比如 Interbase、SQL Server、IBM DB2 和 Oracle

如果使用 OleDb Data Provider 连接一个提供 OleDb 接口的数据源，那么将使用的连接对象就是 OleDbConnection。同理，如果连接 ODBC 数据源或者 SQL Server 数据源就分别加上 Odbc 或者 Sql 前缀，即 OdbcConnection 或 SqlConnection。下面介绍一下 ADO.NET 中几个重要的对象。

1. SqlConnection 对象

要访问一个数据源，必须先建立一个到它的连接。这个连接里描述了数据库服务器类型、数据库名字、用户名、密码和连接数据库所需要的其他参数。Command 对象通过使用 Connection 对象来知道是在哪个数据库上面执行 SQL 命令。

2. SqlCommand 对象

连接数据库后就可以开始想要执行的数据库操作，这个是通过 Command 对象完成的，Command 对象一般被用来发送 SQL 语句给数据库。Command 对象通过 Connection 对象得知应该与哪个数据库进行连接。我们既可以用 Command 对象来直接执行 SQL 命令，也可以将一个 Command 对象的引用传递给 SqlDataAdapter，SqlDataAdapter 能包含一系列的 Command 对象，可以处理大量数据。

3. SqlDataReader 对象

许多数据库操作仅仅只是需要读取一组数据。通过 Data Reader 对象，可以获得从 Command 对象的 SELECT 语句得到的结果。Data Reader 返回的数据流被设计为只读的、单向的，只能按照一定的顺序从数据流中取出数据。读取性能高，但不能够操作取回数据，如果需要操作编辑数据，则需要使用 DataSet。

4. DataSet 对象

DataSet 对象用于表示那些存储在内存中的数据，它包括多个 DataTable 对象。DataTable 就像一个普通的数据库中的表一样，也有行和列，能够通过定义表和表之间的关系来创建从属关系。DataSet 主要用于管理存储在内存中的数据以及对数据的断开操作。注意，由于 DataSet 对象能被所有 Data Providers 使用，因此它不需要指定前缀。

5. SqlDataAdapter 对象

Data Adapter 通过断开模型来减少数据库调用的次数，把读取的数据缓存在内存中。当批量完成对数据库的读写操作并将改变写回数据库的时候，Data Adapter 会填充（Fill）DataSet 对象。Data Adapter 里包含了 Connection 对象，当对数据源进行读取或者写入的时候，Data Adapter 会自动地打开或者关闭连接。此外，Data Adapter 还包含对数据的 SELECT、INSERT、UPDATE 和 DELETE 操作的 Command 对象引用。如果我们为 DataSet 中的每一个 Table 都指定 Data Adapter，它将会帮你处理好所有连接、处理数据库的操作，我们所需要做的仅仅就是告诉 Data Adapter 什么时候读取或者写入数据库。

SqlConnection 对象用于管理与数据源的连接。SqlCommand 对象可以向数据源发送 SQL 命令。SqlDataReader 可以快速地从数据源获得只读的、向前的数据流。使用 DataSet 可以处理那些已经断开的数据（存储在内存中的），并通过 SqlDataAdapter 实现数据源的读取和写入。

15.1.4 JDBC 简介

JDBC（Java Data Base Connectivity）又称为 Java 数据库连接，是一种用于执行 SQL 语句的 Java API，可以为多种关系数据库提供统一访问，它由一组用 Java 语言编写的类和接口组成，使数据库开发人员能够编写数据库应用程序。

JDBC 可向各种关系数据发送 SQL 语句。有了 JDBC API，就不必为访问 SQL Server 数据库专门写一个程序，为访问 Oracle 数据库又专门写一个程序，或为访问 Sybase 数据库又编写另一个程序，程序员只需用 JDBC API 写一个程序就够了，它可向相应数据库发送 SQL 调用，用 JDBC 写的程序能够自动地将 SQL 语句传送给几乎任何一种数据库管理系统（DBMS）。

面向程序员的 JDBC API 可以完成的主要任务有：首先建立和数据源的连接，然后向其传送查询和修改等 SQL 命令，最后处理数据源返回的 SQL 执行的结果。在 JDBC API 中，有几个重要的类和接口，如表 15.2 所示。

表 15.2　JDBC API 中重要的类和接口

名称	解释
DriverManager	处理驱动的调入并且对产生新的数据库连接提供支持
Connection	代表对特定数据库的连接
Statement	代表一个特定的容器，容纳并执行一条 SQL 语句
ResultSet	控制执行查询语句得到的结果集

一个基本的 JDBC 程序开发包含如下步骤，如图 15.1 所示。

（1）设置环境，引入相应的JDBC类。
（2）选择合适的JDBC驱动程序并加载。
（3）实例化一个Connection对象。
（4）实例化一个Statement对象。
（5）用该Statement对象进行查询等操作。
（6）从返回的ResultSet对象中获取相应的数据。
（7）关闭Connection。

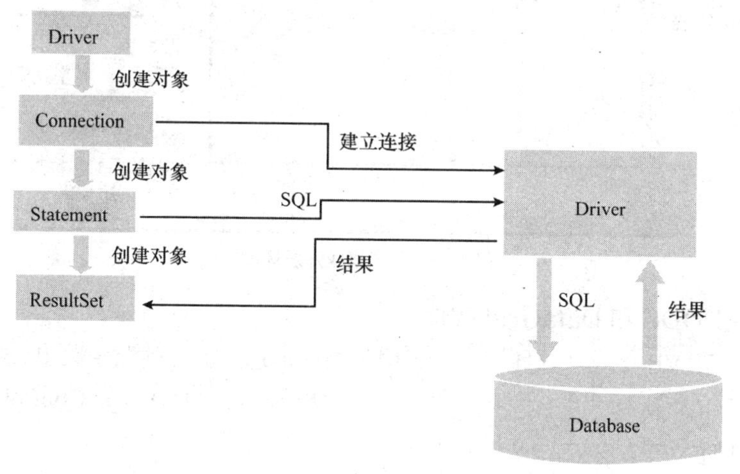

图15.1　JDBC应用程序开发步骤

15.2　VB操作SQL Server数据库

15.2.1　使用ADODC和DataGrid控件访问数据库

使用Adodc、DataGrid控件，不需要编写任何代码实现数据库的基本操作，下面介绍使用Adodc控件访问数据库的方法。

1．打开VB集成开发环境

操作方法：Windows开始菜单→所有程序→Microsoft Visual Basic 6.0中文版→Microsoft Visual Basic 6.0中文版→新建标准EXE→打开，打开VB集成开发环境，如图15.2至图15.4所示。

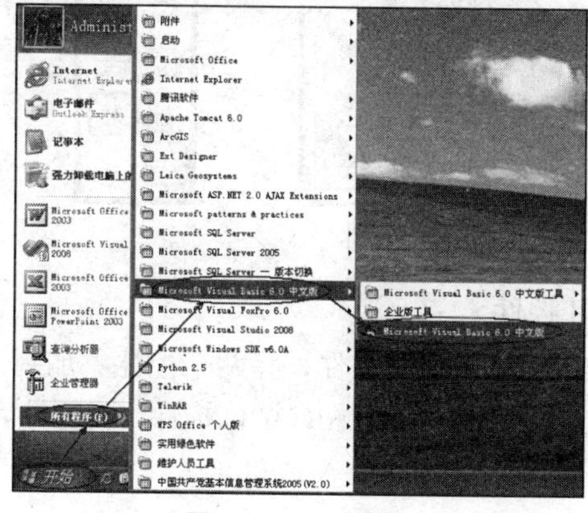

图15.2　启动VB

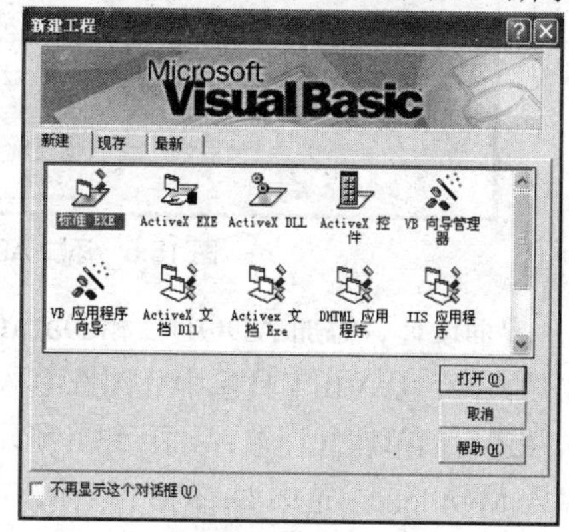

图15.3　新建标准EXE

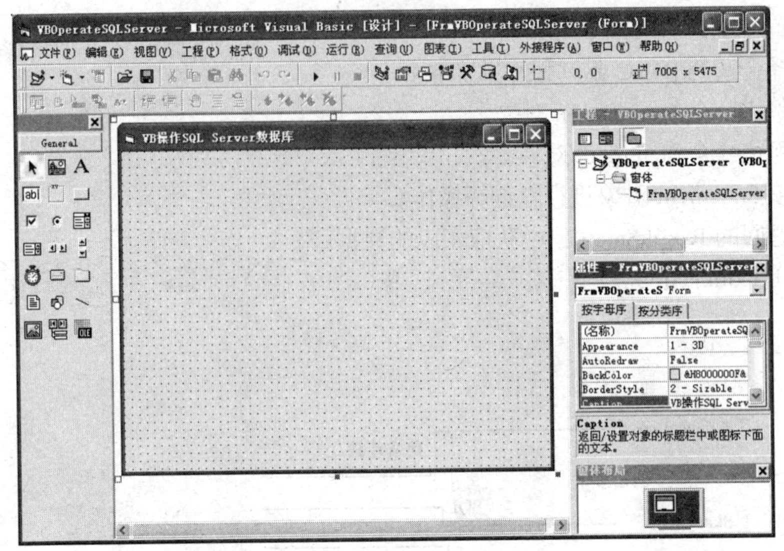

图 15.4　VB 集成开发环境

2. 添加 ADODC 和 DataGrid 控件

操作方法：在 VB 集成开发环境的“工程”菜单中选择“部件”子菜单，打开图 15.5 所示的“部件”对话框。在“部件”对话框中选中“Microsoft ADO Data Control 6.0 (OLEDB)”和“Microsoft DataGrid Control 6.0 (OLEDB)”。

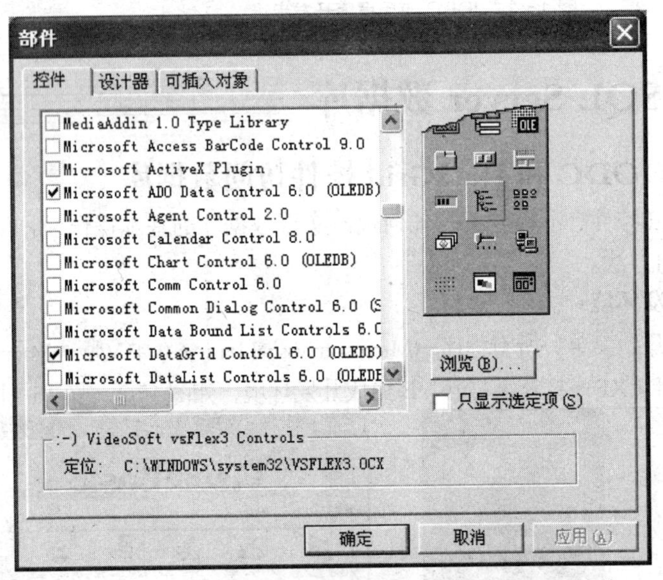

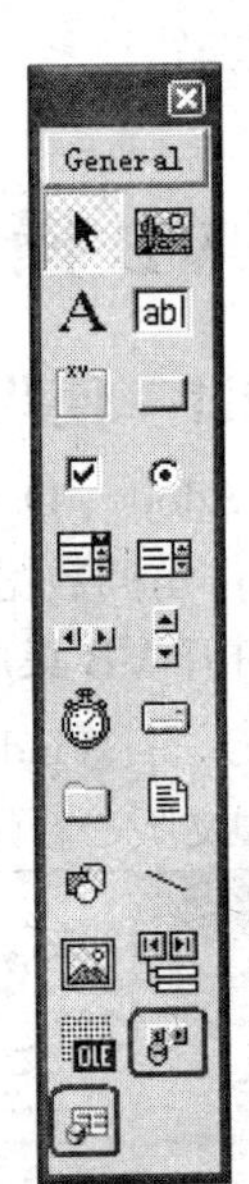

图 15.5　添加 ADODC 和 DataGrid 控件

3. 界面设计，添加 ADODC 和 DataGrid 控件

操作方法：从 VB 工具箱中分别选中 Adodc 和 DataGrid 控件，将两个控件添加到 VB 窗体上，并进行简单属性设置，如图 15.6 所示。修改名称：选中 ADODC 控件，在属性名称一栏中输入 MyAdodc。选中 DataGrid 控件，在属性一栏名称中输入 GrdInfo。

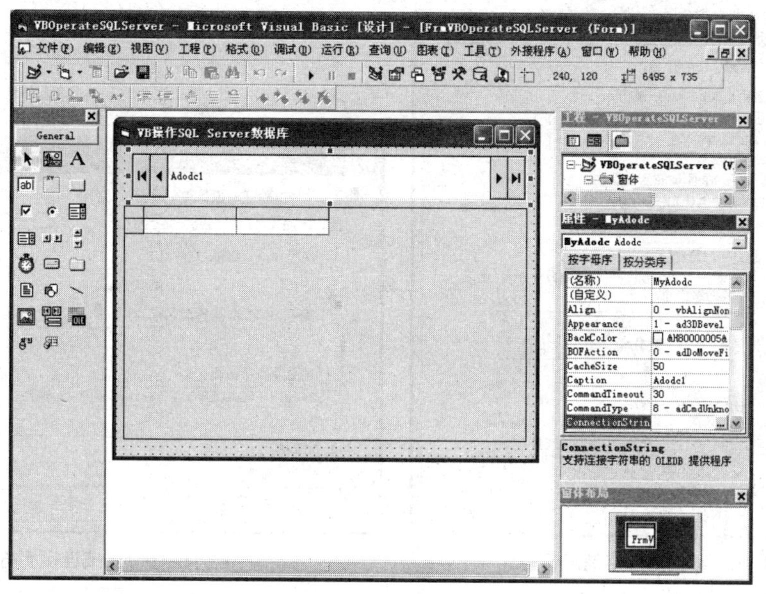

图 15.6 界面设计

4. 配置ADODC控件的基本属性

使用ADODC控件进行SQL Server数据库访问时，先要设置Adodc的ConnectionString属性，用于设置连接的数据库信息。

操作方法：选中ADODC控件，在“属性”窗格中选择ConnectionString属性，单击带三点的按钮，在弹出的“属性页”对话框中单击“生成”按钮，如图15.7所示。

在弹出的“数据链接属性”对话框中选择所需要的访问SQL Server的OLE DB提供程序（Microsoft OLE DB Provider for SQL Server），如图15.8所示。

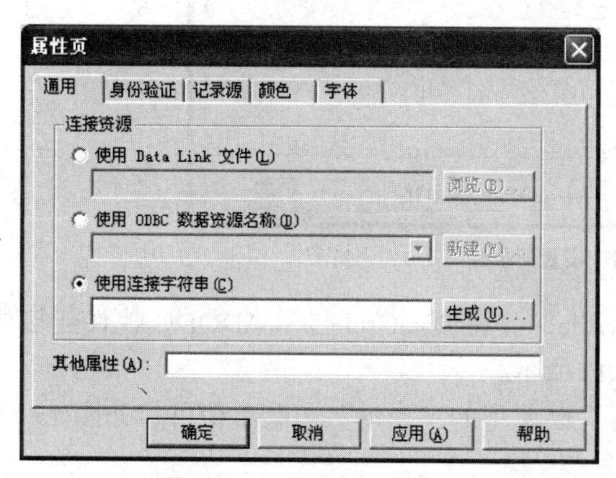

图 15.7 设置连接字符串

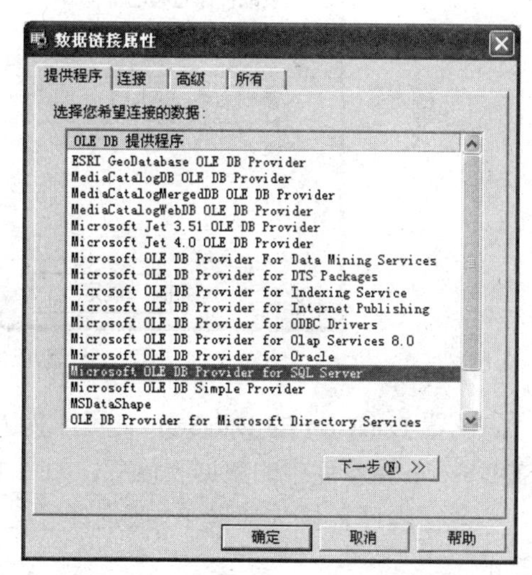

图 15.8 设置SQL Server驱动程序

单击“下一步”按钮，设置连接SQL Server服务器的名称、用户名、密码以及访问的数据库，如图15.9所示。注意：选中“允许保存密码”复选框，单击“测试连接”按钮，确保连接成功。

在图15.9所示的对话框中，单击“确定”按钮以生成连接字符串，如图15.10所示。

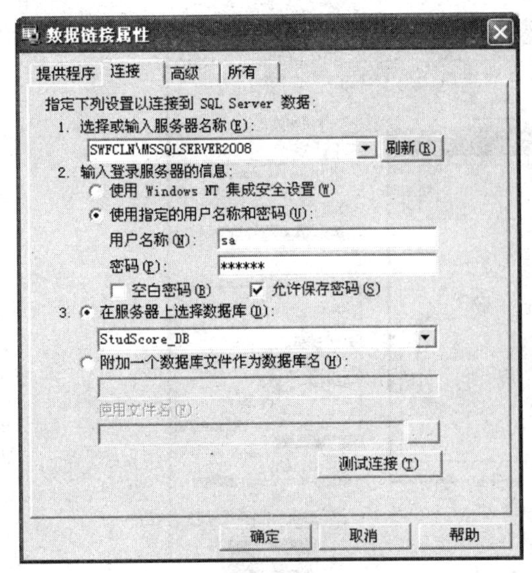

图 15.9 数据库连接信息设置

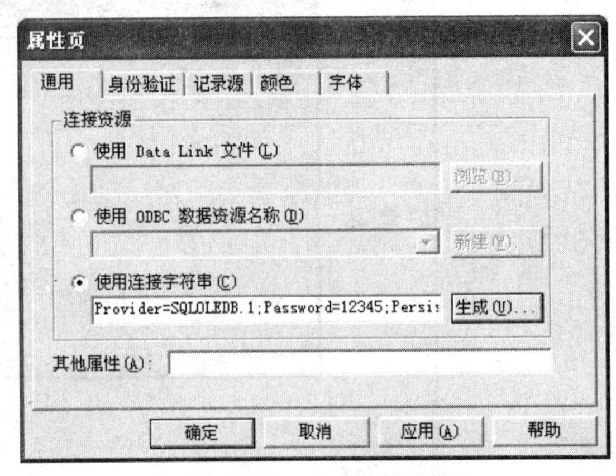

图 15.10 生成连接字符串

设置 ADODC 控件的记录源 RecordSource 属性，设置命令类型为“2 – adCmdTable”，即为 SQL Server 数据表类型，如图 15.11 所示。选择 SQL Server 数据表“StudInfo”。

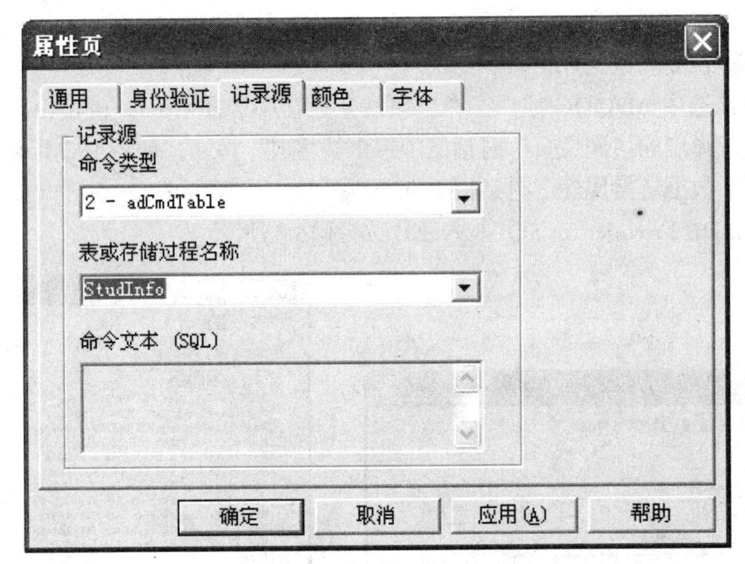

图 15.11 设置记录源

设置 DataGrid 的 DataSource 属性为 MyAdodc。让 DataGrid 显示 ADODC 控件连接的 SQL Server 数据库中的数据表信息，如图 15.12 所示。

运行程序，按快捷键 F5 或选择“运行”菜单下的“启动”子菜单即可，如图 15.13 所示。

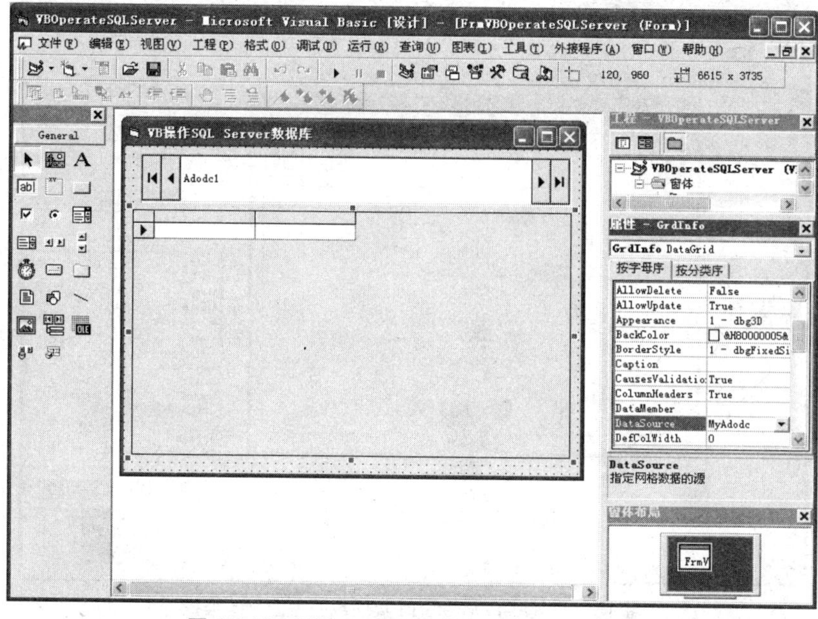

图 15.12 设置 DataGrid 的 DataSource 属性

VB操作SQL Server数据库

Adodc1

StudNo	StudName	StudSex	StudBirthDay
20050319001	任雪莹	女	1984-12-7
20050319002	刘明涛	男	1984-6-11
20050319003	石毅	男	
20050319004	陈燕	女	1985-2-18
20050319005	范文艳	女	1984-11-11
20050319006	冯静	女	
20050319007	赵晨	男	1984-4-27
20050319008	夏伟	男	1984-8-1
20050319009	张云鹏	男	1983-12-18
20050319010	赵锴锴	男	1985-10-4
20050319011	栾红韬	男	1984-8-18
20050319012	胡朝金	男	1986-12-27
20050319013	张海涛	男	1983-7-21
20050319014	梁昌杰	男	1986-3-6

图 15.13 VB 连接 SQL Server 显示数据

设置 DataGrid 属性 AllowAddNew、AllowUPDATE、AllowDELETE 为 True，以实现数据表记录的添加、更新和删除操作，如图 15.14 所示。

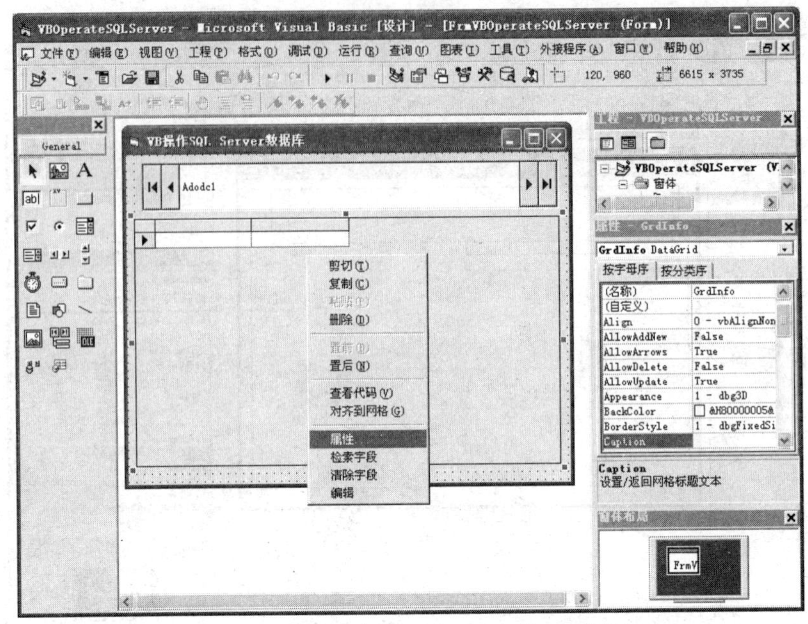

图 15.14　使用 DataGrid 实现数据表记录的维护

15.2.2　VB 程序操作 SQL Server 的方法

使用 VB 编程操作 SQL Server 数据表的基本步骤如下。

① 打开 VB：

开始→程序→Microsoft Visual Basic 6.0 中文版→Microsoft Visual Basic 6.0 中文版

② 引用 ADO 对象：

```
Microsoft ActiveX Data Objects 2.7 Library
```

③ 声明对象：

```
Dim rs AS New ADODB.Recordset
Dim Conn AS New ADODB.Connection
```

④ 打开数据库对象：

```
Dim StrConn AS String          --数据库连接字符串
StrConn = "Provider=SQLOLEDB.1;Password=12345;Persist Security Info=True;User ID=sa;Initial
Catalog=StudScore_DB;Data Source=SWFULN\SQLSERVER2012"
Conn.Open StrConn
```

⑤ 返回数据集：

```
Set Rs=Conn.Execute("SELECT * FROM StudInfo")
```

⑥ 操作 SQL 语句：

```
Conn.Execute "INSERT INTO StudInfo VALUES('99070499', '李明', '男', '1980-10-01', '990704') "
```

⑦ 关闭记录集对象、数据库连接对象：

```
RS.CLOSE
Conn.CLOSE
```

15.2.3　完全用程序操作 SQL Server 数据表

1．数据显示界面

使用程序实现启动窗体，显示 SQL Server 数据库中 StudInfo 数据表记录。添加 VB 窗体，设计图 15.15 所示的数据显示界面，并修改各控件的属性。

图 15.15　学生信息查询界面

双击窗体，在代码窗口的 Form_Load 事件中添加如下代码：

```
Dim StrConn AS String  '在 VB 通用声明中添加变量声明代码
Private Sub Form_Load()
StrConn = "Provider=SQLOLEDB.1;Password=12345;Persist Security Info=True;User ID=sa;Initial Catalog=StudScore_DB;Data Source=SWFULN\SQLSERVER2012"
MyAdodc.ConnectionString = StrConn          '设置连接字符串，MyAdodc 为 Adodc 控件名
MyAdodc.CommandType = adCmdTable            '设置 Adodc 返回类型
MyAdodc.RecordSource = "StudInfo"           '设置查询表名
Set GrdInfo.DataSource = MyAdodc            '绑定 DataGrid 到 Adodc 数据对象
MyAdodc.Refresh                             '刷新数据访问对象
GrdInfo.Refresh                             '刷新数据网格，GrdInfo 为 DataGrid 控件名称
End Sub
```

2．编写查询代码

在图 15.15 所示的设计界面中，双击“查询”命令按钮，添加如下代码：

```
Private Sub CmdQuery_Click()
Dim StrSql As String
StrSql = "SELECT * FROM StudInfo"
If TxtKey.Text <> "" Then
StrSql = StrSql + " WHERE StudNo='" + TxtKey.Text + "' OR StudName='" + TxtKey.Text + "'"
End If
MyAdodc.ConnectionString = StrConn          '设置连接字符串访问的数据库对象
MyAdodc.CommandType = adCmdUnknown          '设置 Adodc 的返回类型
MyAdodc.RecordSource = StrSql               '设置 SELECT 查询字符串
Set GrdInfo.DataSource = MyAdodc            '绑定 DataGrid 到 Adodc 数据对象
MyAdodc.Refresh                             '刷新数据访问对象
GrdInfo.Refresh                             '刷新数据网格控件
End Sub
```

3．编写添加记录代码

在图 15.15 所示的设计界面中，双击“添加”命令按钮，添加如下代码：

```
Private Sub CmdINSERT_Click()
Dim Conn As New ADODB.Connection            '定义连接对象 Conn
Dim StrSql As String
StrSql = "INSERT INTO StudInfo(StudNo,StudName,StudSex,StudBirthDay,ClassID) VALUES('" + TxtKey.Text + "','NewName','男',GetDate(),'990704')"   '使用 INSERT 语句拼接添加记录字符串
Conn.Open StrConn                           '打开数据库连接对象
```

```
Conn.Execute StrSql                                          '执行数据添加
Conn.Close                                                   '关闭数据库连接对象
Call CmdQuery_Click                                          '调用查询事件
End Sub
```


4. **循环读取记录**

设计 VB 数据读取界面，将学生姓名读取到下拉列表框 List1 中。在“读取”命令按钮单击事件中添加如下代码：

```
Private Sub CmdRead_Click()
Dim Conn As New ADODB.Connection
Dim rs As New ADODB.Recordset
Conn.Open StrConn                                            '打开数据库连接对象
Set rs = Conn.Execute("SELECT * FROM StudInfo")              '使用连接对象执行学生信息查询
Do Until rs.EOF
List1.AddItem rs("StudName")                                 '下拉列表框添加学生姓名值
rs.MoveNext
Loop
rs.Close                                                     '记录集对象关闭
Conn.Close
End Sub
```

15.3 C#操作 SQL Server 数据库

15.3.1 ADO.NET 访问 SQL Server 数据库的方法

在 Visual Studio.NET 2012 集成开发环境中提供了丰富的 ADO.NET 对象来访问数据库，下面简单介绍一下 ADO.NET 中的几个重要对象。

1. **连接对象**——Connection

连接对象用于提供与数据库的连接。

常用的连接对象如下。

✧ SqlConnection：只连接 SQL Server。

✧ OleDbConnection：连接支持 OLE DB 的任何数据源，如 SQL Server、Access、DB2 等。

✧ OdbcConnection：连接建立的 ODBC 数据源。

✧ OracleConnection：只连接 Oracle 数据库。

使用 SqlConnection 对象的基本步骤如下。

① 引用命名空间：

```
using System.Data.SqlClient;
```

② 使用构造函数实例化连接对象：

```
SqlConnection SqlConn=new SqlConnection(DB连接字符串);
```

方法：

```
Open()—打开一个连接。
```

示例：

```
SqlConn.Open();
Close()—关闭一个连接。
```

属性：

```
State—连接状态。
```

示例：

```
if(SqlConn.State==ConnectionState.Open)
    SqlConn.Close();
```

【例 15.1】 SqlConnection 对象示例。

```
    using System.Data.SqlClient;
    string  StrConn="Data  Source=SWFULN\SQLSERVER2012;Initial  Catalog=StudScore_DB;  User ID=sa;Password=12345;";
    SqlConnection SqlConn=new SqlConnection(StrConn);
    SqlConn.Open();
       //…//执行其他代码
    SqlConn.Close();
```

2. 数据适配器——DataAdapter

适配器：使用连接对象与数据源进行通信，用于在数据源和数据集之间交换数据。数据适配器需要有与数据源的打开的连接才能读写数据。

常用的数据适配器对象如下。

✧ SqlDataAdapter：只适用于 SQL Server。

✧ OleDbDataAdapter：适用于支持 OLE DB 的任何数据源，如 SQL Server、Access、DB2 等。

✧ OdbcDataAdapter：适用于建立的 ODBC 数据源。

✧ OracleDataAdapter：只适用于 Oracle 数据库。

使用 SqlDataAdapter 对象的基本步骤如下。

① 引用命名空间：

```
    using System.Data.SqlClient;
```

② 使用构造函数实例化适配器对象：

```
    SqlDataAdapter SqlAdapter=new SqlDataAdapter(查询语句,连接对象);
```

方法：

```
    Fill(数据集,表名)—将查询数据以指定表名填入数据集中。
```

示例：

```
    DataSet MyDataSet=new DataSet();
    SqlAdapter.Fill(MyDataSet,"MyTable");
```

【例 15.2】 SqlDataAdapter 对象示例。

```
    using System.Data.SqlClient;
    string StrConn="Data Source=SWFULN\SQLSERVER2012;Initial Catalog=StudScore_DB; User ID=sa; Password=12345";
    SqlConnection SqlConn=new SqlConnection(StrConn);
    string StrSql="SELECT * FROM StudInfo";
    SqlDataAdapter SqlAdapter=new SqlDataAdapter(StrSql,SqlConn);
```

3. 数据集——DataSet

数据集是从数据源检索的记录的缓存，一般配合数据适配器（DataAdapter）使用，调用数据适配器的 Fill 方法填充数据集。

使用 DataSet 对象的基本步骤如下。

① 引用命名空间：

```
    using System.Data;
```

② 使用构造函数实例化数据集对象：

```
    DataSet MyDataSet=new DataSet();
```

属性：

```
    Tables[表名]
```

示例：

```
    DataSet MyDataSet=new DataSet();
    SqlAdapter.Fill(MyDataSet,"MyTable");
    DataTable T_StudInfo=MyDataSet.Tables["MyTable"];
```

【例 15.3】DataSet 对象示例。

```
    using System.Data.SqlClient;
    string  StrConn="Data  Source=SWFULN\SQLSERVER2012;Initial  Catalog=StudScore_DB;  User ID=sa;Password=12345";
    SqlConnection SqlConn=new SqlConnection(StrConn);
    string StrSql="SELECT * FROM StudInfo";
    SqlDataAdapter SqlAdapter=new SqlDataAdapter(StrSql,SqlConn);
    DataSet MyDataSet=new DataSet();
    SqlAdapter.Fill(MyDataSet, "MyTable");
    DataTable T_StudInfo=MyDataSet.Tables["MyTable"];
```

【例 15.4】SQL Server 数据表显示示例。

```
    using System.Data.SqlClient;  //引用命名空间
                                  //添加一个 DataGridView 控件，命名为 GrdInfo
    string StrConn="Data Source=SWFULN\SQLSERVER2012;Initial Catalog=StudScore_DB; User ID=sa; Password=12345";
    SqlConnection SqlConn=new SqlConnection(StrConn);
    string StrSql="SELECT * FROM StudInfo";
    SqlDataAdapter SqlAdapter=new SqlDataAdapter(StrSql,SqlConn);
    DataSet MyDataSet=new DataSet();
    SqlAdapter.Fill(MyDataSet, "MyTable");
    GrdInfo.DataSource=MyDataSet.Tables["MyTable"];
```

4. 数据命令操作对象（Command）

命令对象：一般执行 SELECT、INSERT、UPDATE、DELETE 命令。必须与连接对象配合使用，且必须显示打开连接。

常用的数据命令对象如下。

✧ SqlCommand：只适用于 SQL Server。

✧ OleDbCommand：适用于支持 OLE DB 的任何数据源，如 SQL Server、Access、DB2 等。

✧ OdbcCommand：适用于建立的 ODBC 数据源。

✧ OracleCommand：只适用于 Oracle 数据库。

使用 Command 对象的基本步骤如下。

① 引用命名空间：

```
    using System.Data.SqlClient;
```

② 使用构造函数实例化数据命令对象：

```
    SqlCommand SqlComm=new SqlCommand(命令文本,连接对象);
```

方法：

```
    ExecuteNonQuery()—执行命令返回行数。
```

示例：

```
    int RCount=SqlComm.ExecuteNonQuery();
```

【例 15.5】SqlCommand 对象示例。

```
    string StrConn="Data Source=SWFULN\SQLSERVER2012;Initial Catalog=StudScore_DB; User ID=sa; Password=12345";
    SqlConnection SqlConn=new SqlConnection(StrConn);
    SqlConn.Open();
    string StrSql="INSERT INTO ClassInfo(ClassID,ClassName,ClassDesc) VALUES('20070101','信计07','Very Good')";
    SqlCommand SqlComm=new SqlCommand(StrSql,SqlConn);
    SqlComm.ExecuteNonQuery();
    SqlConn.Close();
```

5. SqlDataReader 对象

DataReader 从数据库中检索只读、只进的数据流，一般使用 SqlCommand 对象创建 SqlDataReader 对象。

【例 15.6】 使用数据命令对象 SqlCommand 创建 SqlDataReader 对象示例。

```
string StrSql="SELECT * FROM ClassInfo";
SqlCommand SqlComm=new SqlCommand(StrSql,SqlConn);
SqlDataReader SqlReader=SqlComm.ExecuteReader();
```

【例 15.7】 SqlDataReader 对象示例。添加一个 ListBox 控件，命名为 LstStudNo。

```
string StrConn="Data Source=SWFULN\SQLSERVER2012;Initial Catalog=StudScore_DB; User
ID=sa;Password=12345";
SqlConnection SqlConn=new SqlConnection(StrConn);
SqlConn.Open();
string StrSql="SELECT * FROM ClassInfo";
SqlCommand SqlComm=new SqlCommand(StrSql,SqlConn);
SqlDataReader SqlReader=SqlComm.ExecuteReader();
LstStudNo.Items.Clear();
while(SqlReader.Read()){
    LstStudNo.Items.Add(SqlReader["StudNo"].ToString());      //LstStudNo 为列表框
}
SqlReader.Close();
SqlConn.Close();
```

15.3.2 学生成绩管理系统的开发

打开 Visual Studio.Net 2012，新建 Visual C# Windows 应用程序，进行图 15.16 所示的数据查询界面设计。

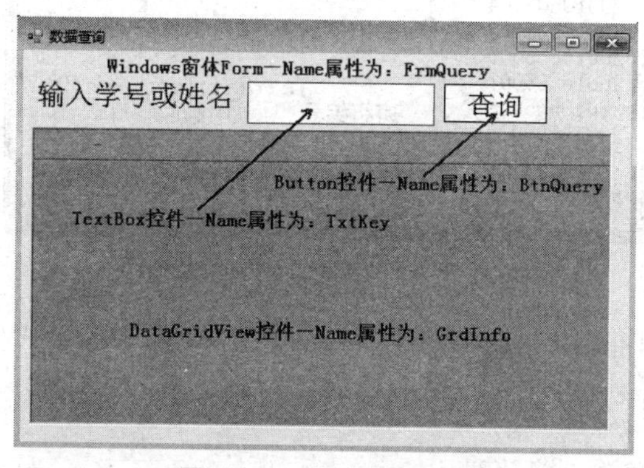

图 15.16 学生信息查询

1. 数据显示

双击窗体，在数据查询 Form_Load 事件代码中添加如下代码：

```
using System.Data;            //引用 Ado.net 数据命名空间
using System.Data.SqlClient;      //引入命名空间
private void FrmQuery_Load(object sender, System.EventArgs e)
{
    string StrConn="Data Source=SWFULN\SQLSERVER2012;Initial Catalog=StudScore_DB;User
ID=sa;Password=12345 ";           //定义数据库连接字符串
SqlConnection SqlConn=new SqlConnection(StrConn);
   string StrSql="SELECT * FROM StudInfo";
   SqlDataAdapter SqlAdapter=new SqlDataAdapter(StrSql,SqlConn);
   System.Data.DataSet MyDataSet=new DataSet();
   SqlAdapter.Fill(MyDataSet,"StudInfo");
```

```
GrdInfo.DataSource=MyDataSet.Tables["StudInfo"];
}
```

2. 查询记录

在图 15.15 所示的界面中双击“查询”按钮，添加如下代码实现学生信息查询：

```
private void BtnQuery_Click(object sender, System.EventArgs e)
{
   SqlConnection SqlConn=new SqlConnection(StrConn);
   string StrSql="SELECT * FROM StudInfo";
   if(TxtKey.Text!="")
   {
      StrSql+=" WHERE StudNo='"+TxtKey.Text +"' OR StudName='"+TxtKey.Text +"'";
   }
   SqlDataAdapter SqlAdapter=new SqlDataAdapter(StrSql,SqlConn);
   DataSet MyDataSet=new DataSet();
   SqlAdapter.Fill(MyDataSet,"StudInfo");
   GrdInfo.DataSource=MyDataSet.Tables["StudInfo"];
}
```

3. 读取记录

在学生成绩管理系统项目中添加“Windows 窗体”，进行学生数据库记录读取界面设计，如图 15.17 所示。

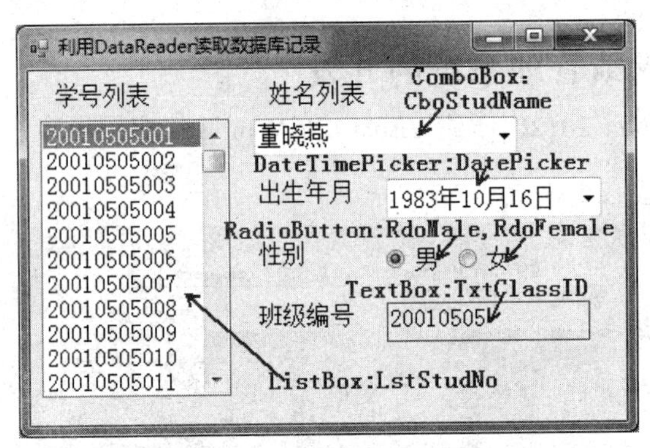

图 15.17　读取记录界面设计

在图 15.17 所示的界面中双击窗体，在 Form_Load 中添加如下代码：

```
private void FrmDataReader_Load(object sender, System.EventArgs e)
{
   StrConn=DataOperate.DBStrConn;
   SqlConnection SqlConn=new SqlConnection(StrConn);
   string StrSql="SELECT StudNo,StudName,StudSex,StudBirthDay,ClassID FROM StudInfo";
   SqlCommand SqlComm=new SqlCommand(StrSql,SqlConn);
   SqlConn.Open();
   SqlDataReader SqlReader=SqlComm.ExecuteReader();
   while(SqlReader.Read())
   {
         LstStudNo.Items.Add(SqlReader["StudNo"].ToString());
         CboStudName.Items.Add(SqlReader["StudName"].ToString());
   }
   SqlReader.Close();
   SqlConn.Close();
}
```

在图 15.17 所示的界面中双击列表框 LstStudNo，在 LstStudNo_SELECTedIndexChanged 事件中添加如下代码：

```
private void LstStudNo_SELECTedIndexChanged(object sender, System.EventArgs e)
{
    CboStudName.SelectedIndex=LstStudNo.SelectedIndex;
    SqlConnection SqlConn=new SqlConnection(StrConn);
    string StrSql="SELECT StudNo,StudName,StudSex,StudBirthDay,ClassID FROM StudInfo WHERE
StudNo='+LstStudNo.Text+'";
    SqlCommand SqlComm=new SqlCommand(StrSql,SqlConn);
    SqlConn.Open();
    SqlDataReader SqlReader=SqlComm.ExecuteReader();
    if(SqlReader.Read())
    {
        DatePicker.Value=(DateTime)SqlReader.GetValue(3);
        TxtClassID.Text=SqlReader["ClassID"].ToString();
        if(SqlReader["StudSex"].Equals("男"))
        {
                RdoMale.Checked=true;
        }
        else
                RdoFemale.Checked=true;
    }
    SqlReader.Close();
    SqlConn.Close();
}
```

4. 增加记录

在学生成绩管理系统项目中添加“Windows 窗体”，进行学生信息添加界面设计，如图 15.18 所示。

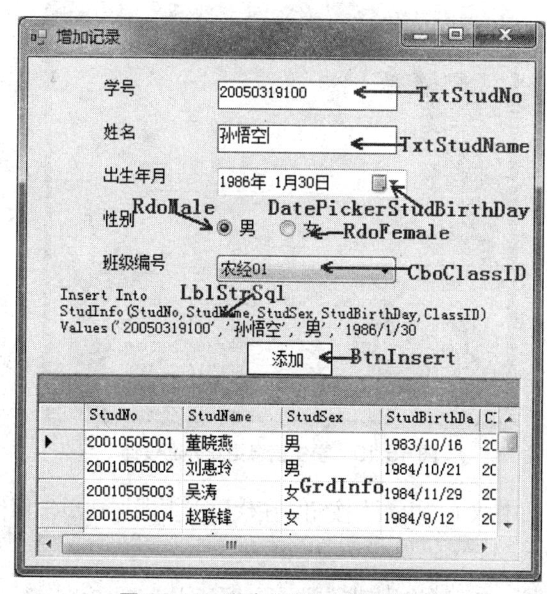

图 15.18 学生信息添加界面设计

在图 15.18 所示的界面中双击“添加”按钮，在代码编辑器按钮单击事件 BtnInsert_Click 中添加如下代码：

```
private void BtnInsert_Click(object sender, System.EventArgs e)
{
    string StrStudNo=TxtStudNo.Text;
    string StrStudName=TxtStudName.Text;
    string StrSex="男";
```

```
    if(RdoFemale.Checked)
        StrSex="女";
    string StrStudBirthDay=DatePickerStudBirthDay.Value.ToString(); ;
    string StrClassID=CboClassID.Text;
    string StrSql="INSERT INTO StudInfo(StudNo,StudName,StudSex,StudBirthDay, ClassID) VALUES(";
   StrSql+="'"+StrStudNo+"','"+StrStudName+"','"+StrSex+"','"+StrStudBirthDay+"','"+StrCl
assID+"')";
    LblStrSql.Text=StrSql;
        SqlConnection SqlConn=new SqlConnection(StrConn);
        SqlCommand SqlComm=new SqlCommand(StrSql,SqlConn);
    try
    {
            SqlConn.Open();
            SqlComm.ExecuteNonQuery();
            SqlComm.Dispose();
            SqlConn.Close();
    }
        catch(Exception ex)
    {
            MessageBox.Show(ex.Message.ToString());
            if(SqlConn.State==System.Data.ConnectionState.Open)
            SqlConn.Close();
        }
}
```

5. 更新记录

在图 15.17 所示的界面中添加“更新”按钮，如图 15.19 所示。

图 15.19　学生信息更新界面设计

在图 15.19 所示的界面中双击“更新”按钮，在代码编辑器按钮单击事件 BtnUpdate_Click 中添加如下代码：

```
private void BtnUpdate_Click(object sender, System.EventArgs e)
{
    string StrStudSex="男";
    if(RdoFemale.Checked)
        StrStudSex="女";
string StrSql="UPDATE StudInfo SET StudName='"+CboStudName.Text+"',
        StudSex='"+StrStudSex+"',StudBirthDay='"+DatePicker.Value+"',
        ClassID='"+CboClassID.SelectedItem+"'
        WHERE StudNo='"+LstStudNo.SelectedItem+"'";
    SqlConnection SqlConn=new SqlConnection(StrConn);
```

```
    SqlCommand SqlComm=new SqlCommand(StrSql,SqlConn);
    try
    {
            SqlConn.Open();
            SqlComm.ExecuteNonQuery();
            SqlComm.Dispose();
            SqlConn.Close();
      }
    catch(Exception ex)
      {
            MessageBox.Show(ex.Message.ToString());
            if(SqlConn.State==System.Data.ConnectionState.Open)
                SqlConn.Close();
    }
    }
```

6. 删除记录

在图 15.17 所示的界面中添加“删除”按钮，其设计界面如图 15.20 所示。

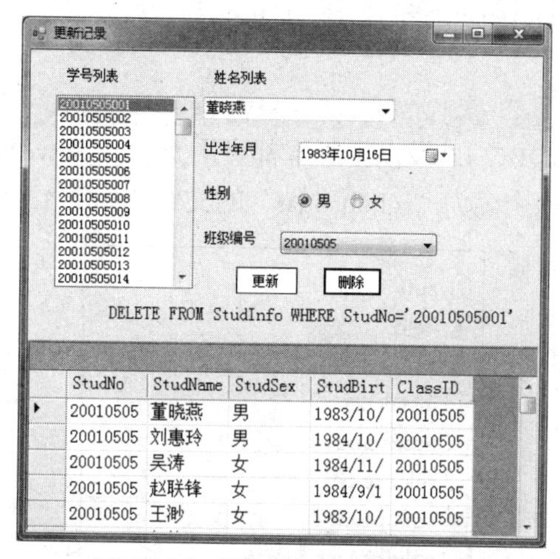

图 15.20 学生信息删除界面设计

在图 15.20 所示的界面中双击“删除”按钮，在代码编辑器按钮单击事件 BtnDelete_Click 中添加如下代码：

```
private void BtnDelete_Click(object sender, EventArgs e)
{
 string StrSql="DELETE FROM StudInfo WHERE StudNo='"+ LstStudNo.SelectedItem+"'";
   LblStrSql.Text=StrSql;
   SqlConnection SqlConn=new SqlConnection(StrConn);
   SqlCommand SqlComm=new SqlCommand(StrSql,SqlConn);
   try
   {
        SqlConn.Open();
        SqlComm.ExecuteNonQuery();
        SqlComm.Dispose();
        SqlConn.Close();
   }
   catch(Exception ex)
   {
        MessageBox.Show(ex.Message.ToString());
        if(SqlConn.State==System.Data.ConnectionState.Open)
            SqlConn.Close();
```

```
        }
    }
```

15.4 Java 操作 SQL Server 数据库

Java 语言是目前较流行的一种编程语言，本节主要讲述如何通过 Java 语言，使用 JDBC 连接数据库并操作其中的数据。

15.4.1 Java 读取数据库环境配置

① 要使用 Java 语言编程，首先需要下载一个 JDK（http://www.oracle.com/technetwork/java/index.html），安装完成之后，需要在系统中配置两个环境变量，将 JDK 安装目录下的 bin 目录和 JRE 安装目录下的 bin 目录配置到 path 环境变量中，将 JDK 安装目录下的 lib 目录配置到 classpath 环境变量中：

```
path:
  C:\Program Files (x86)\Java\jdk1.8.0_25\bin
  C:\Program Files (x86)\Java\jre1.8.0_25\bin
classpath:
  C:\Program Files (x86)\Java\jdk1.8.0_25\lib
```

② 下载一个 JDBC，JDBC 4.0 及以上版本都可用于 SQL Server 2012。下载之后将其解压缩，打开文件夹将会看到一个名为“sqljdbc4.jar”的文件，如图 15.21 所示。

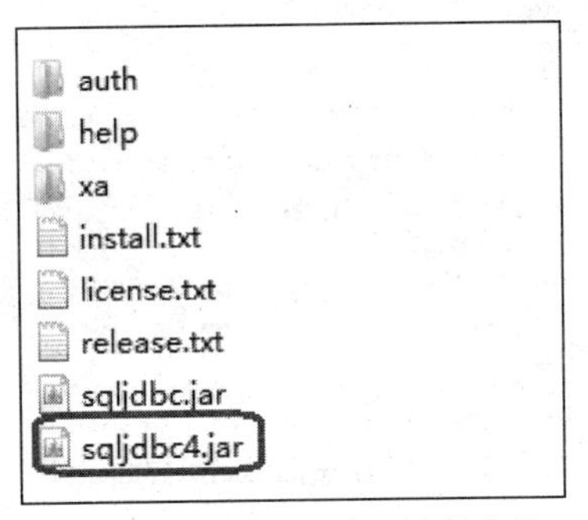

图 15.21　JDBC 压缩包内的文件

③ 下载 Java 开发环境 Eclipse 或者 MyEclipse，安装完成后打开，新建一个“Java Project”，如图 15.22 所示。项目名称为“sql_con”，新建的项目如图 15.23 所示。

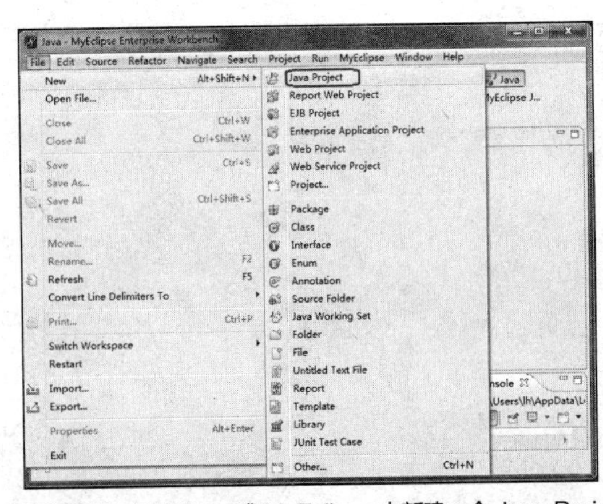

图 15.22　在 Eclipse 或 MyEclipse 中新建一个 Java Project

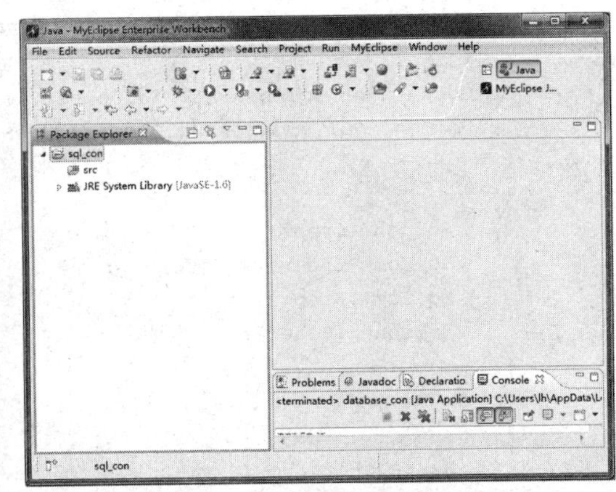

图 15.23　新建项目“sql_con”

④ 在“Project”菜单中选择“Properties”，选择左侧菜单中的“Java Build Path”，选择中间的“Libraries”选项卡，然后单击右侧的“Add External JARs”，如图 15.24 所示。在打开的对话框中，选择 JDBC 解压文件中的“sqljdbc4.jar”，如图 15.25 所示，打开，然后单击“OK”按钮。在项目资源管理器中，将会列出一个“Referenced Libraries”，其中包含了连接数据库所需要的 JAR 包文件，如图 15.26 所示。这表明，已经将连接数据库需要的 JDBC 文件包含到这个项目中。

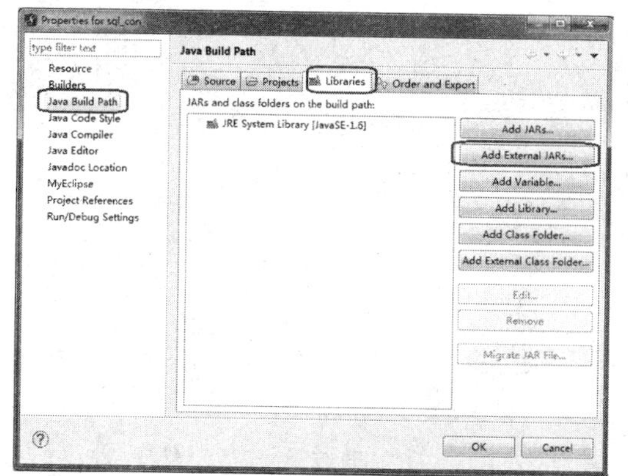

图 15.24 在项目中添加 JDBC JAR

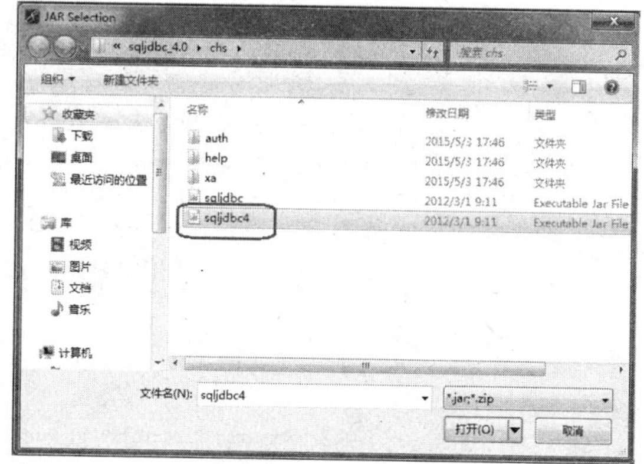

图 15.25 选择解压文件

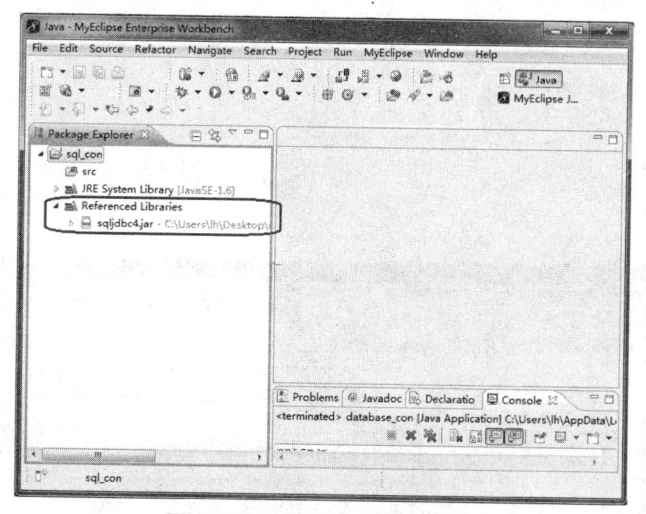

图 15.26 已添加的 JAR 包文件

15.4.2 Java 读取 SQL Server 数据表数据

确定要访问的数据库处于“连接”状态，并且确定 SQL Server 2012 是采用 SQL Server 身份验证方式。在 src 中新建一个 class，在类中，编写如下程序测试是否能访问数据库。运行该程序，运行结果如图 15.27 所示，表示数据库访问成功，并且访问了数据库“StudScore_DB”中的表“StudInfo”，查找出表中所有数据，并显示出第一列和第二列。代码中：

```
DatabaseName=被访问的数据库名
userName=SQL Server 身份验证用户名
userPwd=SQL Server 身份验证密码
```

测试代码如下：

```
import java.sql.*;
publicclass database_con {
```

```
publicstaticvoid main(String args[])
{
    String driverName="com.microsoft.sqlserver.jdbc.SQLServerDriver";
    String dbURL="jdbc:sqlserver://localhost:1433;DatabaseName=StudScore_DB";
    String userName="sa";
    String userPwd="123";
    try
    {
      Class.forName(driverName);
      Connection dbConn=DriverManager.getConnection(dbURL,userName,userPwd);
      System.out.println("连接数据库成功");
      String sql = "select * from StudInfo";
      Statement sm = dbConn.createStatement();
      ResultSet rs = sm.executeQuery(sql);
      System.out.println("-----------------");
      System.out.println("执行结果如下所示:");
      System.out.println("-----------------");
      System.out.println(" 学号" + "    " + " 姓名");
      System.out.println("-----------------");
    while(rs.next())
      {
          System.out.println(rs.getString(1) +"    "+ rs.getString(2));
      }
      rs.close();
      dbConn.close();
    }
    catch(Exception e)
    {
    System.out.println("连接数据库失败");
    }
  }
}
```

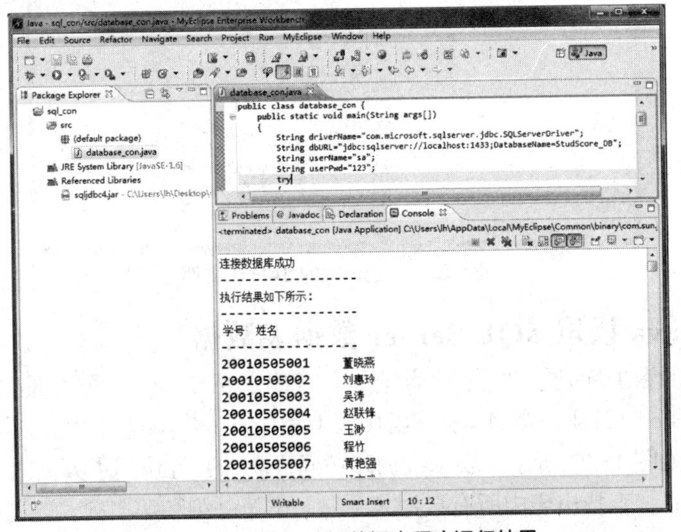

图 15.27　Java 访问数据库程序运行结果

PART 16 第16章 数据库应用综合实例

本章以高校学生选课系统的设计为案例，应用数据库设计理论介绍学生选课系统数据库设计的步骤和过程。

16.1 需求分析

为实现高校学生选课系统，分析用户需求，其语义定义如下：

（1）一个学生只能属于一个班级，一个班级可以有多个学生。

（2）一个教师可以讲授多门课程，同一门课程可被多个教师讲授。

（3）一个学生可选修多门课程，同一门课程可被多个学生选修。

16.1.1 用户需求分析

在高校学生选课系统中主要涉及三类用户：教务处管理员、教师和学生。

1. 系统管理员需求分析

在学生选课系统中，系统管理员扮演重要角色，其需求最为复杂，包括对学生、教师、课程信息的维护，教学任务安排，选课系统数据初始化，选课结果统计等，系统管理员具有该系统的最高权限。为了简化学生选课系统的复杂性，这里我们不考虑系统管理员的功能，假设所有信息都初始化完成。

2. 教师需求分析

教师登录该系统可查询所授课程的信息，可查看和打印选课名单，以及最后录入学生成绩等。

3. 学生需求分析

学生利用学号和密码可查看教师信息、课程信息、课程教学计划，参加选课、退改选课程、查看选课结果等。

通过需求分析，得到系统功能框图，如图16.1所示。

在功能分解时，不断细化数据流图。这里给出学生选课系统功能第0层和第1层数据流图，如图16.2和图16.3所示。

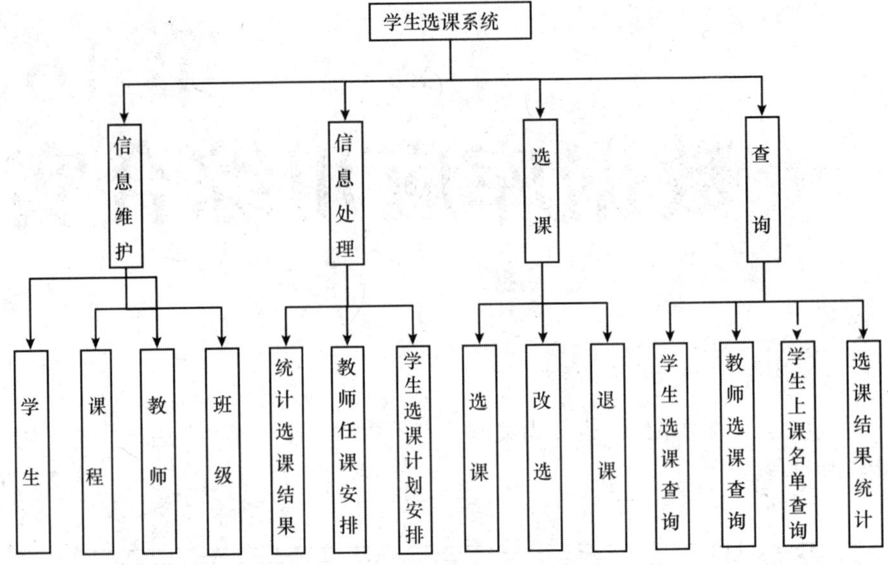

图 16.1　学生选课系统功能框图

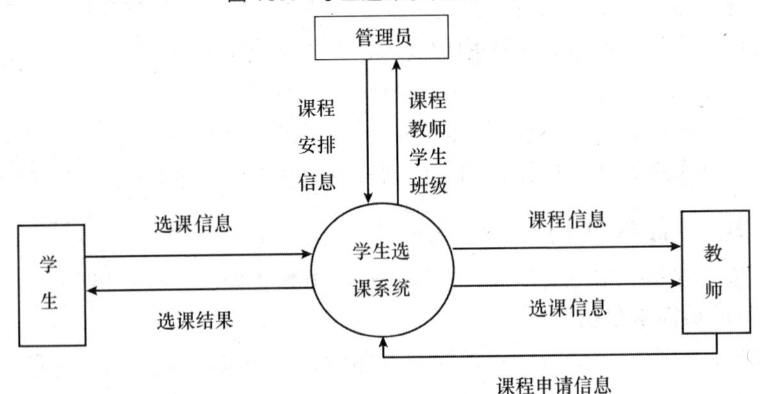

图 16.2　学生选课 DFD 图

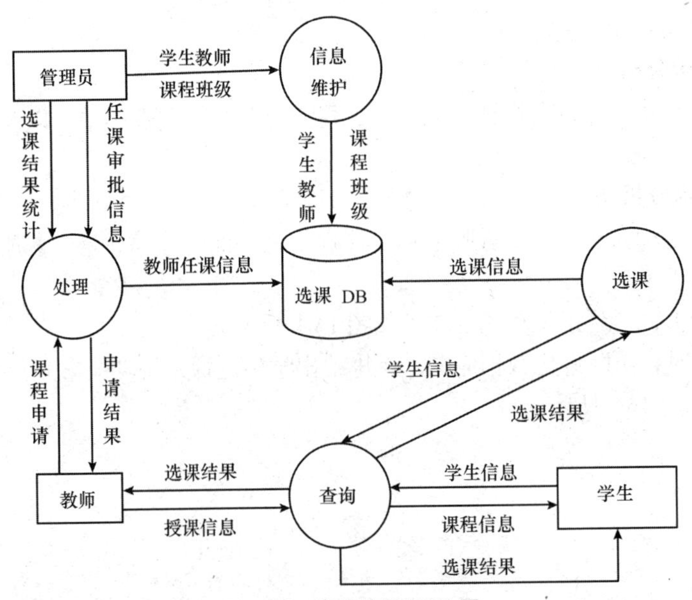

图 16.3　学生选课 DFD 图

16.1.2 选课管理系统数据字典

通过系统需求分析，选课系统涉及的数据项有 22 项，如表 16.1 所示。根据需求分析，将各数据项分割到不同的数据表，其数据表结构如表 16.2 所示。

表 16.1 数据项列表

数据项编号	数据项名	数据项含义	存储结构	别名
DI01	StudNo	学生学号	Varchar(15)	学号
DI02	StudName	学生姓名	Varchar(20)	姓名
DI03	StudSex	学生性别	Char(2)	性别
DI04	StudBirthDay	出生年月	Date	生日
DI05	ClassID	班级编号	Varchar(10)	编号
DI06	ClassName	班级名称	Varchar(50)	名称
DI07	Major	专业名称	Varchar(30)	专业
DI08	Department	院系名称	Varchar(30)	院系
DI09	ClassDesc	班级描述	Varchar(100)	描述
DI10	TeacherNo	教师编号	Varchar(15)	编号
DI11	TeacherName	教师姓名	Varchar(20)	姓名
DI12	TeacherSex	教师性别	Char(2)	性别
DI13	TeacherTitle	教师职称	Varchar(10)	职称
DI14	Department	所属院系	Varchar(10)	院系
DI15	CourseID	课程编号	Varchar(15)	编号
DI16	CourseName	课程名称	Varchar(50)	名称
DI17	CourseType	课程类别	Varchar(10)	类别
DI18	CourseCredit	课程学分	Numeric(3,1)	学分
DI19	CoursePeriod	课程学时	Int	学时
DI20	LimitPersonCount	限选人数	Int	限选人数
DI21	ElectedPersonCount	已选人数	Int	已选人数
DI22	StudScore	课程成绩	Numeric(5,2)	成绩

表 16.2 数据结构列表

数据结构编号	数据结构名	数据结构含义	组成
DS-1	StudInfo	学生信息	学号，姓名，性别，生日
DS-2	ClassInfo	班级信息	编号，名称，专业，部门，描述
DS-3	TeacherInfo	教师信息	编号，姓名，性别，职称，电话
DS-4	CourseInfo	课程信息	编号，名称，类型，学时，学分
DS-5	TeacherCourseInfo	教师任课信息	教师编号，课程编号，限选人数，已选人数
DS-6	StudScoreInfo	选课信息	学号，教师编号，课程编号，成绩

16.2 概念设计

概念设计主要是将需求分析阶段得到的用户需求抽象为信息结构（概念模型）的过程，它是整个数据库设计的关键。学生选课系统开发的总体目标是实现学生选课管理的系统化和自动化，缩短学生的等待时间，减轻工作人员的工作量，方便工作人员对它的操作，提高管理的质量和水平，做到高效、智能化管理，从而达到提高学生选课管理效率的目的。主要任务是对学生信息、课程信息、选课信息、教师信息等基本信息的操作及处理。概念设计阶段主要包括以下内容：

（1）选择中层数据流为切入点，通常选择实际系统中的子系统；

（2）设计分 E-R 图，即各子模块的 E-R 图；

（3）生成初步 E-R 图，通过合并方法，做到各子系统实体、属性、联系统一；

（4）生成全局 E-R 图，通过消除冲突等方面。

在本选课管理系统中，从第 1 层数据流程图下手。分析各层数据流图和数据字典，知道整个系统功能围绕"学生""管理员"和"教师"的处理。根据实体与属性间的两条准则：①作为"属性"，不能再具有需要描述的性质；②"属性"不能与其他实体具有联系。

16.2.1 建立局部 E-R 图

在学生选课系统概念设计过程中，采用自底向上的方法定义各局部应用的概念结构，然后集成各局部概念结构形成全局概念结构。如图 16.4 至图 16.6 所示。

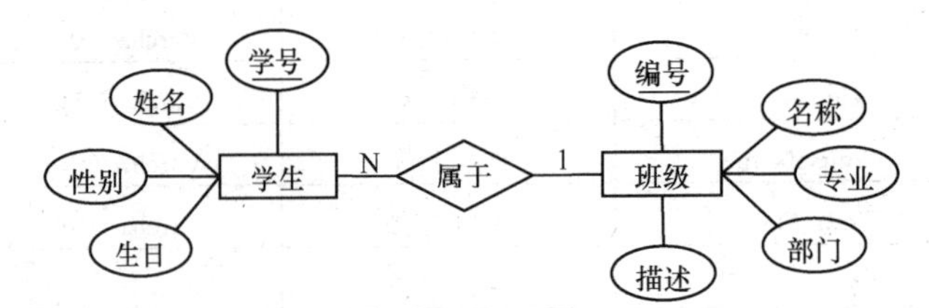

图 16.4 班级学生 E-R 图

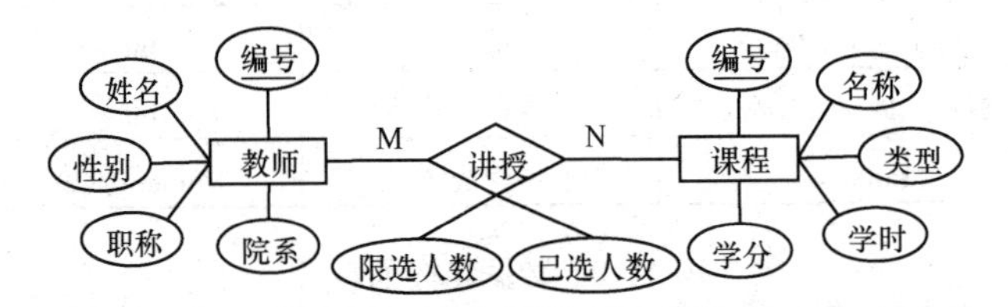

图 16.5 教师任课 E-R 图

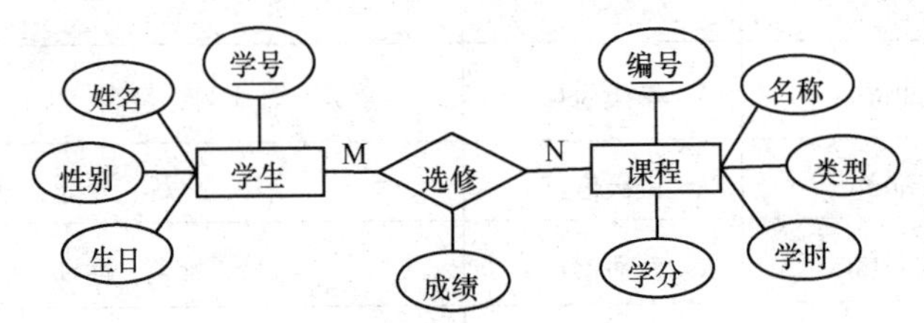

图 16.6 学生选课 E-R 图

16.2.2 建立全局 E-R 图

分析各局部 E-R 图，采用两两合并，形成初步 E-R 图，通过消除冲突，最终形成全局 E-R 图，如图 16.7 所示。在学生选课系统中，由于学生、教师和课程之间是三元关系，其形成的 E-R 图如图 16.8 所示。

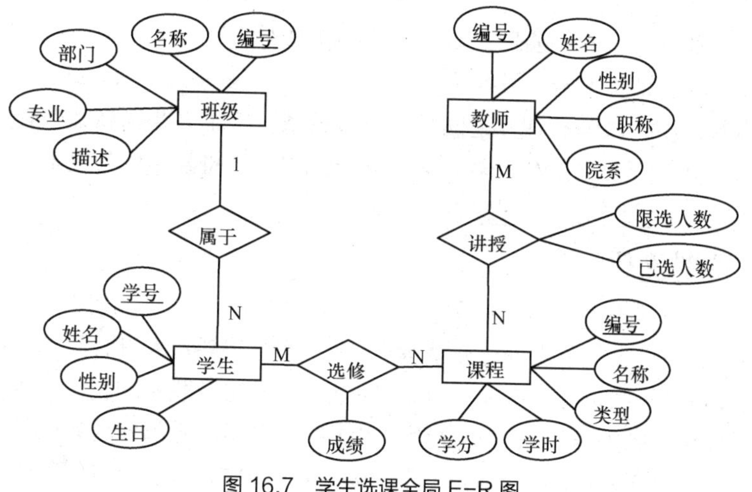

图 16.7 学生选课全局 E-R 图

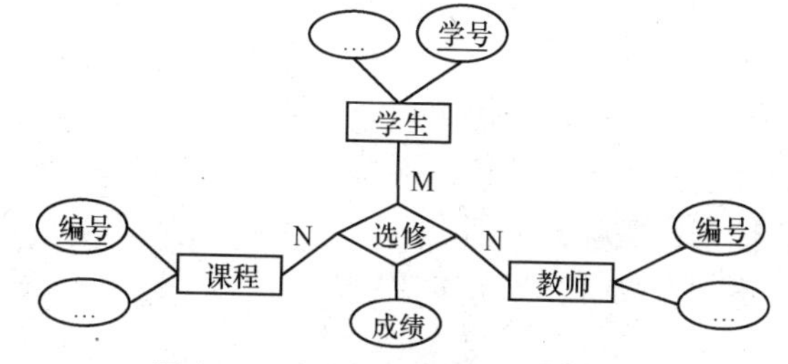

图 16.8 学生、课程和教师三元关系

16.3 逻辑设计

概念设计所得的 E-R 模型是对用户需求的一种抽象表达形式，这是独立于任何一种具体 DBMS 的数据模型。逻辑设计是将概念设计阶段设计好的基本 E-R 图转换为选用 DBMS 产品所支持的数据模型相符合的逻辑结构，然后根据逻辑设计的准则、数据的语义约束、规范化理论等对数据模型进行调整和优化。具体分为两个步骤：①E-R 转换为关系模型；②对关系模型进行优化。

16.3.1 将 E-R 图转换为关系模型

根据 E-R 模型向关系模型的转换规则一：每个实体类型转换为一个关系模式，实体的属性就是关系的属性，实体的键就是关系的关键字。从全局 E-R 图 16-7 可知，包括班级、学生、教师、课程实体，转换后得到如下关系模式，带下画线的属性为主属性。

班级（编号，名称，专业，部门，描述）

学生（学号，姓名，性别，生日）

教师（编号，姓名，性别，职称，电话）

课程（编号，名称，类型，学时，学分）

转换规则二：每个联系转换为一个关系模式，与该联系连接的实体的键、联系的属性即为该关系模式的属性。注意：对于一对多（1:*n*）的联系，*n* 端的键即可关系的关键字。对于多对多（*m*:*n*）的联系，*m* 端和 *n* 端实体键的组合为该关系的关键字。

班级学生（学号，班级编号）

教师任课（教师编号，课程编号，限选人数，已选人数）

学生选课（学号，课程编号，成绩）

在学生选课系统中，教师和课程之间是多对多关系，学生需要选修某个教师开设的某门课程，如图 16.8 所示，学生、课程和教师之间是三元关系，将其转化为关系模式为：

学生选课（学号，教师编号，课程编号，成绩）

16.3.2 模型优化

经过转化得到 4 个实体表、3 个关系表。注意在查找某个班级下的所有学生时，需要将班级、学生实体表与班级学生关系表进行连接运算，多个连接将耗费大量时间。在对一对多（1:*n*）联系进行转换时，将 1:*n* 联系与 *n* 端关系合并。1 端的关键字及联系的属性并入 *n* 端的关系模式中。通过模式优化，各关系模式中不存在非主属性对主属性的部分函数依赖，也不存在传递函数依赖，已经满足 3NF 的要求，最终关系模式如下（注：标有下画线的为主属性，标有波浪线的是外键属性）。

四个实体关系：

班级（编号，名称，专业，部门，描述）

学生（学号，姓名，性别，生日，电话，编号）

教师（编号，姓名，性别，职称，电话）

课程（编号，名称，类型，学时，学分）

二个关系模式：

教师任课（教师编号，课程编号，限选人数，已选人数）

学生选课（学号，教师编号，课程编号，成绩）

16.3.3 数据库模式定义

通过以上的 E-R 图到关系模式的转换和模型优化，结合需求分析的语义定义、数据类型、数据长度、取值范围，得出以下数据模式，如表 16.3 至表 16.8 所示。

表 16.3 班级信息表（ClassInfo）

字段名称	数据类型	字段长度	是否为空	PK	字段描述	举例
ClassID	Varchar	10		Y	班级编号	20000704
ClassName	Varchar	50			班级名称	计算机 2000
Major	Varchar	30			专业名称	软件
Department	Varchar	30			院系名称	计信学院
ClassDesc	Varchar	100	Y		班级描述	计算机怎样

表 16.4 学生信息表（StudInfo）

字段名称	数据类型	字段长度	空值	PK	字段描述	示例
StudNo	Varchar	15		Y	学生学号	20050319001
StudName	Varchar	20			学生姓名	李明
StudSex	Char	2			学生性别	男
StudBirthDay	Date		Y		出生年月	1980-10-3
ClassID	Varchar	10			班级编号	20050319

表 16.5 教师信息表（TeacherInfo）

字段名称	数据类型	字段长度	空值	PK	字段描述	示例
TeacherNo	Varchar	15		Y	教师编号	T001203
TeacherName	Varchar	20			教师姓名	张三
TeacherSex	Char	2			教师性别	男
TeacherTitle	Varchar	10	Y		教师职称	教授
Department	Varchar	10			所属院系	计信学院

表 16.6 课程信息表（CourseInfo）

字段名称	数据类型	字段长度	是否为空	PK	字段描述	举例
CourseID	Varchar	15		Y	课程编号	A0101
CourseName	Varchar	50			课程名称	SQL Server
CourseType	Varchar	10			课程类别	C
CourseCredit	Numeric	3,1			课程学分	2.5
CoursePeriod	Int				课程学时	48

表 16.7 教师任课信息表（TeacherCourseInfo）

字段名称	数据类型	字段长度	是否为空	PK	字段描述	举例
TeacherNo	Varchar	15		Y	教师编号	T001203
CourseID	Varchar	15		Y	课程编号	A0101
LimitPersonCount	Int				限选人数	80
ElectedPersonCount	Int				已选人数	65

表 16.8 学生选课表（StudElectCourseInfo）

字段名称	数据类型	字段长度	是否为空	PK	字段描述	举例
StudNo	Varchar	15		Y	学生学号	20050319001
TeacherNo	Varchar	15		Y	教师编号	T001203
CourseID	Varchar	15		Y	课程编号	A0101
StudScore	Numeric	5,2			课程成绩	90.55

16.4 物理设计

物理结构依赖于给定的 DBMS 和硬件系统，因此设计人员必须充分了解所用关系数据库管理系统（RDBMS）的内部特征、存储结构、存取方法。数据库的物理设计通常分为两步：第一，确定数据库的物理结构；第二，权衡空间效率和时间效率。

确定数据库的物理结构包含如下四方面的内容：

（1）确定数据的存储结构。

（2）设计数据的存取路径。

（3）确定数据的存放位置。

（4）确定系统配置。

数据库物理设计过程中需要对时间效率、空间效率、维护代价和各种用户要求进行权衡，选择一个优化方案作为数据库物理结构。在数据库物理设计中，最有效的方式是集中地存储和检索对象。

在学生选课系统中，选用 SQL Server 2012 作为数据库管理系统平台，对于经常查询的学号、姓名、课程编号、课程名称、教师编号、教师姓名、班级编号、班级名称属性等需要考虑建立索引。

16.5 数据库实施

数据库实施过程包括三方面的内容：①建立数据库结构；②载入实验数据，调试应用程序；③装入实际数据。

16.5.1 建立数据库结构

建立数据库、数据表、视图、索引、存储过程等 DDL 定义，并完成完整性、安全性等要求；可用 DDL 语言或 SQL 脚本任意一种形式表现。作者可参考本书第 3 章、第 5 章、第 6 章、第 9 章的内容，这里不再赘述。

16.5.2 载入实验数据

数据库设计是一个反复的过程，在设计过程需要装入实验数据进行反复测试，检查是否满足客户需求。实验数据可以是实际的数据，也可以是随机的数据。在数据选取时，测试数据应尽可能充分反映实际应用的各种情况。

16.5.3 载入实际数据试运行

在数据库经过载入实验数据测试后，加载实际数据进行数据库试运行阶段，测试数据库的系统性能，优化数据库。

16.6 数据库运行与维护

数据库试运行合格后，数据库开发工作就基本完成，可以投入正式运行了。但是，由于应用环境在不断变化，数据库运行过程中的物理存储也会不断变化。对数据库设计进行评价、调整、修改等维护工作是一个长期的任务，也是设计工作的继续和提高。

在数据库运行阶段，对数据库经常性的维护工作主要是由DBA完成的，它包括：

（1）数据库性能的检测与改善；

（2）数据库的转储与恢复；

（3）数据库安全性和完整性控制；

（4）数据库的重组和重构。

在数据库设计完成后，下一步工作是学生选课应用系统开发。由于涉及多个学生同时在线选课，系统应该采用B/S开发模式，可选用流行的Java、CSharp、Php进行应用程序开发，这里不再介绍学生选课系统的开发内容，感兴趣的读者可参考网络应用程序开发的相关图书。

上机实验指导

练习一 使用 SQL Server Management Studio 维护数据库和数据表

◆上机目的

1. 了解 SQL Server 2012 的安装。
2. 掌握 SQL Server 2012 的启动与退出。
3. 掌握 SQL Server Management Studio 的基本操作。
4. 掌握数据库、数据表的查看方法。
5. 掌握利用 SQL Server Management Studio 创建数据库、数据表的基本操作方法。

◆上机内容

1. 启动 SQL Server Management Studio，新建一个学生成绩管理数据库，数据库名为“姓名开头字母+学号_StudScore_DB”，例如：学生姓名为李明，学号为 20050319001，则数据库名为 Lm20050319001_StudScore_DB。具体操作步骤请查阅本书第 2 章 2.2.4 节“管理数据库”的内容。

2. 展开自己创建的数据库（如 Lm20050319001_StudScore_DB），创建下列数据表（见表 1 至表 4）。具体操作步骤请查阅本书第 2 章 2.2.5 节“管理数据表”的内容。

表 1　学生信息表（StudInfo）

字段名称	数据类型	字段长度	是否为空	PK	字段描述	举例
StudNo	Varchar	15		Y	学生学号	20050319001
StudName	Varchar	20			学生姓名	李明
StudSex	Char	2			学生性别	男
StudBirthDay	Date		Y		出生年月	1980-10-1
ClassID	Varchar	10			班级编号	20050319

表 2　班级信息表（ClassInfo）

字段名称	数据类型	字段长度	是否为空	PK	字段描述	举例
ClassID	Varchar	10		Y	班级编号	20050319
ClassName	Varchar	50			班级名称	会计 05
ClassDesc	Varchar	100	Y		班级描述	非常好

表 3　课程信息表（CourseInfo）

字段名称	数据类型	字段长度	是否为空	PK	字段描述	举例
CourseID	Varchar	15		Y	课程编号	A0101
CourseName	Varchar	50			课程名称	SQL Server
CourseType	Varchar	10			课程类别	C
CourseCredit	Numeric	3,1			课程学分	2.5
CourseDesc	Varchar	100	Y		课程描述	SQL Server

表 4　学生成绩信息表（StudScoreInfo）

字段名称	数据类型	字段长度	是否为空	PK	字段描述	举例
StudNo	Varchar	15		Y	学生学号	20050319001
CourseID	Varchar	15		Y	课程编号	A0101
StudScore	Numeric	4,1			学生成绩	80.5

3. 添加举例中的数据表记录，具体操作步骤请查阅本书第 2 章 2.2.6 节“编辑数据表记录”的内容。

练习二　使用 SQL 语句创建数据表和操作数据

◆上机目的

1. 掌握 CREATE TABLE 创建数据表的基本语法。
2. 掌握约束的使用方法（PRIMARY KEY、CHECK、FOREIGN KEY）。
3. 掌握 INSERT、UPDATE、DELETE 记录操作语句的使用方法。
4. 掌握 SELECT 简单查询语句的使用方法。

◆上机内容

1. 打开 SQL Server Management Studio，找到自己练习一上机创建的数据库。如果第一次作业没有创建数据库，则新建一个学生成绩管理数据库，数据库名为“姓名开头字母+学号_StudScore_DB。例如：学生姓名为李明，学号为 20050319001，则数据库名为 Lm20050319001_StudScore_DB。

2. 下面是学生成绩管理系统的部分数据表结构，请找到自己创建的数据库，新建查询编辑窗口，使用 CREATE TABLE 语句创建下面四张表（见表 5 至表 8），若数据库中已存在该表，请用 DROP TABLE 删除表，再用 SQL 语句创建（注：将所有创建表语句、INSERT 添加记录语句等在 SQL Server 新建查询编辑窗口中执行后的语句自己保存，以备检查）。

表 5　学生信息表（StudInfo）

字段名称	数据类型	字段长度	约束	是否为空	PK	字段描述	举例
StudNo	Varchar	15			Y	学生学号	2000070470
StudName	Varchar	20				学生姓名	李明
StudSex	Char	2	'男', '女'			学生性别	男
StudBirthDay	Date			Y		出生年月	1980-10-3
ClassID	Varchar	10	ClassInfo 表的外键			班级编号	20000704

表 6　班级信息表（ClassInfo）

字段名称	数据类型	字段长度	是否为空	PK	字段描述	举例
ClassID	Varchar	10		Y	班级编号	20000704
ClassName	Varchar	50			班级名称	计算机 2000
ClassDesc	Varchar	100	Y		班级描述	计算机专业好

表 7　课程信息表（CourseInfo）

字段名称	数据类型	字段长度	是否为空	PK	字段描述	举例
CourseID	Varchar	15		Y	课程编号	A0101
CourseName	Varchar	50			课程名称	SQL Server
CourseType	Varchar	10			课程类别	C
CourseCredit	Numeric	3,1			课程学分	2.5
CourseDesc	Varchar	100	Y		课程描述	SQL Server

表 8　学生成绩信息表（StudScoreInfo）

字段名称	数据类型	字段长度	约束	PK	字段描述	举例
StudNo	Varchar	15		Y	学生学号	2000070470
CourseID	Varchar	15		Y	课程编号	A0101
StudScore	Numeric	4,1	[0,100]		学生成绩	80.5

打开 SQL Server Management Studio，新建查询窗口，在查询编辑器中创建表示例：

（1）创建学生信息表（StudInfo）

```
--如果学生信息表 STUDINFO 存在，则用 DROP TABLE 语句删除 StudInfo 表
--DROP TABLE STUDINFO
CREATE TABLE StudInfo
(
    StudNo varchar(15) primary key,                          --主键约束
    StudName varchar(20) not null,
    StudSex Char(2) check(StudSex in ('男','女')),            --Check 约束
    StudBirthDay Date null,
  ClassID varchar(10) references ClassInfo(ClassID)  --外键约束
```

```
)
--直接执行以上语句会出错，先执行下面语句
--DROP TABLE CLASSINFO
CREATE TABLE ClassInfo
(
ClassID Varchar(10) primary key,
ClassName varchar(50) not null,
ClassDesc varchar(100) null,
)
--再执行 CREATE TABLE STUDINFO 则成功，想想为什么
```

（2）创建任课教师信息表(TeacherCourseInfo)

```
CREATE TABLE TeacherCourseInfo
(
TeacherNo Varchar(10),
CourseID Varchar(10),
Constraint PK_T_C primary key(TeacherNo,CourseID)   --复合主键约束
)
```

3. 使用 INSERT 语句向数据表中添加以下记录（见表 9 至表 11），注意每条记录对应一条 INSERT 语句。

表 9　学生信息表（StudInfo）中的数据

StudNo	StudName	StudSex	StudBirthDay	ClassID
2000070401	黄××	男	1986-01-01	20000704
2000070402	朱××	男	1984-08-19	20000704
2000070403	李××	女	1985-04-08	20000704
2000070404	刘××	男	1984-05-23	20000704
2000070405	张××	女	1983-04-16	20000704

表 10　班级信息表（ClassInfo）中的数据

ClassID	ClassName	ClassDesc
20000704	Computer2000	Very Good
20010704	Computer2001	That's right

表 11　学生成绩信息表（StudScoreInfo）中的数据

StudNo	CourseID	StudScore
2000070401	A000004	75.0
2000070401	A010001	66.0
2000070401	A010012	71.0
2000070402	A000001	80.0
2000070402	A000004	85.0

4. 用 UPDATE 更新学号为'2000070401'并且课程编号为'A010001'的成绩为 82，更新学号为'2000070404'的学生姓名为'刘刚'，性别为'女'，班级编号为'20010704'。

5. 用 DELETE 删除学号为'2000070405'的记录。

6. 用 SELECT 语句查询学号为'2000070403'的学生基本信息。

7. 使用 DELETE 语句删除所有数据表中的数据，下载“StudScore_Data.xls”电子表格数据，并将 Excel 中的数据导入到自己创建的四张数据表中（注：数据导入的操作步骤请查看本书 2.3 节“SQL Server 与外部数据的交互”的内容）。

练习三　SQL 简单查询语句的使用

◆上机目的

1. 掌握 SELECT 简单查询语句的基本使用方法。
2. 掌握 INTO 子句的使用方法。
3. 掌握 DISTINCT、TOP 选项的使用方法。
4. 掌握 WHERE 子句的使用方法。
5. 掌握 LIKE、AND、OR、NOT、BETWEEN...AND、>=等运算符的使用方法。
6. 掌握字段别名、表别名的使用方法。

◆上机内容

1. 在学生信息表（StudInfo）中，写出查询学生信息前 10 条记录的 SQL 语句。

2. 在学生信息表（StudInfo）中，写出查询学生信息 20% 条记录的 SQL 语句。

3. 在学生信息表（StudInfo）中，写出查询所有学生姓名不重名（即无重复姓名）的 SQL 语句。

4. 在学生信息表（StudInfo）中，选出 StudNo（学号）、StudName（姓名）、StudSex（性别）、ClassID（班级编号），以中文名字作为别名，将表结构和数据同时存入新表名为 ChineseStudInfo 的表中。

5. 在学生成绩表（StudScoreInfo）中，查询学号为 20050319001 的学生成绩。

6. 写出在学生成绩信息表（StudScoreInfo）中查询学号为 '20050319001' 并且课程成绩大于 80 的学生成绩记录的 SQL 语句。

7. 写出在学生成绩信息表（StudScoreInfo）中查询成绩在［80, 90］之间的所有学生成绩记录的 SQL 语句（利用 BETWEEN...AND 或>=、<=两种方法实现）。

8. 写出在学生成绩信息表（StudScoreInfo）中查询成绩不在［80, 90］之间的所有学生成绩记录的 SQL 语句（利用 NOT 或 OR 两种方法实现）。

9. 写出在学生成绩信息表（StudScoreInfo）中查询成绩在［60, 70］和［80, 90］之间的所有学生成绩记录的 SQL 语句（利用 BETWEEN...AND 或>=、<=两种方法实现）。

10. 写出在课程信息表（CourseInfo）中查询以“计算机”开头的课程信息的 SQL 语句。

11. 写出在学生信息表（StudInfo）中查询姓名中含有丽字的所有学生信息的 SQL 语句。

12. 写出在学生信息表（StudInfo）中查询姓名为三个字且以丽字结尾的学生成绩信息的 SQL 语句。

练习四　SQL 高级查询的应用

◆上机目的

1. 掌握 GROUP BY 的使用方法。

2. 掌握 SUM、AVG、MIN、MAX、COUNT(*) 的使用方法。
3. 掌握 IN 子查询的使用方法。
4. 掌握多表关联查询的使用方法。
5. 灵活利用聚合函数、GROUP BY 以及条件查询进行数据处理。

◆上机内容

1. 在学生成绩表（StudScoreInfo）中，试用 AVG 函数统计所有学生平均分。

2. 在学生成绩表（StudScoreInfo）中，试用 SUM、AVG、COUNT 函数统计每个学生的总分、平均分、课程门数。

3. 在学生信息表（StudInfo）和学生成绩表（StudScoreInfo）中，查询学生的学号、姓名、成绩、课程编号信息。

4. 在学生信息表（StudInfo）、学生成绩表（StudScoreInfo）、班级信息表（ClassInfo）、课程信息表（CourseInfo）中查询学生的学号、姓名、班级编号、班级名称、课程编号、课程名称、课程成绩信息。

5. 写出在学生成绩信息表（StudScoreInfo）和学生信息表（StudInfo）中查询性别为女的所有学生成绩记录。（利用子查询（IN）或关联表查询两种方法实现）

6. 写出在学生成绩信息表（StudScoreInfo）中统计学号为 '99070405' 的学生的成绩总分、成绩平均分、所修课程门数的 SQL 语句。

7. 使用 IN 子查询，查询学生平均成绩大于 75 小于 80，并且参考课程门数为 10 门以上的学生基本信息（包括 StudInfo 中的所有字段）。

8. 查询平均分最高的 10 个学生成绩信息，包括学生平均分、课程门数、最高分、最低分字段。

9. 在学生成绩信息表（StudScoreInfo）和学生信息表（StudInfo）中，写出统计各学生所有课程平均分、总分、最高分、最低分、所修课程门数的 SQL 语句，包括学生学号、学生姓名、平均分、总分、最高分、最低分、所修课程门数字段，并按平均分高低排序。

10. 在学生成绩信息表（StudScoreInfo）和课程信息表（CourseInfo）中，写出统计各门课程平均分、所修人数、课程最高分、课程最低分的 SQL 语句，包括课程编号、课程名称、课程平均分、课程最高分、课程最低分、所修人数查询字段，并按平均分高低排序。

11. 写出将 10 题的查询结果导入到一个新表（StudCourseScoreInfo）中的 SQL 语句。

12. 写出找出学生姓名重复的学生基本信息的 SQL 语句。

练习五　SQL 数据统计处理

◆上机目的

1. 掌握 UNION 多个结果集联合的使用方法。
2. 掌握 HAVING 语句的使用方法。
3. 掌握 GROUP BY 和 SUM、AVG、MAX、MIN、COUNT 的联合使用。
4. 了解 ANY、SOME、ALL 子查询的使用方法。
5. 掌握 EXISTS、NOT EXISTS 的使用方法。

◆上机内容

1. 写出在学生成绩信息表（StudScoreInfo）中查询学生课程成绩大于 80 小于 90 和大于等于 60 小于等于 70 的学生成绩记录的 SQL 语句（利用 UNION ALL 或 OR 两种方法实现）。

2. 写出在学生成绩信息表（StudScoreInfo）中统计学生平均分大于 70 的成绩记录。包括学生学号、总分、平均分、课程门数、课程最高分、课程最低分字段。

3. 写出在学生成绩信息表（StudScoreInfo）中统计学生平均分大于等于 60 小于等于 70 的学生成绩记录。

4. 写出在学生成绩信息表（StudScoreInfo）和学生信息表（StudInfo）中统计学生平均分在 60～70 和 90～100 的学生成绩记录，包括学生学号、学生姓名、总分、平均分、课程门数、课程最高分、课程最低分字段。

5. 写出在学生成绩信息表（StudScoreInfo）和学生信息表（StudInfo）中查询学生性别为'女'并且平均分大于 80 的学生基本信息（用子查询 IN 或关联表两种方法实现）。

6. 写出统计平均分各分数段人数的 SQL 语句（使用 Union）。

平均分	等级	人数
90～100	'优秀'	0
80～90	'优良'	11
70～80	'一般'	27
60～70	'及格'	14
60 以下	'不及格'	7

7. 在学生成绩信息表（StudScoreInfo）、学生信息表（StudInfo）、班级信息表（ClassInfo）中，查询学生成绩重修（成绩<60）门数大于 10 门的学生基本信息（查询结果包括学号、姓名、性别、班级名称字段）。

8. 课程类别 A、B、C、D11、D12 为基础课和专业课，统称为学位课，请统计“工商管理 2005 级”班的各学生学位课的平均分、总分、所修课程的数目、最高分、最低分。

9. 查询平均分大于 80 且参考人数大于 30 人的课程信息，包括课程编号、课程名称字段。

10. 写出统计课程成绩在 80 分以上的各学生平均分的 SQL 语句。

练习六　连接查询及视图的使用

◆上机目的

1. 掌握连接的分类及使用（左连接 LEFT JOIN、LEFT OUTER JOIN，右连接 RIGHT JOIN、RIGHT OUTER JOIN，全连接 FULL JOIN，内连接 INNER JOIN）。

2. 掌握视图的概念及创建、修改、删除方法。

3. 掌握创建视图的语法及注意事项。

4. 结合实际，灵活创建视图。

◆上机内容

1. 在学生信息表（StudInfo）和学生成绩信息表（StudScoreInfo）分别使用内连接、左连接、右连接、全连接查询学生的学号、姓名、性别、课程编号、成绩。

下面是内连接的实例：

```
SELECT S.StudNo,S.StudName,S.StudSex,SI.
CourseID,SI.StudScore
FROM StudInfo S INNER JOIN
StudScoreInfo SI On S.StudNo=SI.StudNo
--使用 WHERE 条件与上语句等价
SELECT S.StudNo,S.StudName,S.StudSex,SI.
CourseID,SI.StudScore
FROM StudInfo S,StudScoreInfo SI
WHERE S.StudNo=SI.StudNo
```

2. 写出统计各课程平均分、总分、最高分、最低分、参考人数的 SQL 语句，查询结果包括课程编号（CourseID）、课程名称（CourseName）、课程总分（SumScore）、课程平均分（AvgScore）、课程最高分（MaxScore）、课程最低分（MinScore）、参考人数（CourseCount）字段（使用 INNER JOIN 实现）。

3. 将第 2 题所写的 SQL 语句创建成视图（V_GetCourseScore），在视图中查询参考人数大于 30 小于 50 的所有课程信息。

4. 利用 SQL Server Management Studio，建立视图 V_GetAllStudInfo，查询结果要求包括 StudNo, StudName, StudSex, ClassID, ClassName, CourseID, CourseName, StudScore 字段，注意各表之间的关联。

5. 查询结果包括学号（StudNo）、学生姓名（StudName）、学生性别（StudSex）、总分（SumScore）、最高分（MaxScore）、最低分（MinScore）、课程门数（CourseCount）、平均分（AvgScore）、成绩等级（ScoreLevel）字段。

6. 创建学生平均成绩视图（V_StudAvgScore）其中包括学生学号、学生姓名、平均分、总分、最高分、最低分、课程门数，即（StudNo, StudName, AvgScore, SumScore, MaxScore, MinScore, CountCourse）字段。

7. 利用第 6 题的结果，在视图中查询平均分在 80～85 和 60～70 的数据记录，其中包括学生学号、学生姓名、班级名称、平均分、课程门数。

8. 利用第 6 题的结果，查询学生平均分大于 80 的学生基本信息，包括学号、姓名、性别、出生日期、班级、平均分字段。

练习七　使用 T-SQL 流程控制语句

◆上机目的

1. 掌握 IF...ELSE 的使用方法。
2. 掌握多条件分支 CASE 的使用方法。
3. 掌握 WHILE 循环的使用方法。

◆上机内容

1. 写出下列语句的执行结果：

```
（1）Declare @I int
     Set @I=5
     If @I>5
        set @I=@I*2
     else
        set @I=@I%2
     print @I
```

（2）Declare @I int,@Result Int

```
Set @I=3
Set @Result=10
While @I<@Result
Begin
    Set @I=@I+@Result%3
    Set @Result=@Result-@I%4
End
Set @I=@I+@Result
print @I
```

（3）Declare @I int,@Result Int

```
Set @I=0
Set @Result=2
While @i<3
begin
    Set @Result=@Result+Power(@i,@i)
    set @i=@i+1
end
print @Result
```

（4）Declare @I int,@Result Int

```
Set @I=3
Set @Result=2
While @I>0
Begin
    Set @Result=@Result+Power(2,@i)-@i
    Set @I=@I-1
End
print @Result
```

（5）Declare @I int,@Result int,@MyStr varchar(10)

```
SELECT @I=charindex('BC','ABCCBBCDA',3)
Set @Result=@I%4
Set @MyStr=Case @Result
When 1 then Substring('ABCD',2,@Result)
When 2 then Substring('ABCD',@Result,2)
When 3 then Substring('ABCD',@Result-1,2)
else
    'No'
End
Print @MyStr
```

2. 使用 T-SQL 编程输出 A 到 Z 之间的 26 个大写字母。

3. 使用 T-SQL 编程计算 $N!$（即 N 的阶乘），测试 5!（即设置初值 $N=5$）。

4. 使用 T-SQL 编程计算 $S=1!+3!+5!+7!+\cdots+N!$，直到 S 大于 10000 时的 N 值和 S 值。

5. 使用 T-SQL 编程计算 $S=2+22+222+2222+22222+\cdots+n$ 个 2，n 的初值为 10。

6. 使用 T-SQL 编程计算 $S=1+1/2+2/3+3/5+5/8+8/13+\cdots$，计算前 20 项的和。

7. 使用 T-SQL 编程计算 $S=1+(1+2)+(1+2+3)+(1+2+3+4)+\cdots+(1+2+3+\cdots+N)$，计算 $N=20$ 时的和。

8. 使用 T-SQL 编程计算 $S=1!/3!+3!/5!+5!/7!+\cdots+(2*n-1)/(2*n+1)$，$n$ 的初值为 10。

练习八　系统函数和自定义函数

◆上机目的

1. 掌握常用系统函数的使用方法。
2. 掌握自定义函数的语法。
3. 根据实际需要，自定义满足要求的函数。

◆上机内容

1. 查询姓名为三个字且以丽字结尾的学生成绩信息（注：使用 Like 和函数 Right，Len 两种方法完成）。

2. 写出将学生信息表中所有姓“刘”的学生更改成姓“牛”的 SQL 语句。

3. 写出查找同姓名、同性别的学生的基本信息的 SQL 语句。

4. 写出统计同年同月出生的学生人数的 SQL 语句。

5. 写出找出相同性别且相同生日的学生的 SQL 语句。

6. 写出找出出生日期为空值的学生成绩信息的 SQL 语句。

7. 找出所有姓“王”的各学生平均分比所有姓“李”的各学生平均分高的学生成绩统计信息。

8. 将学生信息表（StudInfo）中的性别（StudSex）以英文单词显示，查询的 SQL 语句如下：

方法一：

```
SELECT StudNo,StudName,StudSex,
    StudChineseSex=Case When StudSex='男' Then 'male'
                        When StudSex='女' Then 'female'
    End,
StudBirthDay,ClassID
FROM StudInfo
```

方法二：

```
SELECT StudNo,StudName,StudSex,
    StudChineseSex=Case StudSex When '男' Then 'male'
                                When '女' Then 'female'
                  End,
    StudBirthDay,ClassID
FROM StudInfo
```

写出将学生成绩信息表(StudScoreInfo)的成绩分等级显示的 SQL 语句。

成绩	等级
90～100	'优秀'
80～90	'优良'
70～80	'一般'
60～70	'及格'
60 以下	'不及格'

9. 在学生成绩信息表（StudScoreInfo）中统计各学生的平均分，如果课程门数大于 20 门，则去掉最高分和最低分求平均分，否则以所有课程求平均分，包括学号（StudNo）、总分（SumScore）、最高分（MaxScore）、最低分（MinScore）、课程门数（CourseCount）、平均分（AvgScore）字段。

10. 在学生成绩信息表（StudScoreInfo）和学生信息表（StudInfo）中将求出的平均分按以下等级输出：

平均分　等级
90～100 '优秀'
80～90 '优良'
70～80 '一般'
60～70 '及格'
60 以下 '不及格'

11. 创建一个学生成绩统计函数（GetItemScore），多选记 0 分，少选记选对分，见表 12。

表 12　学生成绩统计函数

题号	标准答案	标准分	学生答案	学生得分	注解
1	ABC	3	AB	2	标准分为答案个数
2	B	1	B	1	单选题，B 选对了
3	ACD	3	AB	1	选对了 A，B 选错了
4	ACD	3	ABCD	0	多选了 D
5	ACD	3	C	1	选对了 C
6	ABCD	4	ABCD	4	全选对了记标准分 4
	标准总分	17	学生得分	9	百分制 9*100/17=52.9

12. 下载电子表格数据（StudScore.xls）并导入到自己的数据库中，执行如下语句，查询统计结果：

```
SELECT StudNo,
    CAST(SUM(Dbo.GetItemScore(Stand_Ans,Custor_Ans)) *100/SUM(Len(Stand_Ans))
      as Numeric(3,1)) As StudScore
FROM TestAnswer
GROUP BY StudNo ORDER BY StudScore DESC
```

13. 利用第 12 题的查询结果，创建一个学生成绩统计视图（V_GetStudScore），包括 StudNo、StudScore 字段。

14. 利用第 12 题的结果，将视图中的数据更新到表 StudScore 中。

15. 利用第 12 题的结果和数据表 StudScore，将视图中的前 20 名（以分数高低排序）导入新表（Top20StudScore），包括学号、姓名、成绩字段。

练习九　存储过程、触发器和游标的使用

◆上机目的

1. 掌握存储过程的创建及使用方法。
2. 掌握触发器的创建方法。
3. 掌握游标的使用方法。
4. 根据实际需要，灵活使用存储过程、触发器和游标。

◆上机内容

1. 创建一个简单的存储过程（ProcGetA_Z），要求结果输出A到Z之间的26个大写字母。

2. 创建一个简单的存储过程，求 S=1!+3!+5!+7!+…+N，直到 S 大于10000时 N 的值和 S 的值（注：阶乘可以写一个函数完成）。

3. 创建一个带输入参数的存储过程，输入分数参数，执行存储过程得到平均分大于该分数的学生统计成绩信息（包括学号、姓名、平均分、课程门数字段）。

4. 创建带两个输入参数和一个输出参数的存储过程，执行存储过程时，输入参数为分数段，输出参数为得到该分数段的人数。

5. 课程类别A、B、C，D11、D12为基础课和专业课，请统计各学生各类别所通过的课程门数、获得的学分（成绩大于等于60即通过课程获得学分）。

6. 在学生信息表（StudInfo）上建立删除触发器（名称为 TrigStudInfo_DELETE），实现删除学生信息时，则学生成绩表（StudScoreInfo）中的对应信息自动删除，并写出测试语句以查看结果。

7. 在学生信息表（StudInfo）上建立更新触发器（名称为 TrigStudInfo_UPDATE），实现更新学生学号时，则学生成绩表（StudScoreInfo）中对应的学号自动更新，并写出测试语句以查看结果。

8. 在课程信息表（CourseInfo）上建立更新触发器（名称为 TrigCourseInfo_UPDATE），实现功能为：如果该课程下有学生成绩信息，则不允许更新课程编号字段（CourseID），如果该课程下没有学生成绩信息，则可以更新。

9. 用存储过程和游标实现将学生平均分按高低排名输出，注意名次要解决重名问题。

练习十 使用SQL Server安全性管理数据库

◆上机目的

1. 掌握SQL Server的安全性机制。
2. 掌握数据库登录账号的创建及修改方法。
3. 掌握数据库服务器角色管理的应用方法。
4. 掌握数据库角色的创建方法。
5. 掌握表的用户的创建及角色分配方法。

◆上机内容

1. 在自己的数据库中创建一个教师登录账号（用户名为teacher，密码为teacher），该教师的权限设置如下。

（1）数据库服务器角色：Database Creators。

（2）可访问的数据库为学生成绩管理数据库，即同学们自己创建的数据库。

（3）可以访问的数据表、字段如下：

➢ ClassInfo（不允许删除和添加记录操作，具有查询所有字段和更新ClassName、ClassDesc字段的权限）。

列名	授予	具有授予权限	拒绝
ClassDesc	☑	☐	☐
ClassID	☐	☐	☑
ClassName	☑	☐	☐

➢ StudInfo（不允许删除、添加记录操作）。

列名	授予	具有授予权限	拒绝
ClassID	☑	☐	☐
StudBirthDay	☐	☐	☑
StudName	☑	☐	☐
StudNo	☑	☐	☐
StudSex	☐	☐	☑

➢ StudScoreInfo（允许添加、删除、修改操作）。

➢ CourseInfo（只允许查看操作，不允许修改、删除、添加记录操作）。

2. 在自己的数据库中创建一个学生登录账号（用户名为 stud，密码为 stud），该学生的权限设置如下。

（1）数据库服务器角色：无。

（2）可访问的数据库为学生成绩管理数据库即同学们自己创建的数据库。

（3）可以访问的数据表、字段如下：

➢ ClassInfo（只允许查看操作，不允许修改、删除、添加记录操作）。

➢ CourseInfo（只允许查看操作，不允许修改、删除、添加记录操作）。

➢ StudInfo（只允许查看除 StudBirthDay 字段外的属性，不允许修改、删除、添加记录操作）。

➢ StudScoreInfo（只允许查看操作，不允许修改、删除、添加记录操作）。

3. 为数据库建立两个角色：一个为 MyTeacher，分配的权限同第 1 题；另一个为 MyStud，分配的权限同第 2 题。

（1）创建一个登录账号 TeacherRole，密码为 TeacherRole，访问学生成绩管理数据库，分配角色为 MyTeacher。

（2）创建一个登录账号 StudRole，密码为 StudRole，访问学生成绩管理数据库，分配角色为 MyStud。

4. 分别使用 StudRole、TeacherRole 登录数据库，并分别写出一条测试各权限的 SQL 语句。

5. 试用 T-SQL 编程建立本班同学登录账号，并指定数据库角色为 DBCreator。

练习十一　数据库的备份与恢复

◆上机目的

1. 掌握使用 SQL Server Management Studio 备份与恢复数据库的方法。
2. 掌握使用 T-SQL 语句备份与恢复数据的方法。
3. 掌握数据库的迁移方法（数据库的分离与附加）。
4. 掌握数据库自动备份的实现方法。

◆上机内容

1. 使用 SQL Server Management Studio 将自己的数据库备份到 D:\StudScore_DB_Bak.bak。

2. 删除自己数据库中的部分表，利用备份文件使用 SQL Server Management Studio 恢复数据库。

3. 删除自己的数据库，重新建立空数据库，利用备份文件恢复数据库。

4. 写出实现第 1、2、3 题功能的 T-SQL 语句。

5. 分离自己的数据库，将自己的数据库复制到另一台数据库服务器上，实现数据库的附加。

6. 利用 SQL Server 作业实现将自己的数据库每天晚上 12:00 自动备份到 D:\DB_Back\StudScore_DB.bak。

练习十二　学生宿舍管理系统设计

◆上机目的

1. 掌握数据库设计的六 大步骤。
2. 掌握数据库规范化理论（1NF、2NF、3NF）。
3. 掌握 E-R 图的绘制方法。
4. 掌握 E-R 概念模型转换成逻辑模型的原则。
5. 结合实际，灵活应用范式理论、数据库设计理论进行数据库设计。

◆上机内容

1. 上网查阅并收集学生宿舍管理系统的相关资料，结合学校实际进行需求分析，写出需求分析说明书（数据流图、数据字典等）。

2. 使用 E-R 方法进行概念设计，画出局部 E-R 图，将局部 E-R 图合并成全局 E-R 图。

3. 将 E-R 模型转换成关系模型，进行逻辑结构设计。

4. 利用 SQL Server 数据库管理系统，建立学生宿舍管理系统数据库（Dorm_DB）。

5. 建立 SQL Server 关系图，查看各表之间的关系。

6. 输入或导入数据，进行数据库测试。

练习十三　学生成绩管理系统开发

◆上机目的

1. 掌握 VB 、C#或 Java 操作 SQL Server 的方法。
2. 会灵活应用 VB 、C#或 Java 操作 SQL Server 解决实际问题。

◆上机内容

1. 以自己建立的学生成绩管理数据库，利用 VB、C#或 Java 语言开发前端应用程序，实现学生基本信息（StudInfo）、班级基本信息（ClassInfo）、课程基本信息（CourseInfo）、学生成绩信息（StudScoreInfo）的添加、删除、修改功能。

2. 利用 VB 、C#或 Java 语言建立学生成绩查询功能，实现输入学号或姓名查询学生的成绩。

3. 利用 VB、C#或 Java 语言实现学生成绩的统计功能，即输入学号或姓名查询各学生的平均分、总分、最高分、最低分、课程门数。

4. 利用 VB、C#或 Java 语言编程实现选择班级名称，将选中班级的各学生的平均分、总分、排名导出成网页形式。